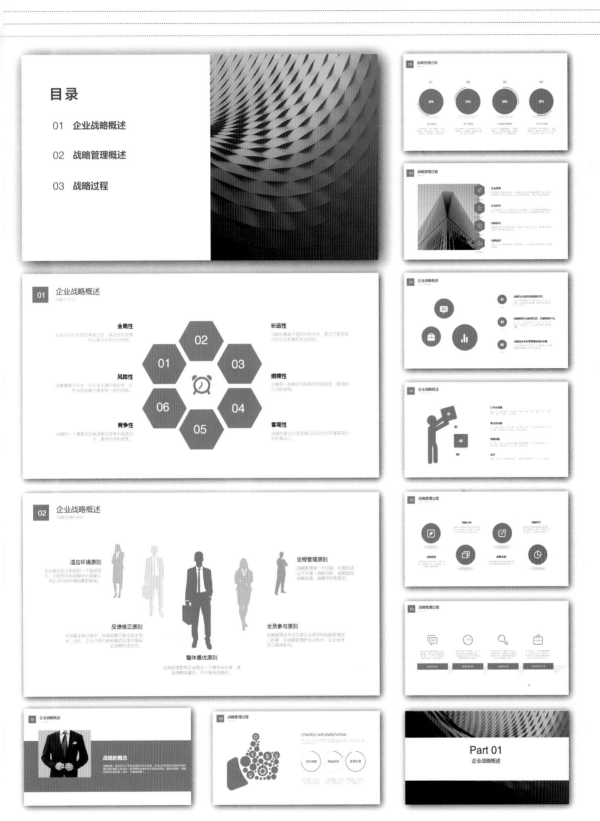

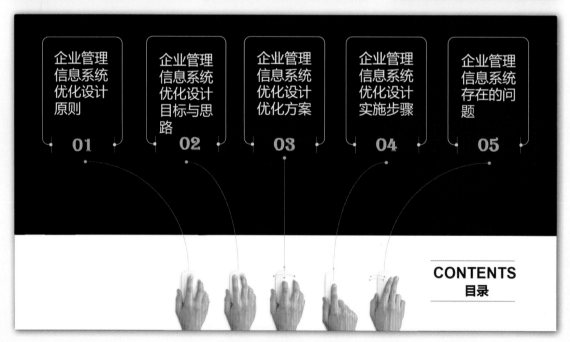

# 发展前景
## Development

1. **行业前端**
   随着IT行业的发展，网络销售将成为最前端的销售手段

2. **新兴市场**
   不论什么职业，特别是销售，你有足够好的方式，这将是一个新的市场

3. **专业水准**
   关于市场销售的前景是远大的，重点是如何把它做到专业水准

4. **城市需求**
   在市场销售的前景中，各个城市的销售需求是发展的重中之重的考虑

# 对手分析
## Analysis

**确认对手**
一个企业的策略如果是根据竞争对手策略来制定的话，这个企业是没有持续性的，每个企业策略该具有企业自身的特色。

**分析对手**
分析竞争对手的目的是为了了解对手，这样可以做到知己知彼，方可对于对手的弱点来计划我们的策略。

**引导对手**
分析的最低层次，通过竞争分析制定策略后能够引导对手的市场行为。

**洞悉对手**
洞悉对手的市场策略，可以有助于我们抓住对手的漏洞而完善我们自己。

# 市场价值
## Value

## 市场价值
## 之概念

市场价值，指生产部门所耗费的社会必要劳动时间形成的商品的社会价值。市场价值是指一项资产在交易市场上的价格，它是自愿买方和自愿卖方在各自理性行事且未受任何强迫的情况下竞价后产生的双方都能接受的价格。

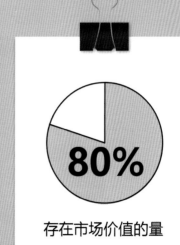

**80%**

存在市场价值的量

## 交流沟通技巧

关系的强度会随着两人分享信息的多寡，以及两人的互动形态而改变。我们通常把和我们有关系的人分成：认识的人、朋友以及亲密朋友。两人之前沟通技巧主要有学会倾听、注视对方以及把握时机。

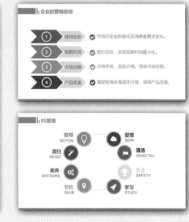

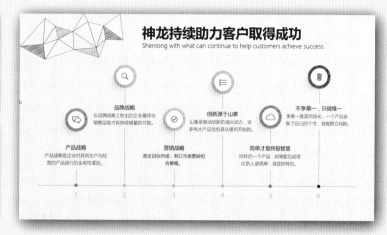

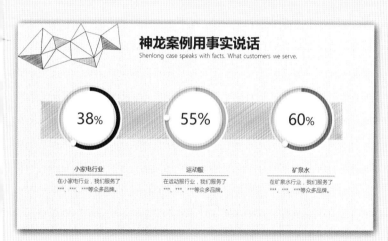

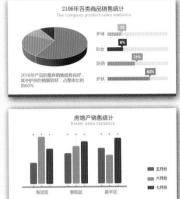

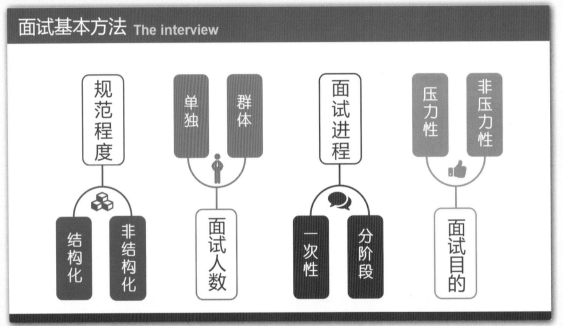

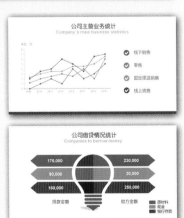

# Excel

## 2016办公应用
## 从入门到精通

神龙工作室 殷慧文　编著

人民邮电出版社

北京

图书在版编目（ＣＩＰ）数据

Excel 2016办公应用从入门到精通 / 殷慧文编著
. -- 北京：人民邮电出版社，2017.7（2018.10重印）
ISBN 978-7-115-45726-4

Ⅰ．①E… Ⅱ．①殷… Ⅲ．①表处理软件 Ⅳ．
①TP391.13

中国版本图书馆CIP数据核字(2017)第111472号

## 内 容 提 要

本书是指导初学者学习 Excel 2016 的入门书籍。书中详细地介绍了初学者学习 Excel 2016 时应该掌握的基础知识、使用方法和操作技巧，并对初学者在使用 Excel 2016 时经常遇到的问题进行了专家级的指导，以免初学者在起步的过程中走弯路。全书共分 14 章，分别为初识 Excel 2016、Excel 基础入门、编辑工作表、美化工作表、使用图形对象、管理数据、使用图表、数据透视分析、公式与函数、数据模拟分析、页面设置与打印、宏与 VBA、Excel 综合实例等内容。

本书附带一张精心开发的专业级 DVD 格式的电脑教学光盘。光盘采用全程语音讲解的方式，紧密结合书中的内容对各个知识点进行深入讲解，提供长达 10 小时的与本书内容同步的视频讲解。同时光盘中附有 2 小时高效运用 Word/Excel/PPT 视频讲解、8 小时财会办公/人力资源管理/文秘办公等实战案例视频讲解、923 套 Word/Excel/PPT 2016 办公模板、财务/人力资源/文秘/行政/生产等岗位工作手册、Office 应用技巧 1200 招电子书、300 页 Excel 函数与公式使用详解电子书、常用办公设备和办公软件的使用方法视频讲解、电脑常见问题解答电子书等内容。

本书既适合 Excel 2016 初学者阅读，又可以作为大中专类院校或者企业的培训教材，同时对有一定经验的 Excel 使用者也有很高的参考价值。

◆ 编　　著　神龙工作室　殷慧文
　　责任编辑　马雪伶
　　责任印制　彭志环

◆ 人民邮电出版社出版发行　　北京市丰台区成寿寺路 11 号
　　邮编　100164　电子邮件　315@ptpress.com.cn
　　网址　http://www.ptpress.com.cn
　　固安县铭成印刷有限公司印刷

◆ 开本：787×1092　1/16
　　印张：20　　　　　　　　　　彩插：4
　　字数：528 千字　　　　　　　 2017 年 7 月第 1 版
　　印数：3 301 - 3 900 册　　　　 2018 年 10 月河北第 4 次印刷

定价：49.80 元（附光盘）
读者服务热线：(010)81055410　印装质量热线：(010)81055316
反盗版热线：(010)81055315
广告经营许可证：京东工商广登字 20170147 号

Excel 2016是一款专业的电子表格制作与数据处理、分析软件，集生成电子表格、输入数据、函数计算、数据管理与分析、制作图表/报表等功能于一体，被广泛应用于文秘办公、财务管理、市场营销和行政管理等中。为了满足广大读者的需要，我们针对不同学习对象的掌握能力，总结了多位Excel高手、数据分析师及表格设计师的经验，精心编写了本书。

## 本书特色

■ **实例为主，易于上手**：全面突破传统的按部就班讲解知识的模式，模拟真实的工作环境，以实例为主，将读者在学习的过程中遇到的各种问题以及解决方法充分地融入实际案例中，以便读者能够轻松上手，解决各种疑难问题。

■ **学思结合，强化巩固**：通过"高手过招"栏目提供精心筛选的Excel 2016使用技巧，以专家级的讲解帮助读者掌握职场办公中应用广泛的办公技巧。

■ **提示技巧，贴心周到**：对读者在学习过程中可能遇到的疑难问题，都以"提示""技巧"的形式进行了说明，使读者能够更快、更熟练地运用各种操作技巧。

■ **双栏排版，超大容量**：采用双栏排版的格式，信息量大。在310多页的篇幅中容纳了传统版式400多页的内容。这样，我们就能在有限的篇幅中为读者提供更多的知识和实战案例。

■ **一步一图，图文并茂**：在介绍具体操作步骤的过程中，每一个操作步骤均配有对应的插图，以使读者在学习过程中能够直观、清晰地看到操作的过程及其效果，易于理解和掌握。

■ **书盘结合，互动教学**：配套的多媒体教学光盘与书中内容紧密结合并互相补充。

## 光盘特点

■ **超大容量**：本书所配的DVD格式光盘的播放时间长达20小时，涵盖书中绝大部分知识点，并做了一定的扩展延伸，克服了目前市场上现有光盘内容含量少、播放时间短的缺点。

■ **内容丰富**：光盘中不仅包含10小时与本书内容同步的视频讲解、本书实例的原始文件和最终效果文件，同时还赠送以下3部分的内容：

（1）2小时高效运用Word/Excel/PPT视频讲解，8小时财务办公/人力资源管理/文秘办公/数据处理与分析实战案例视频讲解，帮助读者拓展解决实际问题的思路。

（2）923套Word/Excel/PPT 2016实用模板、包含1280个Office实用技巧的电子书、财务/人力资源/文秘/行政/生产等岗位工作手册、300页Excel函数与公式使用详解电子书，帮助读者全面提升工作效率。

（3）多媒体讲解打印机、扫描仪等办公设备及解压缩软件、看图软件等办公软件的使用、包含300多个电脑常见问题解答的电子书，有助于读者提高电脑综合应用能力。

■ **解说详尽**：在演示各个Excel 2016实例的过程中，对每一个操作步骤都做了详细的解说，使读者能够身临其境，提高学习效率。

■ **实用至上**：以解决问题为出发点，通过光盘中一些经典的Excel 2016应用实例，涵盖了读者在学习Excel 2016的过程中所遇到的问题及解决方案。

### 配套光盘使用说明

① 将光盘印有文字的一面朝上放入光驱中，几秒钟后光盘就会自动运行。

② 运行光盘时，系统会弹出如图所示提示框，用户直接单击【是】按钮即可。 如果光盘运行之后，只有声音，没有图像，用户可以双击光驱盘符，进入光盘根目录，找到并双击【TSCC.exe】文件，然后重新运行光盘即可。

③ 建议将光盘中的内容安装到硬盘上再观看。在光盘主界面中单击【安装光盘】按钮，弹出【选择安装位置】对话框，从中选择合适的安装路径，然后单击 确定 按钮即可完成安装。

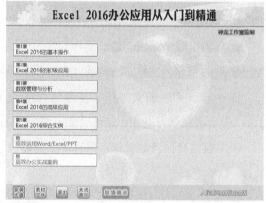

④ 以后观看光盘内容时，只要单击【开始】▶【所有应用】▶【Excel 2016办公应用从入门到精通】▶【Excel 2016办公应用从入门到精通】菜单项就可以了。

⑤ 如果想要卸载本光盘内容，依次单击【开始】▶【所有应用】▶【Excel 2016办公应用从入门到精通】▶【卸载Excel 2016办公应用从入门到精通》】菜单项即可。

### 扫一扫，惊喜等着你

使用手机扫描二维码，回复45726，就可以得到本书配套光盘的下载链接。公众号中还提供免费视频课程，定期推送职场必备技能精选文章。

本书由神龙工作室组织编写，殷慧文编著，参与资料收集和整理工作的有孙冬梅、唐杰、李贞龙、张学等。由于作者水平有限，书中难免有疏漏和不妥之处，恳请广大读者不吝批评指正。

本书责任编辑的联系信箱：maxueling@ptpress.com.cn。

编者

**高手过招**

* 重复应用有新招
* 隐藏和显示字段按钮

**第 9 章**
**公式与函数——制作业务奖金计算表**

💿 光盘演示路径：
数据管理与分析\公式与函数

**第 10 章**
**数据模拟分析——制作产销预算分析表**

光盘演示路径：
数据管理与分析\数据模拟分析

**第 11 章**
**页面设置与打印——员工工资表**

光盘演示路径：
Excel 2016的高级应用\页面设置与打印

**第 12 章**
**宏与VBA——制作工资管理系统**

光盘演示路径：
Excel 2016的高级应用\宏与VBA

# 第1章

## 初识Excel 2016

Excel 2016是一款功能强大、实用性强的办公软件。了解并熟练使用Excel会对公司办公有很大帮助。准确掌握Excel 2016的操作能够更好地满足日常工作的需要。

# 1.1 启动和退出Excel 2016

安装了Excel 2016之后，就可以使用该程序进行工作了。下面介绍启动和退出Excel 2016的基本操作。

## 1.1.1 启动Excel 2016

在实际操作中，有很多方法能启动Excel 2016，用户可根据情况选择一种合适的启动方法。

常用的启动Excel 2016的方法有3种，下面分别介绍。

### 1. 使用【开始】菜单

最常用的一种启动方法就是使用菜单启动，单击【开始】按钮 ■，然后从弹出的【开始】菜单中选择【所有应用】➢【Excel 2016】菜单命令即可。

### 2. 使用快捷方式

用户还可以创建桌面快捷方式快速启动Excel 2016，这也是一种很便捷的启动方法。

**1** 单击【开始】按钮，从弹出的【开始】菜单中选择【所有应用】➢【Excel 2016】菜单命令，在该菜单命令上单击鼠标右键，从弹出的快捷菜单中选择【打开文件所在的位置】命令，在打开的文件夹中的【Excel 2016】上单击鼠标右键，从弹出的快捷菜单中选择【发送到】➢【桌面快捷方式】命令即可。

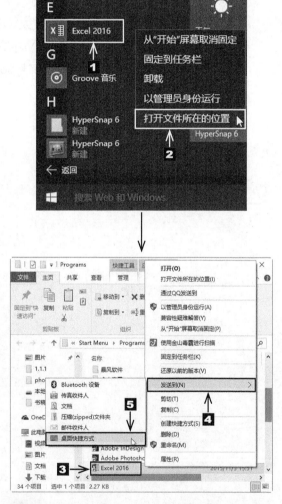

**2** 此时桌面上就会出现一个快捷方式图标 ■。当用户要启动Excel 2016时，只需要双击桌面上的Excel 2016快捷方式图标 ■ 即可。

快捷方式图标

### 3. 使用已有工作簿

如果用户的电脑上已经保存了Excel 2016工作簿，那么只需要双击该工作簿文件即可启动Excel 2016。

## 1.1.2 退出Excel 2016

退出Excel 2016的方法有很多种，用户可以根据个人习惯选择。

### 1. 使用按钮退出

在Excel 2016界面的右上角单击【关闭】按钮 × 退出程序，这是最常用、最简单的方法。

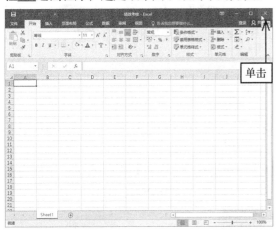

单击

### 2. 使用菜单退出

单击 文件 按钮，然后从弹出的下拉菜单中选择【关闭】命令，即可退出Excel 2016。

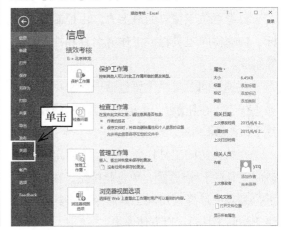

单击

## 1.2 Excel 2016的工作界面

启动Excel 2016程序之后，用户看到的就是Excel 2016的工作界面。此界面的风格比较直观、简捷，它具有十分强大和全面的功能。

Excel 2016的操作界面主要由标题栏、 文件 按钮、功能区、列标识、行标识、名称框、编辑栏、表格区、滚动条、工作表标签、状态栏、视图切换区和比例缩放区组成。

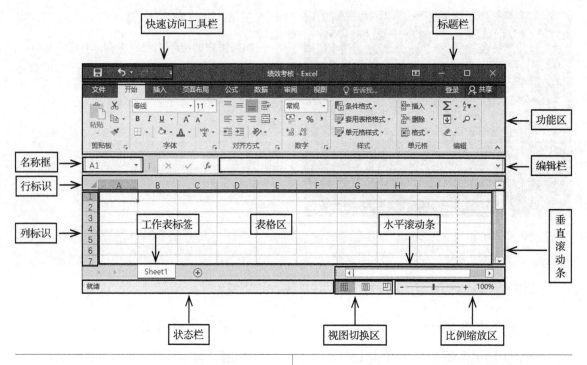

快速访问工具栏　　　　　　　　　　标题栏

名称框　　　　　　　　　　　　　　编辑栏

行标识

列标识

工作表标签　　　表格区　　　水平滚动条

垂直滚动条

状态栏　　　　　　　视图切换区　　　比例缩放区

## O 标题栏

标题栏位于窗口的最上方，由控制菜单图标、快速访问工具栏、工作簿名称和控制按钮等组成。

快速访问工具栏主要包括一些常用命令，如【保存】按钮、【撤销】按钮和【恢复】按钮。

在快速访问工具栏最右端是【自定义快速访问工具栏】按钮，单击此按钮，在弹出的下拉列表中选择常用的工具命令，将其添加到快速访问工具栏，以方便使用。

控制按钮位于标题栏的最右侧，包括【最小化】按钮、【最大化】按钮或【向下还原】按钮和【关闭】按钮。

## O 文件按钮

文件按钮是一个类似于菜单的按钮，位于Office 2016窗口左上角。单击 文件 按钮可以打开【文件】面板，其中包含"信息""新建""打开""打印""保存""另存为""导出"等常用命令。

## O 功能区

功能区主要是由选项卡、组合命令按钮等组成。

通常情况下，Excel工作界面中显示【开始】、【插入】、【页面布局】、【公式】、【数据】、【审阅】、【视图】等选项卡，用户可以切换到相应的选项卡中，然后单击相应组中的命令按钮完成所需要的操作。

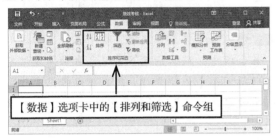

功能区最右上角还包含【告诉我您想要做什么】，标题栏最右上角还包括【功能区显示选项】按钮和3个窗口控制按钮，这3个窗口控制按钮是用来控制工作区窗口状态的。

### ○ 名称框和编辑栏

名称框中显示的是当前活动单元格的地址或者单元格定义的名称。

编辑栏是用来显示或编辑当前活动单元格的数据和公式。

### ○ 工作区

工作区是用户用来输入、编辑及查阅的区域。工作区主要由行标识、列标识、表格区、滚动条和工作表标签组成。

行标识用数字表示，列标识则用英文字母表示，每一个行标识和列标识的交叉点就是一个单元格，行标识和列标识组成的地址就是单元格的名称。

表格区是用来输入、编辑及查询的区域。

滚动条分为垂直滚动条和水平滚动条，分别位于表格区的右侧和下方。当工作表中的内容过多时，用户可以拖动滚动条进行查看。

工作表标签显示的是工作表的名称，默认的情况下，每个新建的工作簿中有3个工作表，单击工作表标签即可实现工作表间的切换。

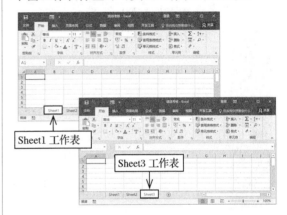

### ○ 状态栏

状态栏位于窗口的最下方，主要用于显示当前工作簿的状态信息。

### ○ 视图切换区

视图切换区由【普通】按钮、【页面布局】按钮和【分页预览】按钮等组成，可用于更改正在编辑的工作表的显示模式，以便符合用户的要求。

### ○ 比例缩放区

比例缩放区可用于更改正在编辑的工作表的显示比例设置。

# 1.3 Excel选项设置

在使用Excel 2016制作表格之前，用户可以根据办公需要或个人需要对Excel 2016进行选项设置，从而达到方便、好用的效果。

对Excel 2016进行选项设置的具体步骤如下。

**1** 在Excel窗口中，单击 文件 按钮，在弹出的下拉菜单中选择【选项】命令。

**2** 弹出【Excel选项】对话框，选择【常规】选项，在【新建工作簿时】组合框中设置字体及字号。例如，在【使用此字体作为默认字体】下拉列表框中选择【微软雅黑】选项，在【字号】下拉列表框中选择【12】选项。

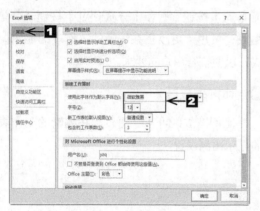

**3** 选择【保存】选项，在【保存工作簿】组合框中，默认情况下【保存自动恢复信息时间间隔】为10分钟。用户可以根据实际需要设定时间，或撤选该复选框。

**4** 选择【高级】选项，在【编辑选项】组合框中选中【按 Enter 键后移动所选内容】复选框。在默认情况下，在【方向】下拉列表框中选择的是【向下】，用户也可以根据需要设置。

**5** 另外，用户还可以根据需要对其他选项进行设置，设置完成后单击 确定 按钮。

# 第2章

# Excel基础入门
## ——制作员工信息明细

员工信息明细是人力资源管理中的基础表格之一。好的员工信息明细，有利于实现员工基本信息的管理和更新，有利于实现员工工资的调整和发放以及各类报表的绘制和输出。接下来，本章以制作员工明细表为例，介绍如何进行工作簿和工作表的基本操作。

光盘链接

关于本章的知识，本书配套教学光盘中有相关的多媒体教学视频，请读者参见光盘中的【Excel 2016的基本操作\Excel基础入门】。

# 2.1 工作簿的基本操作

工作簿是Excel工作区中一个或多个工作表的集合。Excel 2016对工作簿的基本操作包括新建、保存、打开、关闭、保护以及共享等。

## 2.1.1 新建工作簿

用户既可以新建一个空白工作簿，也可以创建一个基于模板的工作簿。

### 1. 新建空白工作簿

**1** 通常情况下，每次启动Excel 2016后，系统会默认新建一个名称为"工作簿1"的空白工作簿，其默认扩展名为".xlsx"。

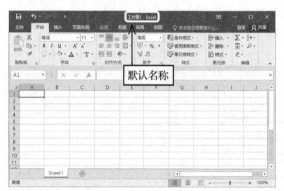

**2** 单击 文件 按钮，在弹出的下拉菜单中选择【新建】命令，在【新建】列表框中单击【空白工作簿】选项，也可以新建一个空白工作簿。

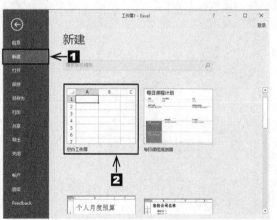

### 2. 创建基于模板的工作簿

创建基于模板的工作簿的具体步骤如下。

**1** 单击 文件 按钮，在弹出的下拉菜单中选择【新建】命令，然后在【新建】列表框中选择合适的模板选项，用户可以根据需要选择已安装好的模板，如选择【贷款分期付款】选项。

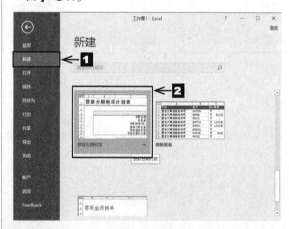

**2** 单击【贷款分期付款】选项，就创建了一个名为"LoanAmortization1"的工作簿。

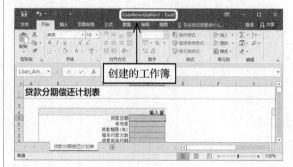

**3** 如果用户想要使用未安装的Office.com模板，可以在【搜索联机模板】文本框中输入【Office.com模板】，然后单击【搜索】按钮 🔍 即可。

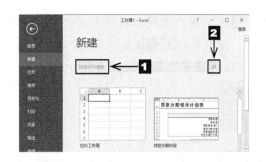

## 2.1.2 保存工作簿

创建或编辑工作簿后，用户可以将其保存起来，以供日后查阅。保存工作簿可以分为保存新建的工作簿、保存已有的工作簿和自动保存工作簿3种情况。

### 1. 保存新建的工作簿

保存新建的工作簿的具体步骤如下。

**1** 新建一个空白工作簿，单击 **文件** 按钮，在弹出的下拉菜单中选择【保存】命令。

**2** 在【另存为】界面上单击 浏览 按钮，然后在弹出的【另存为】对话框左侧【此电脑】列表框中选择保存位置，在【文件名】文本框中输入文件名"员工信息表.xlsx"。

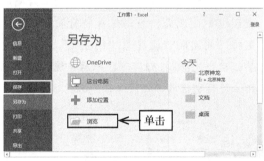

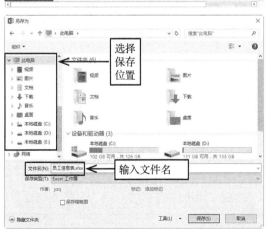

**3** 设置完毕后，单击 保存(S) 按钮即可。

保存为名为"员工信息表"的工作簿

### 2. 保存已有的工作簿

如果用户对已有的工作簿进行了编辑操作，也需要进行保存。对于已存在的工作簿，用户既可以将其保存在原来的位置，也可以将其保存在其他位置。

**1** 如果用户想将工作簿保存在原来的位置，方法很简单，直接单击快速访问工具栏中的【保存】按钮 💾 即可。

**2** 如果用户想将工作簿保存到其他的位置，可以单击 文件 按钮，在弹出的下拉菜单中选择【另存为】命令。

**3** 弹出【另存为】对话框，设置工作簿的保存位置和保存名称。例如，将工作簿的名称更改为"员工信息明细"。

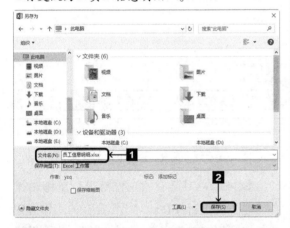

**4** 设置完毕后，单击 保存(S) 按钮即可。

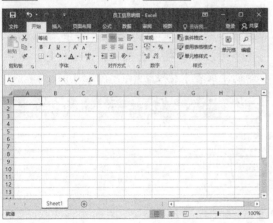

### 3. 自动保存工作簿

使用Excel 2016提供的自动保存功能，可以在断电或死机的情况下最大限度地减小损失。设置自动保存的具体步骤如下。

**1** 单击 文件 按钮，在弹出的下拉菜单中选择【选项】命令。

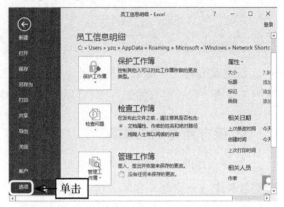

**2** 弹出【Excel选项】对话框，切换到【保存】选项卡，在【保存工作簿】组合框中的【将文件保存为此格式】下拉列表框中选择【Excel工作簿】选项，然后选中【保存自动恢复信息时间间隔】复选框，并在其右侧的微调框中设置文档自动保存的时间间隔，这里将时间间隔值设置为"10分钟"。设置完毕，单击 确定 按钮即可，以后系统就会每隔10分钟自动将该工作簿保存一次。

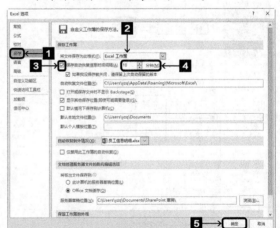

## 2.1.3 保护和共享工作簿

在日常办公中，为了保守公司机密，用户可以对相关的工作簿设置保护。为了实现数据共享，还可以设置共享工作簿。本小节设置的密码为"123"。

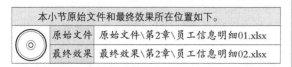

| 原始文件 | 原始文件\第2章\员工信息明细01.xlsx |
| --- | --- |
| 最终效果 | 最终效果\第2章\员工信息明细02.xlsx |

### 1. 保护工作簿

用户既可以对工作簿的结构和窗口进行密码保护，也能设置工作簿的打开和修改密码。

**⭘ 保护工作簿的结构和窗口**

保护工作簿的结构和窗口的具体步骤如下。

**1** 打开本实例的原始文件，切换到【审阅】选项卡，单击【更改】组中的 保护工作簿 按钮。

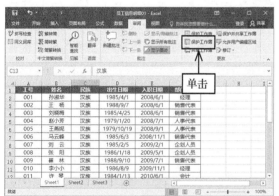

**2** 弹出【保护结构和窗口】对话框，在【保护工作簿】组合框中选中【结构】复选框，然后在【密码】文本框中输入"123"。

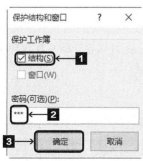

**3** 单击 确定 按钮，弹出【确认密码】对话框，在【重新输入密码】文本框中再次输入"123"，然后单击 确定 按钮即可。

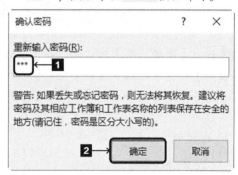

**⭘ 设置工作簿的打开和修改密码**

为工作簿设置打开和修改密码的具体步骤如下。

**1** 单击 文件 按钮，在弹出的下拉菜单中选择【另存为】命令。

**2** 在【另存为】界面上单击 浏览 按钮，弹出【另存为】对话框，从中选择合适的保存位置，单击 工具(L) 按钮，在弹出的下拉菜单中选择【常规选项】命令。

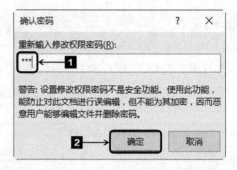

**3** 弹出【常规选项】对话框，在【打开权限密码】和【修改权限密码】文本框中均输入"123"，然后选中【建议只读】复选框。

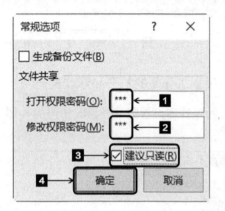

**4** 单击 确定 按钮，弹出【确认密码】对话框，这是确认设置打开权限的步骤，在【重新输入密码】文本框中输入"123"。

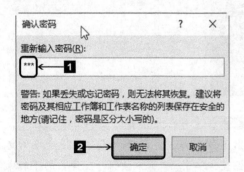

**5** 单击 确定 按钮，会再次弹出一个【确认密码】对话框，这是确认修改权限的步骤，在【重新输入修改权限密码】文本框中输入"123"，单击 确定 按钮。

**6** 当用户再次打开该工作簿时，系统便会自动弹出【密码】对话框，要求用户输入打开文件所需的密码，以获得打开工作簿的权限，这里在【密码】文本框中输入"123"。

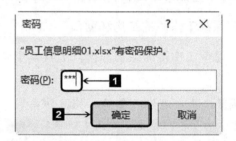

**7** 单击 确定 按钮，弹出【密码】对话框，要求用户输入修改密码，以获得修改工作簿的权限，这里在【密码】文本框中输入"123"。

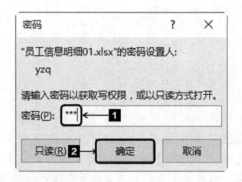

**8** 单击 确定 按钮，弹出【Microsoft Excel】对话框，并提示用户"是否以只读方式打开"，此时单击 是(Y) 按钮即可打开并编辑该工作簿。

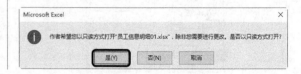

## 2. 撤销保护工作簿

如果用户不需要对工作簿进行保护，可以予以撤销。

### 撤销对结构和窗口的保护

切换到【审阅】选项卡，单击【更改】组中的 保护工作簿 按钮。弹出【撤销工作簿保护】对话框，在【密码】文本框中输入"123"，然后单击 确定 按钮即可。

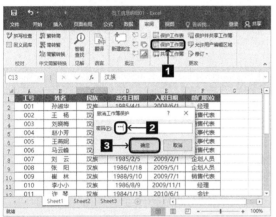

### 撤销对整个工作簿的保护

撤销对整个工作簿的保护的具体步骤如下。

1 单击 文件 按钮，在弹出的下拉菜单中选择【另存为】命令，在【另存为】界面上单击 浏览 按钮，弹出【另存为】对话框，从中选择合适的保存位置，单击 工具(L) 按钮，在弹出的下拉菜单中选择【常规选项】命令。

2 弹出【常规选项】对话框，将【打开权限密码】和【修改权限密码】文本框中的密码删除，然后撤选【建议只读】复选框。

3 单击 确定 按钮，返回【另存为】对话框，然后单击 保存(S) 按钮，弹出【确认另存为】对话框，单击 是(Y) 按钮即可。

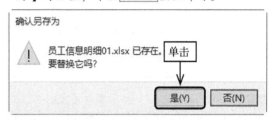

## 3. 设置共享工作簿

当工作簿的信息量较大时，可以通过共享工作簿实现多个用户对信息的同步录入。

1 切换到【审阅】选项卡，单击【更改】组中的 共享工作簿 按钮。

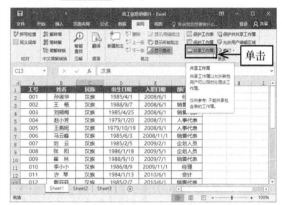

2 弹出【共享工作簿】对话框，切换到【编辑】选项卡，选中【允许多用户同时编辑，同时允许工作簿合并】复选框。

**3** 单击 确定 按钮，弹出【Microsoft Excel】对话框。

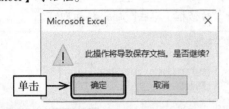

**4** 单击 确定 按钮，可共享当前工作簿。

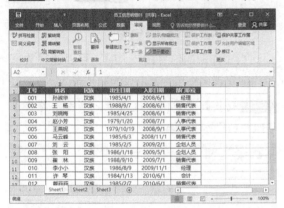

**5** 取消共享的方法也很简单，按照前面介绍的方法，打开【共享工作簿】对话框，切换到【编辑】选项卡，撤选【允许多用户同时编辑，同时允许工作簿合并】复选框。

**6** 设置完毕后，单击 确定 按钮，弹出【Microsoft Excel】对话框。

**7** 此时，单击 是(Y) 按钮，即可取消工作簿的共享。

# 2.2 工作表的基本操作

工作表是Excel的基本单位，用户可以对其进行插入或删除、隐藏或显示、移动或复制、重命名、设置工作表标签颜色、保护工作表等基本操作。

## 2.2.1 插入或删除工作表

工作表是工作簿的组成部分，默认每个新工作簿中包含3个工作表，分别为"Sheet1""Sheet2""Sheet3"。用户可以根据需要插入或删除工作簿。

本小节原始文件和最终效果所在位置如下。

| 原始文件 | 原始文件\第2章\员工信息明细02.xlsx |
| --- | --- |
| 最终效果 | 最终效果\第2章\员工信息明细03.xlsx |

### 1. 插入工作表

在工作簿中插入工作表的具体步骤如下。

**1** 打开本实例的原始文件，在工作表标签"Sheet1"上单击鼠标右键，然后从弹出的快捷菜单中选择【插入】命令。

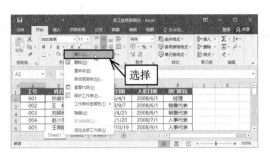

**2** 弹出【插入】对话框，切换到【常用】选项卡，然后选择【工作表】选项。

**3** 单击 确定 按钮，即可在工作表"Sheet1"的左侧插入一个新的工作表"Sheet4"。

## 2.2.2 隐藏和显示工作表

为了防止别人查看工作表中的数据，用户可将工作表隐藏起来，当需要时再将其显示出来。

本小节原始文件和最终效果所在位置如下。

| 原始文件 | 原始文件\第2章\员工信息明细03.xlsx |
| 最终效果 | 最终效果\第2章\员工信息明细04.xlsx |

### 1. 隐藏工作表

隐藏工作表的具体步骤如下。

**1** 打开本实例的原始文件，选中要隐藏的工作表标签"Sheet1"，单击鼠标右键，在弹出的快捷菜单中选择【隐藏】命令。

**4** 此外，用户还可以在工作表列表区的右侧单击【插入工作表】按钮，在工作表列表区的右侧插入新的工作表。

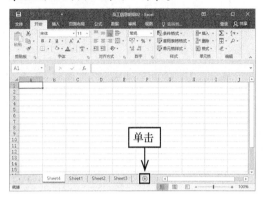

### 2. 删除工作表

删除工作表的操作非常简单，选中要删除的工作表标签，然后单击鼠标右键，在弹出的快捷菜单中选择【删除】命令即可。

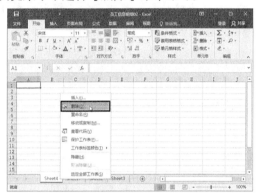

**2** 此时工作表 "Sheet1" 就被隐藏起来。

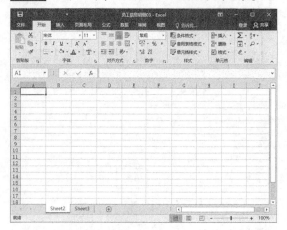

### 2. 显示工作表

当用户想查看某个隐藏的工作表时，首先需要将它显示出来，具体的操作步骤如下。

**1** 在任意一个工作表标签上单击鼠标右键，在弹出的快捷菜单中选择【取消隐藏】命令。

**2** 弹出【取消隐藏】对话框，在【取消隐藏工作表】列表框中选择要显示的隐藏工作表 "Sheet1"。

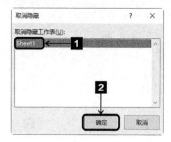

**3** 选择完毕，单击 确定 按钮，即可将隐藏的工作表 "Sheet1" 显示出来。

## 2.2.3 移动或复制工作表

移动或复制工作表是日常办公中常用的操作。用户既可以在同一工作簿中移动或复制工作表，也可以在不同工作簿中移动或复制工作表。

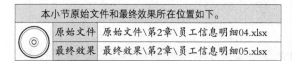

| 本小节原始文件和最终效果所在位置如下。 | |
| --- | --- |
| 原始文件 | 原始文件\第2章\员工信息明细04.xlsx |
| 最终效果 | 最终效果\第2章\员工信息明细05.xlsx |

### 1. 同一工作簿

在同一工作簿中移动或复制工作表的具体步骤如下。

**1** 打开本实例的原始文件，在工作表标签 "Sheet1" 上单击鼠标右键，在弹出的快捷菜单中选择【移动或复制】命令。

**2** 弹出【移动或复制工作表】对话框，在【将选定工作表移至工作簿】下拉列表中默认选择当前工作簿【员工信息明细04.xlsx】选项，在【下列选定工作表之前】列表框中选择【移至最后】选项，然后选中【建立副本】复选框。

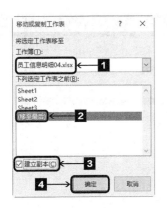

**3** 单击 确定 按钮，此时工作表"Sheet1"就被复制到了最后，并建立了副本"Sheet1（2）"。

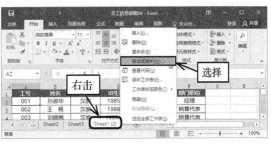

**2** 弹出【移动或复制工作表】对话框，在【将选定工作表移至工作簿】下拉列表中选择【员工信息管理.xlsx】选项，然后在【下列选定工作表之前】列表框中选择【员工资料表】选项。

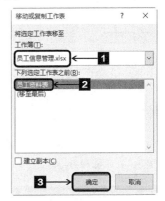

#### 2. 不同工作簿

在不同工作簿中移动或复制工作表的方法也很简单，下边以"员工信息明细04"工作簿中的"Sheet1（2）"工作表移动到"员工信息管理"工作簿为例进行介绍，具体步骤如下。

**1** 打开"员工信息管理"和"员工信息明细04"工作簿，在"员工信息明细04"工作簿的"Sheet1（2）"工作表上单击鼠标右键，在弹出的快捷菜单中选择【移动或复制】命令。

**3** 单击 确定 按钮，此时，工作簿"员工信息明细04"中的工作表"Sheet1（2）"就被移动到了工作簿"员工信息管理"中的工作表"员工资料表"之前。

### 2.2.4 重命名工作表

默认情况下，工作簿中的工作表名称为"Sheet1""Sheet2""Sheet3"等。在日常办公中，用户可以根据实际需要为工作表重命名。

| 原始文件 | 原始文件\第2章\员工信息明细05.xlsx |
|---|---|
| 最终效果 | 最终效果\第2章\员工信息明细06.xlsx |

本小节原始文件和最终效果所在位置如下。

为工作表重命名的具体步骤如下。

**1** 打开本实例的原始文件，在工作表标签"Sheet1"上单击鼠标右键，在弹出的快捷菜单中选择【重命名】菜单项。

**2** 此时工作表标签"Sheet1"呈高亮显示，工作表名称处于可编辑状态。

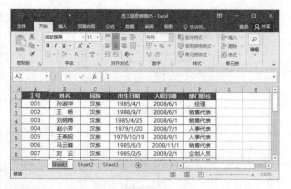

**3** 输入合适的工作表名称，然后按【Enter】键，效果如图所示。

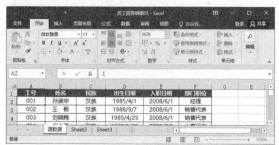

**4** 另外，用户还可以在工作表标签上双击鼠标，快速地为工作表重命名。

## 2.2.5 设置工作表标签颜色

当一个工作簿中有多个工作表时，为了提高观感效果，同时也为了方便对工作表的快速浏览，用户可以将工作表标签设置成不同的颜色。

| 原始文件 | 原始文件\第2章\员工信息明细06.xlsx |
|---|---|
| 最终效果 | 最终效果\第2章\员工信息明细07.xlsx |

本小节原始文件和最终效果所在位置如下。

设置工作表标签颜色的具体步骤如下。

**1** 打开本实例的原始文件，在工作表标签"源数据"上单击鼠标右键，在弹出的快捷菜单中选择【工作表标签颜色】命令。在弹出的级联菜单中列出了各种标准颜色，从中选择自己喜欢的颜色即可，如选择【红色】子命令。

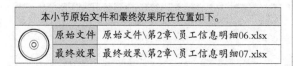

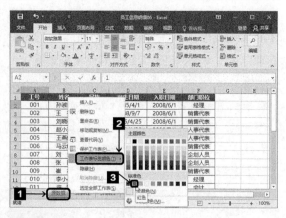

**2** 设置效果如图所示。

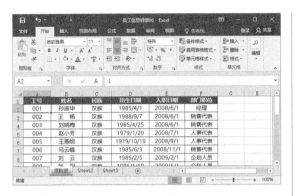

**3** 如果用户对【工作表标签颜色】级联菜单中的颜色不满意，还可以进行自定义操作。从【工作表标签颜色】级联菜单中选择【其他颜色】命令。

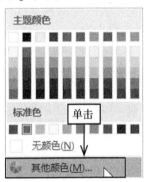

**4** 弹出【颜色】对话框，切换到【自定义】选项卡，从【颜色】面板中选择自己喜欢的颜色，设置完毕，单击 确定 按钮即可。

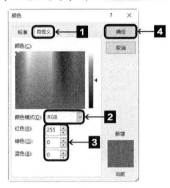

**5** 为各工作表设置标签颜色的最终效果如图所示。

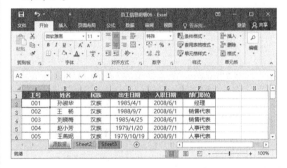

## 2.2.6 保护工作表

为了防止他人随意更改工作表，用户也可以对工作表设置保护。

| | |
|---|---|
| 本小节原始文件和最终效果所在位置如下。 | |
| 原始文件 | 原始文件\第2章\员工信息明细07.xlsx |
| 最终效果 | 最终效果\第2章\员工信息明细08.xlsx |

### 1. 保护工作表

保护工作表的具体操作步骤如下。

**1** 打开本实例的原始文件，在工作表"源数据"中，切换到【审阅】选项卡，单击【更改】组中的 保护工作表 按钮。

**2** 弹出【保护工作表】对话框，选中【保护工作表及锁定单元格内容】复选框，在【取消工作表保护时使用的密码】文本框中输入"123"，然后在【允许此工作表的所有用户进行】列表框中选中【选定锁定单元格】和【选定未锁定的单元格】复选框。

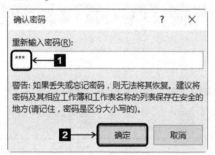

**3** 单击 确定 按钮，弹出【确认密码】对话框，然后在【重新输入密码】文本框中输入"123"。

**4** 设置完毕后，单击 确定 按钮即可。此时，如果要修改某个单元格中的内容，则会弹出【Microsoft Excel】对话框，直接单击 确定 按钮即可。

## 2. 撤销工作表的保护

撤销工作表的保护的具体步骤如下。

**1** 在工作表"数据源"中，切换到【审阅】选项卡，单击【更改】组中的 撤消工作表保护 按钮。

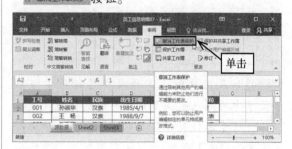

**2** 弹出【撤消工作表保护】对话框，在【密码】文本框中输入"123"。

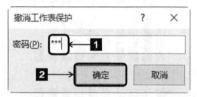

**3** 单击 确定 按钮即可撤销对工作表的保护，此时，【更改】组中的 撤消工作表保护 按钮则会变成 保护工作表 按钮。

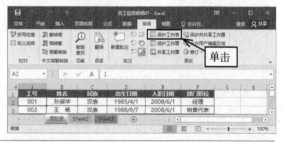

# 高手过招

## 修复受损的Excel文件

很多用户遇到过Excel文件意外受损的情况，在此介绍常用的修复方法。

Excel 2016具备了自动修复受损文件的功能。只要用Excel打开受损文件，修复工作将自动进行。

另外，用户也可以手动对受损文件进行修复。具体操作步骤如下。

1 单击 文件 按钮，在弹出的下拉菜单中选择【打开】命令，在【打开】界面上单击 浏览 按钮，弹出【打开】对话框，先定位到受损文件，然后单击 打开(O) 按钮右侧的下箭头按钮，在下拉菜单中选择【打开并修复】命令。

2 此时Excel会弹出【Microsoft Excel】询问对话框。单击 修复(R) 按钮，即可打开目标文件并进行修复。

Excel本身具备自动备份的功能。

单击 文件 按钮，在弹出的下拉菜单中选择【选项】命令，弹出【Excel选项】对话框，切换到【保存】选项卡，在【保存工作簿】组合框中的【将文件保存为此格式】下拉列表框中选择【Excel工作簿】选项，然后选中【保存自动恢复信息时间间隔】复选框，并在其右侧的微调框中设置文档自动保存的时间间隔，这里将时间间隔设置为"6分钟"。设置完毕，单击 确定 按钮即可，以后系统就会每隔6分钟自动将该工作簿保存一次。

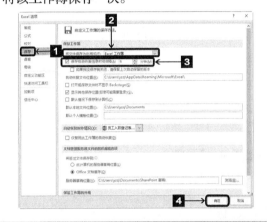

## 快速切换工作表

在Excel工作簿中，选定某张工作表的方法是单击该工作表的标签。Excel窗口底部会水平并排显示所有工作表的标签。

1 用户可以单击工作表导航栏上的左右箭头 ◄ ► 以让工作表标签相应滚动。

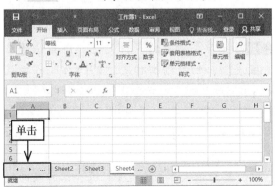

2 如果工作簿中的工作表实在太多，需要滚动很久才能看到目标工作表，那么还可以右键单击工作表导航栏，这时会显示一个工作表标签列表。

3 在【激活】窗口中，选中要达到的工作表，单击 确定 按钮，或者是双击其中的项目就可以激活相应的工作表。

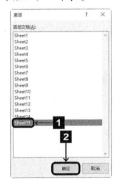

## 批量隐藏工作表标签

工作簿中存在大量工作表时，工作表标签会令人眼花缭乱，可以隐藏工作表标签，单个隐藏会比较麻烦，这时就可以批量隐藏工作表标签，具体操作步骤如下。

**1** 打开本章的素材文件"个人收支表"，工作簿中包含10多个工作表标签，如下图所示。

**2** 单击 文件 按钮，在弹出的下拉菜单中选择【选项】命令。

**3** 弹出【Excel选项】对话框，切换到【高级】选项卡，在【此工作簿的显示选项】组中撤选【显示工作表标签】复选框，单击 确定 按钮。

**4** 此时，工作簿中的所有工作表标签就被隐藏了。如果要显示工作表标签，只需要重新选中【显示工作表标签】复选框即可。

## 不可不用的工作表组

Excel 2016具有鲜为人知的快速编辑功能，利用"工作表组"功能，用户在编辑某一个工作表时，工作表组中的其他工作表同时也得到了相应编辑，如在多个工作表中输入相同内容、设置相同格式、应用公式和函数等。

**1** 打开本实例的素材文件"商品销售日报表"，切换到工作表"7月1日"，按住【Shift】键，然后单击工作表标签"7月3日"，随即选中了"7月1日"到"7月3日"3个相邻的工作表，组成了工作表组。如果要同时选中多个不相邻的工作表，按住【Ctrl】键，然后依次单击要选中的每个工作表的标签即可。

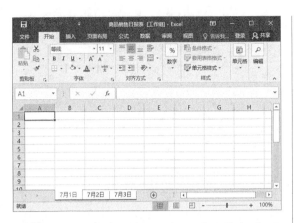

**2** 在工作表组状态下，切换到工作表"7月1日"，输入相应的文本，然后进行相应的格式设置，效果如下图所示。

**3** 单击其中的任意一个工作表标签即可退出工作表组状态，此时，工作表"7月2日"和"7月3日"同时输入了与工作表"7月1日"中内容和格式相同的文本。

**4** 在3个工作表中分别输入当日的销售数量。

**5** 使用之前介绍的方法，把3个工作表重新组成工作表组，切换到工作表"7月1日"，选中单元格D4，输入公式"=B4*C4"，然后按下【Enter】键，并将该公式填充至本列表的其他单元格中。

**6** 选中单元格B8，切换到【开始】选项卡，单击【编辑】按钮，在弹出的下拉菜单中选择 Σ自动求和 ▾【求和】命令。

**7** 此时，单元格B8中自动出现求和公式。

**8** 按下【Enter】键即可得到计算结果。使用同样的方法计算销售金额即可。

**9** 单击其中的任意一个工作表标签退出工作表状态。此时，工作表"7月2日"和"7月3日"中同时应用了与工作表"7月1日"中相同的函数和公式。

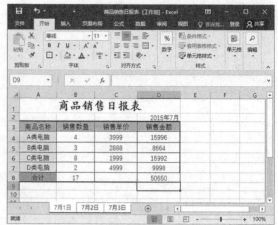

# 第3章

## 编辑工作表
### ——办公用品采购清单

办公用品管理是企业日常办公中的一项基本工作。科学、合理地管理和使用办公用品，有利于实现办公资源的合理配置，节约成本，提高办公效率。接下来，本章以制作办公用品清单为例，介绍如何编辑工作表。

光盘链接

关于本章的知识，本书配套教学光盘中有相关的多媒体教学视频，请读者参见光盘中的【Excel 2016的基本操作\编辑工作表】。

# 3.1 输入数据

创建工作表后的第一步就是向工作表中输入各种数据。工作表中常用的数据类型包括文本型数据、货币型数据、日期型数据等。

## 3.1.1 输入文本型数据

文本型数据是最常用的数据类型之一，是指字符或者数值和字符的组合。

| 本小节原始文件和最终效果所在位置如下。 | |
| --- | --- |
| 原始文件 | 无 |
| 最终效果 | 最终效果\第3章\办公用品采购清单01.xlsx |

**1** 创建一个新的工作簿，将其保存为"办公用品采购清单.xlsx"，将工作表"Sheet1"重命名为"1月采购清单"，然后选中单元格A1，切换到一种合适的中文输入法状态，输入工作表的标题"办公用品采购清单"。

**2** 输入完毕按下【Enter】键，此时光标会自动定位到单元格A2中，使用同样的方法输入其他的文本型数据——物品名称即可。

## 3.1.2 输入常规数字

Excel 2016默认状态下的单元格格式为常规，此时输入的数字没有特定格式。

| 本小节原始文件和最终效果所在位置如下。 | |
| --- | --- |
| 原始文件 | 原始文件\第3章\办公用品采购清单01.xlsx |
| 最终效果 | 最终效果\第3章\办公用品采购清单02.xlsx |

打开本实例的原始文件，在"采购数量"栏中输入相应的数字，效果如图所示。

# 3.1.3 输入货币型数据

货币型数据用于表示一般货币格式。如果输入货币型数据，首先要输入常规数字，然后设置单元格格式即可。

本小节原始文件和最终效果所在位置如下。

| | | |
|---|---|---|
| | 原始文件 | 原始文件\第3章\办公用品采购清单02.xlsx |
| | 最终效果 | 最终效果\第3章\办公用品采购清单03.xlsx |

输入货币型数据的具体步骤如下。

**1** 打开本实例的原始文件，在"购入单价"栏中输入相应的常规数字。

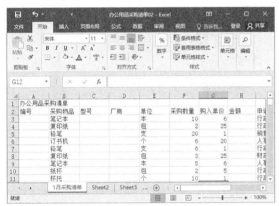

**2** 选中单元格区域G3:G25，切换到【开始】选项卡，单击【数字】组中的【对话框启动器】按钮。

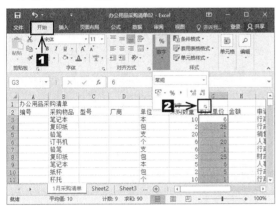

**3** 弹出【设置单元格格式】对话框，切换到【数字】选项卡，在【分类】列表框中选择【货币】选项，然后在右侧的【小数位数】微调框中输入"2"，在【货币符号（国家/地区）】下拉列表框中选择【¥】选项，在【负数】列表框中选择一种合适的选项。

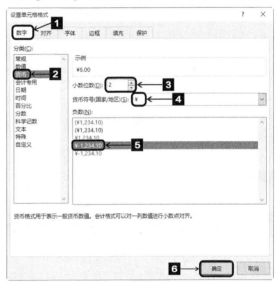

**4** 设置完毕，单击 确定 按钮返回工作表中，效果如图所示。

设置货币型数据格式后

# 3.1.4 输入日期型数据

日期型数据是工作表中经常使用的一种数据类型。

| 本小节原始文件和最终效果所在位置如下。 |
| --- |
| 原始文件　原始文件\第3章\办公用品采购清单03.xlsx |
| 最终效果　最终效果\第3章\办公用品采购清单04.xlsx |

**1** 打开本实例的原始文件，选中单元格 J3，输入"2015-1-2"，中间用"-"隔开。

**2** 按【Enter】键，日期变成"2015/1/2"。

**3** 使用同样的方法，输入其他日期即可。

**4** 如果用户对日期格式不满意，可以进行自定义。选中单元格区域J3:J25，切换到【开始】选项卡，单击【样式】组中的【对话框启动器】按钮后，弹出【设置单元格格式】对话框，切换到【数字】选项卡，在【分类】列表框中选择【日期】选项，然后在右侧的【类型】列表框中选择【12/3/14】选项。

**5** 单击 确定 按钮，效果如图所示。

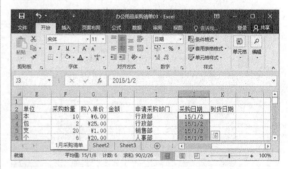

**6** 按照相同的方法在K列中输入日期，并设置其格式。

# 3.1.5 快速填充数据

除了普通输入数据的方法之外，用户还可以通过各种技巧快速地输入数据。

本小节原始文件和最终效果所在位置如下。

| 原始文件 | 原始文件\第3章\办公用品采购清单04.xlsx |
|---|---|
| 最终效果 | 最终效果\第3章\办公用品采购清单05.xlsx |

## 1. 填充序列

在Excel表格中填写数据时，经常会遇到一些内容上相同，或者在结构上有规律的数据，如1、2、3等，对这些数据，用户可以采用序列填充功能，进行快速编辑。

具体操作步骤如下。

**1** 打开本实例的原始文件，选中单元格A3，输入"1"，按下【Enter】键，活动单元格就会自动地跳转至单元格A4。

**2** 选中单元格A3，将鼠标指针移动至单元格A3的右下角，此时鼠标指针变为"+"形状，然后按住左键不放向下拖曳指针，此时在鼠标指针的右下角会有一个"1"跟随其向下移动。

**3** 将指针拖至合适的位置后释放右键，鼠标指针所经过的单元格中均被填充为"1"，同时在最后一个单元格A25的右下角会出现一个【自动填充选项】按钮。

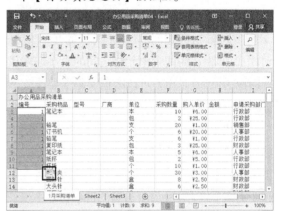

**4** 将鼠标指针移至【自动填充选项】按钮上，该按钮会变成形状，然后单击此按钮，在弹出的下拉菜单中选择【填充序列】命令。

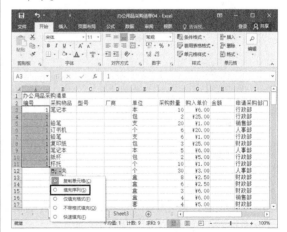

**5** 此时前面指针所经过的单元格区域中的数据就会自动地按照序列方式递增显示。

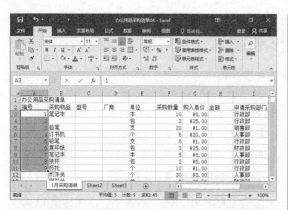

序列填充数据时，系统默认的步长值是"1"，即相邻的两个单元格之间的数字递增或者递减的值为1。用户可以根据实际需要改变默认的步长值。

单击【编辑】组中的【填充】按钮 填充，然后从弹出的下拉菜单中选择【序列】命令，弹出【序列】对话框，用户可以在【序列产生在】和【类型】组合框中选择合适的选项，在【步长值】文本框中输入合适的步长值。

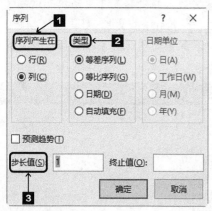

### 2. 快捷键填充

用户可以在多个不连续的单元格中输入相同的数据信息，按【Ctrl】+【Enter】组合键就可以实现数据的填充。

具体操作步骤如下。

■1 选中单元格D3，然后按住【Ctrl】键不放，依次单击单元格D9、D12、D19、D22和D24，同时选中这些单元格，此时可以发现最后选中的单元格D24呈白色状态。

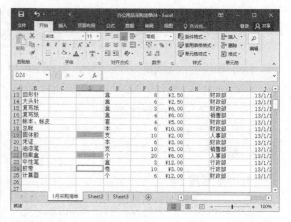

■2 在单元格D24中输入"厂商A"，然后按下【Ctrl】键，再按【Enter】键，在单元格D9、D12、D19、D22和D24中就会自动地填充上"厂商A"。

■3 按照相同的方法在D列中多个不连续的单元格中分别输入厂商的名称。

### 3. 从下拉列表中选择填充

在一列中输入一些内容之后，如果要在此列中输入与前面相同的内容，用户可以使用从下拉列表中选择的方法来快速输入。

具体操作步骤如下。

**1** 在C列中的单元格C4、C5、C6和C15中输入采购物品的型号。

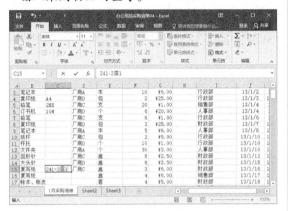

**2** 选中单元格C7，单击鼠标右键，从弹出的快捷菜单中选择【从下拉列表中选择】命令。

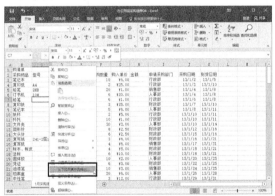

**3** 此时在单元格C7的下方出现一个下拉表，在此列表中显示出了用户在C列中输入的所有数据信息。

**4** 从下拉列表中选择一个合适的选项，如选择【2HB】选项，此时即可将其显示在单元格C7中。

**5** 按照相同的方法，在C列中需要输入采购物品型号的单元格中填充上合适的选项。

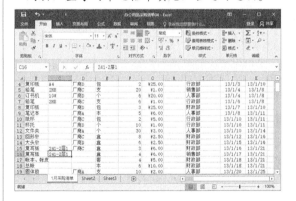

# 3.2 编辑数据

编辑数据的操作主要包括移动数据、复制数据、修改数据、查找和替换数据以及删除数据。

## 3.2.1 移动数据

移动数据是指用户根据实际情况，使用鼠标将单元格中的数据选项移动到其他的单元格中。这是一种比较灵活的操作方法。

 本小节原始文件和最终效果所在位置如下。

| | |
|---|---|
| 原始文件 | 原始文件\第3章\办公用品采购清单05.xlsx |
| 最终效果 | 最终效果\第3章\办公用品采购清单06.xlsx |

在表格中进行数据计算的具体步骤如下。

**1** 打开本实例的原始文件，选中单元格C6，将鼠标指针移动到单元格边框，此时鼠标指针变成 形状。

**2** 按住鼠标左键不放，将鼠标指针移动到单元格C9中释放即可。

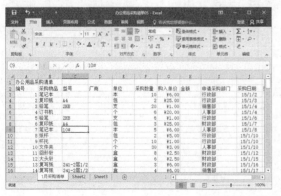

**3** 用户也可以使用剪切和粘贴的方法进行数据的移动，选中单元格C9，单击鼠标右键，从弹出的快捷菜单中选择【剪切】命令。

**4** 此时单元格C9周围出现一个闪烁的虚边框。

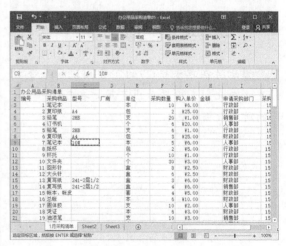

**5** 选中要移动的单元格C6，然后单击鼠标右键，从弹出的快捷菜单中选择【粘贴】命令。

**6** 此时即可将单元格C9中的数据移动到单元格C6中。

**7** 用户还可以按【Ctrl】+【X】组合键进行剪切，然后按【Ctrl】+【V】组合键粘贴来移动数据。

## 3.2.2 复制数据

用户在编辑工作表的时候，经常会遇到需要在工作表中输入一些相同数据的情况，此时可以使用系统提供的复制、粘贴功能实现，以节约输入数据的时间。下面对其进行介绍。

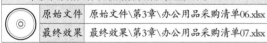

| 本小节原始文件和最终效果所在位置如下。 |
| --- |
| 原始文件 | 原始文件\第3章\办公用品采购清单06.xlsx |
| 最终效果 | 最终效果\第3章\办公用品采购清单07.xlsx |

具体操作步骤如下。

**1** 打开本实例的原始文件，在单元格中C3中输入"笔记本"的型号"sl-5048"，切换到【开始】选项卡，然后单击【剪贴板】组中的【复制】按钮。

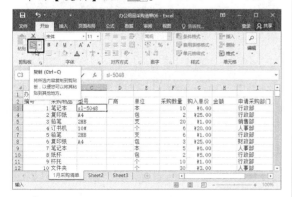

**2** 此时单元格C3的四周会出现闪烁的虚线框，表示用户要复制此单元格中的内容。

**3** 选中要复制到的单元格C9，然后单击【剪贴板】组中的【粘贴】按钮。

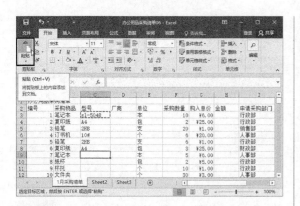

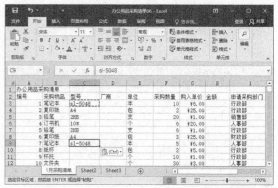

**4** 此时即可将单元格C3中的数据复制、粘贴到单元格C9中。

此外，用户还可以使用快捷菜单进行复制和粘贴，也可以使用【Ctrl】+【C】组合键和【Ctrl】+【V】组合键快速地复制和粘贴数据。

## 3.2.3 修改和删除数据

数据输入之后并不是不可以改变的，用户可以根据需求修改或者删除单元格中的内容。

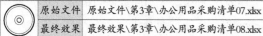

本小节原始文件和最终效果所在位置如下。

| | |
| --- | --- |
| 原始文件 | 原始文件\第3章\办公用品采购清单07.xlsx |
| 最终效果 | 最终效果\第3章\办公用品采购清单08.xlsx |

### 1. 修改数据

修改数据的具体操作步骤如下。

**1** 打开本实例的原始文件，选中要修改数据的单元格I4，此时该单元格的四周出现黑色的粗线边框。

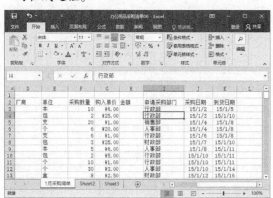

**2** 输入新的内容，如输入"研发部"，此时该单元格的内容被替换为新输入的内容。

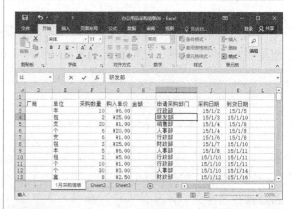

**3** 在要修改数据的单元格K4中双击，此时光标定位到该单元格中，并不断闪烁。

**4** 选择该单元格中修改的部分数据，此时被选中的数据呈反白显示。

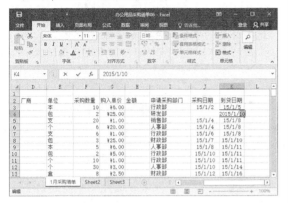

**5** 输入新的数据，然后按【Enter】键即可完成数据的修改。

## 3.2.4 查找和替换数据

当工作表中的数据较多时，用户要查找或修改起来会很不方便，此时就可以使用系统提供的查找和替换功能操作。

| 本小节原始文件和最终效果所在位置如下。 | |
|---|---|
| 原始文件 | 原始文件\第3章\办公用品采购清单07.xlsx |
| 最终效果 | 最终效果\第3章\办公用品采购清单08.xlsx |

查找分为简单查找和复杂查找两种，下面分别进行介绍。

### 1. 查找数据

**◯ 简单查找**

简单查找数据的具体操作步骤如下。

### 2. 删除数据

当用户不再需要单元格中的数据时，可以将其删除。

删除单元格数据最简单的方法就是在选中单元格后，直接按【Delete】键将单元格中的数据删除。

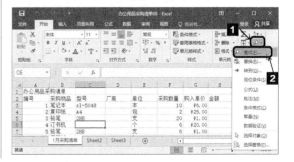

**1** 打开本实例的原始文件，单击【编辑】组中的【查找和选择】按钮，然后从弹出的下拉菜单中选择【查找】命令。

**2** 弹出【查找和替换】对话框，切换到
【查找】选项卡，在【查找内容】文本框中输
入要查找的数据内容，如输入"财政部"。

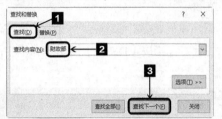

**3** 单击 查找下一个(F) 按钮，此时系统会自动地选
中符合条件的第一个单元格。

**4** 再次单击 查找下一个(F) 按钮，系统会继续查找
其他符合条件的单元格。

**5** 单击 查找全部(I) 按钮，此时在【查找和替换】
对话框的下方就会显示出符合条件的全部单
元格信息，查找完毕单击 关闭 按钮即可。

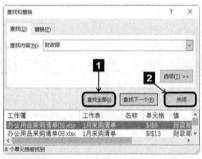

## ○ 复杂查找

复杂查找数据的具体操作步骤如下。

**1** 选中单元格I8，单击鼠标右键，从弹出
的快捷菜单中选择【设置单元格格式】命
令。

**2** 弹出【设置单元格格式】对话框，切换
到【字体】选项卡，在【字形】列表框中选择
【倾斜】选项，从【字体颜色】下拉列表框中
选择合适的字体颜色，如【深红】选项。

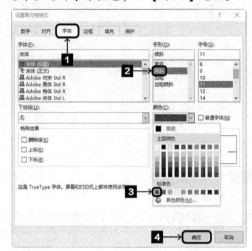

**3** 设置完毕后单击 确定 按钮即可，此时设
置效果如图所示。

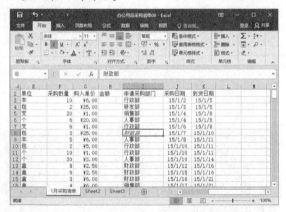

**4** 按照前面介绍的方法打开【查找和替
换】对话框，切换到【查找】选项卡，在【查
找内容】文本框中输入要查找的数据内容，如
输入"财政部"。

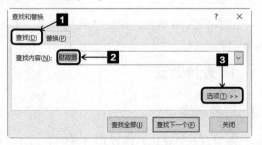

**5** 单击 选项(T) >> 按钮，从展开的【查找和替换】对话框中单击 格式(M)... ▼ 按钮的下三角按钮，然后从弹出的下拉菜单中选择【格式】命令。

**6** 弹出【查找格式】对话框，切换到【字体】选项卡中，在【字形】列表框中选择【倾斜】选项，然后从【字体颜色】下拉列表框中选择【深红】选项。

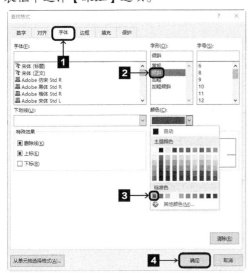

**7** 选择完毕后单击 确定 按钮，返回【查找和替换】对话框，此时可以预览到设置效果。

**8** 单击 查找全部(I) 按钮，此时在【查找和替换】对话框的下方就会显示出符合条件的全部单元格信息，查找完毕后单击 关闭 按钮即可。

## 2. 替换数据

用户可以使用Excel的替换功能快速地定位查找内容，并对其进行替换操作。

替换数据的具体步骤如下。

**1** 切换到【开始】选型卡，单击【编辑】组中的【查找和选择】按钮 ，在弹出的下拉菜单中选择【替换】命令。

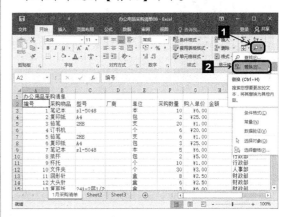

**2** 弹出【查找和替换】对话框，切换到【替换】选项卡，在【查找内容】文本框中输入"财政部"，在【替换为】文本框中输入"财务部"，然后单击【查找内容】文本框右侧的 格式(M)... ▼ 按钮，然后从弹出的下拉菜单中选择【清除查找格式】命令。

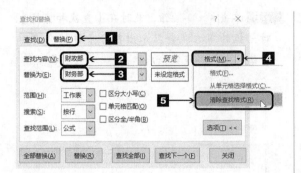

**3** 单击 查找全部① 按钮，此时光标定位在了要查找的内容上，并在对话框中显示了具体的查找结果。

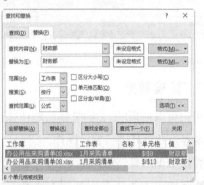

**4** 单击 全部替换(A) 按钮，弹出【Microsoft Excel】对话框，并显示替换结果。

**5** 单击 确定 按钮，返回【查找和替换】对话框，替换完毕，单击 关闭 按钮即可。

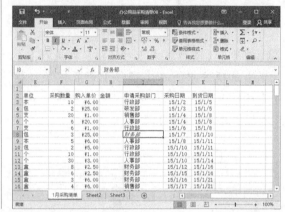

# 3.3 单元格的基本操作

单元格是工作表的最小组成单位，用户在单元格中输入文本内容后，还可以根据实际需要进行选中单元格、插入单元格、删除单元格以及合并单元格等操作。

| 本小节原始文件和最终效果所在位置如下。 | |
| --- | --- |
| 原始文件 | 原始文件\第3章\办公用品采购清单09.xlsx |
| 最终效果 | 最终效果\第3章\办公用品采购清单10.xlsx |

## 3.3.1 选中单元格

在对单元格进行各种编辑之前，首先需要将其选中。

### ○ 选中单个单元格

选中单个单元格的方法很简单，只需要将鼠标指针移动到该单元格上，单击鼠标左键即可。此时该单元格会被绿色的粗框包围，而名称框会显示该单元格的名称。

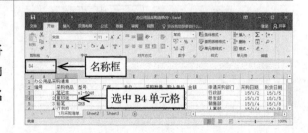

### 选中连续的单元格区域

在需要选取的起始单元格上按住鼠标左键不放，拖曳鼠标，则指针经过的矩形框即被选中。

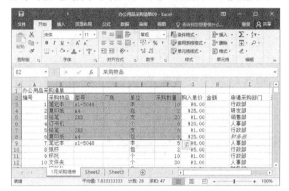

此外，用户还可以先选中起始的单元格，按住【Shift】键，然后单击最后一个单元格，此时即可选中连续的单元格区域。

### 选中不连续的单元格区域

选中第一个要选择的单元格，按下【Ctrl】键不放的同时，依次选中要选择的单元格即可。

### 选中整行或整列的单元格区域

选中整行或者整列单元格区域的方法很简单，只需要在要选中的行标题或者列标题上单击即可将其选中。

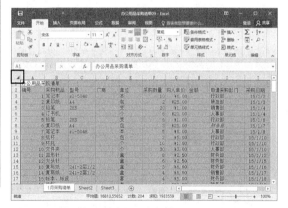

### 选中所有单元格

在工作表的左上角的行标题和列标题的交叉处单击，即可快速地选中工作表中所有的单元格。

## 3.3.2 插入单元格

在对工作表进行编辑的过程中，插入单元格是最经常用到的操作之一。

插入单元格的具体步骤如下。

**1** 打开本小节的原始文件，选中单元格 B3，单击鼠标右键，选择快捷菜单中的【插入】命令。

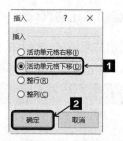

**2** 弹出【插入】对话框，选中【活动单元格下移】单选钮。

**3** 选择完毕直接单击 确定 按钮，此时即可将选中的单元格下移，同时在其上方插入了一个空白单元格。

### 3.3.3 删除单元格

用户可以根据实际需求删除不需要的单元格。

删除单元格的具体步骤如下。

**1** 选中要删除的单元格B3，单击鼠标右键，然后从弹出的快捷菜单中选择【删除】命令。

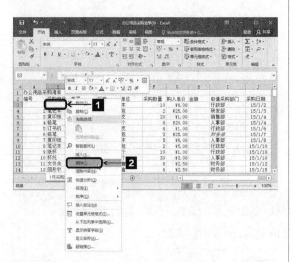

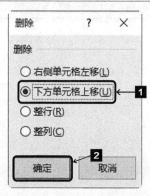

**3** 选择完毕直接单击 确定 按钮，此时即可将选中的单元格删除。

**2** 弹出【删除】对话框，选中【下方单元格上移】单选钮。

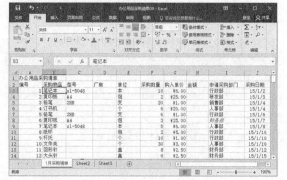

## 3.3.4 合并单元格

在编辑工作表的过程中，用户有时候需要将多个单元格合并为一个单元格，具体的操作步骤如下。

**1** 选中单元格区域A1:K1，然后单击【对齐方式】组中的【合并后居中】按钮

合并后居中(C) 。

**2** 此时即可将选择的单元格区域合并为一个单元格，同时单元格中的内容会居中显示。

# 3.4 行和列的基本操作

行和列的基本操作与单元格的基本操作大同小异，主要包括选择行和列、插入行和列、删除行和列、调整行高和列宽以及隐藏与显示行和列。

本小节原始文件和最终效果所在位置如下。

| 原始文件 | 原始文件\第3章\办公用品采购清单10.xlsx |
| --- | --- |
| 最终效果 | 最终效果\第3章\办公用品采购清单11.xlsx |

## 3.4.1 选择行和列

在对行和列进行各种操作之前，首先需要将其选中。

**O 选择一行或一列**

选中一行或者一列的方法很简单，直接在要选择的行标题或者列标题上单击鼠标左键即可将其选中。

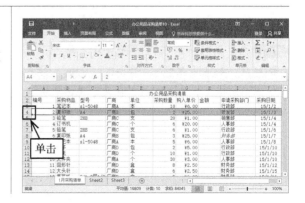

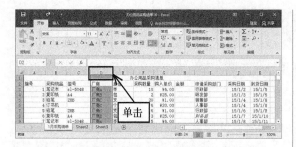

## 选择不连续的多行或者多列

如果要选择不连续的多行或者多列，首先需要选择第一行或者第一列，按住【Ctrl】键，然后依次单击要选择的行的行标题或者列的列标题，即可选择不连续的多行或者多列。

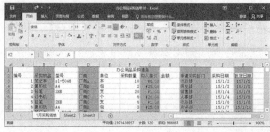

## 选择连续的多行或者多列

选择连续的多行或者多列的方法也很简单。首先选中要选择的第一行或者第一列，然后按下鼠标左键不放，拖动到要选择的最后一行或者最后一列释放鼠标，此时即可选择连续的多行或者多列。

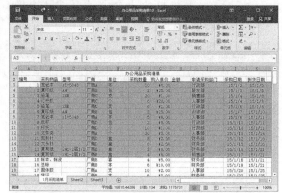

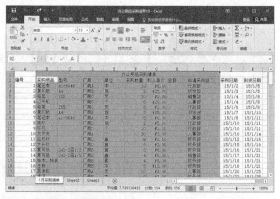

## 3.4.2 插入行和列

在编辑工作表的过程中，用户有时候需要根据实际需要重新设置工作表的结构，此时可以通过在工作表中插入行和列来实现。

在工作表中插入行的具体步骤如下。

**1** 在要插入行的下面的行标题上单击以选择整行，如选中第3行，单击鼠标右键，然后从弹出的快捷菜单中选择【插入】命令。

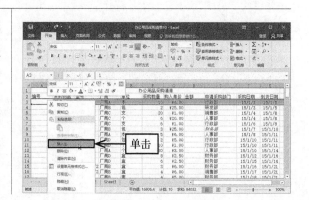

**2** 此时即可在选中行的上方插入一个空白行。

**3** 在要插入行的下面的行标题上单击选择整行，如选中第6行，单击【单元格】按钮，从展开的【单元格】组中单击【插入】按钮的下半部分按钮，然后从弹出的下拉菜单中选择【插入工作表行】命令。

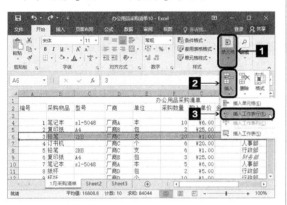

**4** 此时即可在所选行上方插入一个空白行。

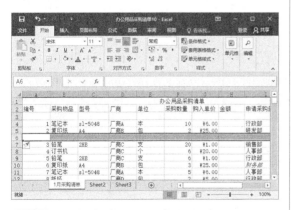

**5** 选中任意单元格，单击鼠标右键，然后从弹出的快捷菜单中选择【插入】命令。

**6** 弹出【插入】对话框，在【插入】组合框中选中【整行】单选钮。

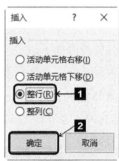

**7** 选择完毕单击 确定 按钮，此时即可在所选单元格所在行的上方插入一个空白行。

**8** 用户还可以在工作表中插入多行，如选择第10~12行，单击鼠标右键，然后从弹出的快捷菜单中选择【插入】命令。

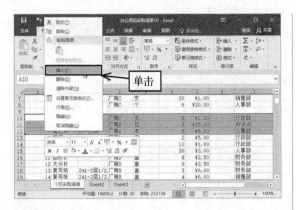

9 此时即可在原来的第10行上方插入3个空白行。

在工作表中插入列的方法与插入行的方法类似，只需在要插入列右侧的列标题上单击以选择整列，然后按照前面介绍的插入行的方法进行插入，即可在所选中列的左侧插入空白列。

## 3.4.3 删除行和列

在编辑工作表的过程中，用户有时候还需要将工作表中多余的行和列删除。删除行的方法和删除列的方法类似，下面以删除行为例进行介绍。

删除行的具体步骤如下。

1 选择要删除的行，如选中第3行，单击鼠标右键，然后从弹出的快捷菜单中选择【删除】命令。

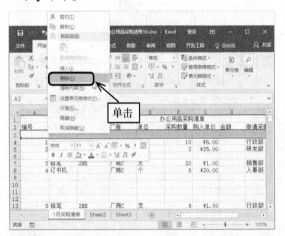

2 此时即可将选择的空白行删除。

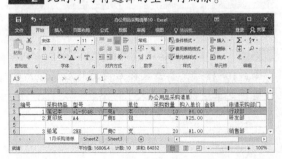

3 选择要删除的行，如选中第5行，单击【单元格】组中的【删除】按钮 的下部分按钮，然后从弹出的下拉菜单中选择【删除工作表行】命令。

4 此时即可将选择的行删除。

**5** 在要删除的第7行中任意单元格上单击鼠标右键，然后从弹出的快捷菜单中选择【删除】命令。

**6** 弹出【删除】对话框，在【删除】组合框中选中【整行】单选钮。

**7** 选择完毕，单击 确定 按钮即可将选择的单元格所在的行删除。

**8** 选择第7~9行，单击鼠标右键，然后从弹出的快捷菜单中选择【删除】命令。

**9** 此时即可将选择的多行删除，下方的行自动上移。

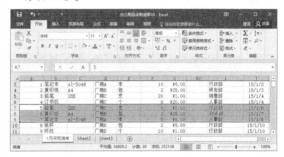

## 3.4.4 调整行高和列宽

在默认情况下，工作表中的行高和列宽是固定的，但是当单元格中的内容过长时，就无法将其完全显示出来，此时需要调整行高和列宽。

### ○ 设置精确的行高和列宽

设置精确的行高和列宽的具体步骤如下。

**1** 选中第1行，切换到【开始】选项卡，单击【单元格】组中的【格式】按钮 格式 ，然后从弹出的下拉菜单中选择【行高】命令。

**2** 弹出【行高】对话框，在【行高】文本框中输入合适的行高，如输入"24"。

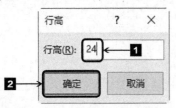

**3** 输入完毕后单击 确定 按钮即可，设置效果如图所示。

**4** 选择要调整列宽的列，如选中A列，单击鼠标右键，然后从弹出的快捷菜单中选择【列宽】命令。

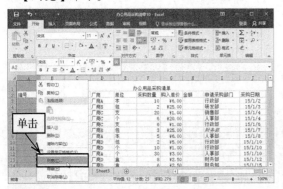

**5** 弹出【列宽】对话框，在【列宽】文本框中输入合适的列宽，如输入"8"。

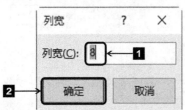

**6** 输入完毕后单击 确定 按钮即可，设置效果如图所示。

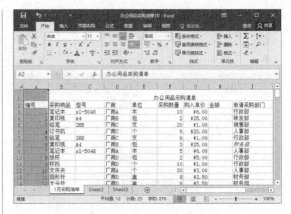

## ○ 设置最合适的行高和列宽

为单元格中的内容设置最合适的行高和列宽的具体步骤如下。

**1** 将鼠标指针移动到要调整行高的行标题下方的分隔线上，此时鼠标指针变成 ✚ 形状。

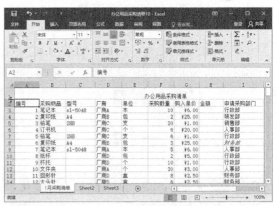

**2** 双击即可将该行（此处为第1行）调整为最合适的行高。

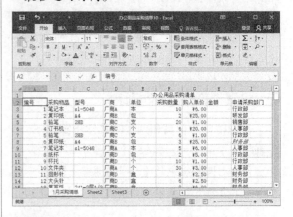

**3** 将鼠标指针移动到要调整列宽的列标题右侧分隔线上，此时鼠标指针变成 ✚ 形状。

**4** 双击即可将该列（D列）调整为最适合
的列宽。

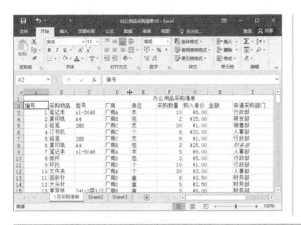

## 3.4.5 隐藏行和列

在编辑工作表的过程中，用户有时候要将一些行和列隐藏起来，需要时再将其显示出来。

### ○ 隐藏行和列

隐藏行和列的具体步骤如下。

**1** 选择要隐藏的行，如选择第2行，单击鼠
标右键，然后从弹出的快捷菜单中选择【隐
藏】命令。

**2** 此时即可将第2行隐藏起来，并且会在第1
行和第3行之间出现一条粗线，效果如图所示。

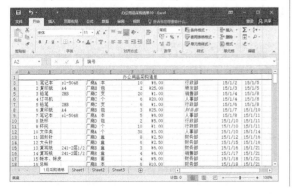

**3** 选择要隐藏的列，如选择D列，然后单击
鼠标右键，从弹出的快捷菜单中选择【隐藏】
命令。

**4** 此时即可将D列隐藏起来，并且会在C列
和E列之间出现一条粗线，效果如图所示。

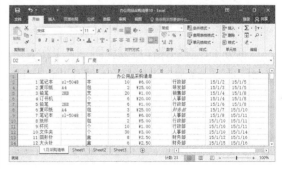

### ○ 显示隐藏的行和列

用户还可以将隐藏的行和列显示出来，具
体的操作步骤如下。

**1** 选中第1行和第3行，然后单击鼠标右键，从弹出的快捷菜单中选择【取消隐藏】命令。

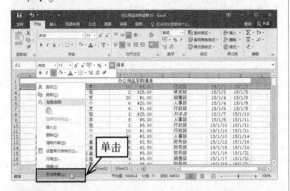

**2** 此时即可将刚刚隐藏的第2行显示出来。

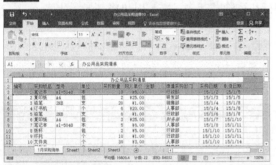

**3** 选择C列和E列，单击鼠标右键，然后从弹出的快捷菜单中选择【取消隐藏】命令。

**4** 此时即可将刚刚隐藏的D列显示出来。

# 3.5 拆分和冻结窗口

拆分和冻结窗口是编辑工作表过程中经常用到的操作。通过拆分和冻结窗口操作，用户可以更加清晰、方便地查看数据信息。

## 3.5.1 拆分窗口

拆分工作表的操作可以将同一个工作表窗口拆分成两个或者多个窗口，在每一个窗口中可以通过拖动滚动条显示工作表的一部分，此时用户可以通过多个窗口查看数据信息。

本小节原始文件和最终效果所在位置如下。

| | | |
|---|---|---|
| 原始文件 | 原始文件\第3章\办公用品采购清单11.xlsx | |
| 最终效果 | 最终效果\第3章\办公用品采购清单12.xlsx | |

**1** 打开本实例的原始文件，选中单元格C5，切换到【视图】选项卡，然后单击【窗口】组中的【拆分】按钮 拆分 。

**2** 此时系统就会自动地以单元格C5为分界点，将工作表分成4个窗口，同时垂直滚动条和水平滚动条分别变成了两个。

**3** 按住鼠标左键不放，拖动上方的垂直滚动条，此时可以发现上方两个窗口的界面在垂直方向发生了变化。

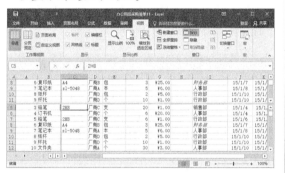

**4** 拖动右边的水平滚动条，也可以发现右边两个窗口在水平方向发生了变化。

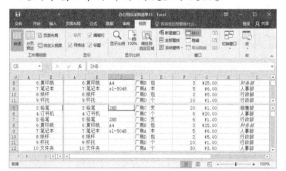

**5** 用户还可以将4个窗口调整成两个窗口。将鼠标指针移动到窗口的边界线上，此时鼠标指针变成 形状。

**6** 按住鼠标左键不放向上拖动，此时随着鼠标指针的移动会出现一条虚线。

**7** 将鼠标指针拖动到列标题上释放，此时即可发现界面中只有左右两个窗口了，与此同时，垂直滚动条也变成了一个，拖动此滚动条即可控制当前两个窗口在垂直方向上的变动。

**8** 如果用户想取消窗口的拆分，只需要切换到【视图】选项卡，然后再次单击【窗口】组中的【拆分】按钮 即可。

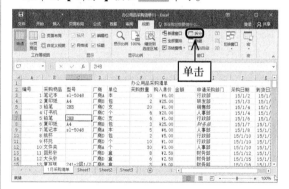

## 3.5.2 冻结窗口

当工作表中的数据很多时，为了方便查看，用户可以将工作表的行标题和列标题冻结起来。

| | | |
|---|---|---|
|  | 本小节原始文件和最终效果所在位置如下。 | |
| | 原始文件 | 原始文件\第3章\办公用品采购清单12.xlsx |
| | 最终效果 | 最终效果\第3章\办公用品采购清单13.xlsx |

冻结窗口的具体步骤如下。

**1** 打开本实例的原始文件，然后按照前面介绍的方法删除标题所在的第1行。

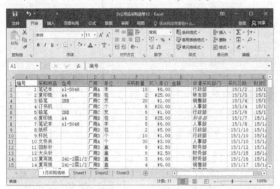

**2** 选中工作表中任意单元格，切换到【视图】选项卡，单击【窗口】组中的【冻结窗格·】按钮，然后从弹出的下拉菜单中选择【冻结首行】命令。

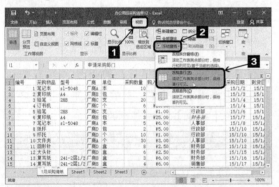

**3** 此时即可发现在第2行上方出现了一条直线，将标题行冻结住了。

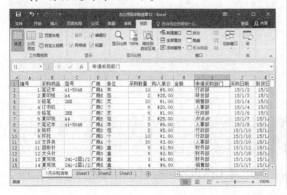

**4** 拖动垂直滚动条，此时变动的是直线下方的数据信息，直线上方的标题行不随之变化。

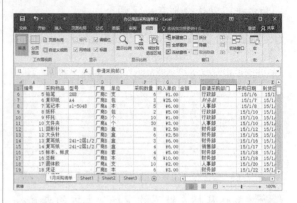

**5** 如果用户想取消窗口的冻结，切换到【视图】选项卡，单击【窗口】组中的【冻结窗格·】按钮，然后从弹出的下拉菜单中选择【取消冻结窗格】命令即可。

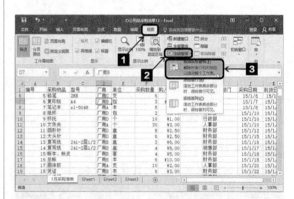

**6** 此时即可取消首行的冻结，效果如图所示。

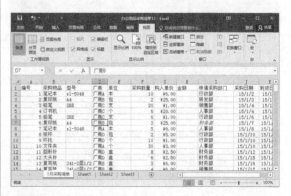

**7** 如果用户想要冻结首列，可以单击【窗口】组中的【冻结窗格·】按钮，然后从弹出的下拉菜单中选择【冻结首列】命令即可。

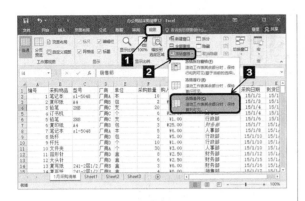

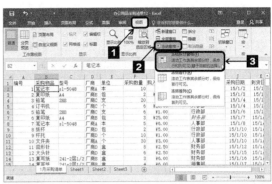

**8** 此时即可发现在B列的左侧出现一条直线，将标题列冻结住了。

**11** 此时即可发现在第2行上方出现了一条直线，将标题行冻结住了；在B列的左侧出现一条直线，将标题列冻结住了。

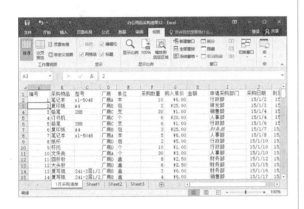

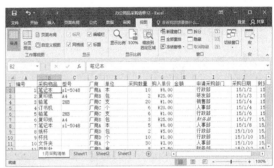

**9** 拖动水平滚动条，此时变动的是直线右侧的数据信息，直线左侧的标题行不随之变化。

**12** 拖动垂直滚动条，此时变化的是直线下方的数据信息，直线上方的标题行不随之变化。

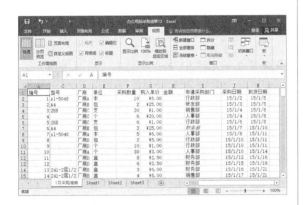

**10** 按照前面介绍的方法取消窗口的冻结。选中单元格B2，单击【窗口】组中的 ![冻结窗格] 按钮，然后从弹出的下拉菜单中选择【冻结拆分窗格】命令即可。

**13** 拖动水平滚动条，此时变动的是直线右侧的数据信息，直线左侧的标题行不随之变化。

# ｜高手过招｜

## 教你绘制斜线表头

在日常办公中经常会用到斜线表头，具体的制作方法如下。

**1** 打开一个新建工作簿，选中单元格A1，将其调整到合适的大小，然后切换到【开始】选项卡，单击【对齐方式】组中的【对话框启动器】按钮。

**2** 弹出【设置单元格格式】对话框，切换到【对齐】选项卡，在【垂直对齐】下拉列表框中选择【靠上】选项，然后在【文本控制】组合框中选中【自动换行】复选框。

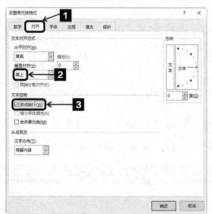

**3** 切换到【边框】选项卡，在【预置】组合框中单击【外边框】按钮，然后在【边框】组合框中单击【右斜线】按钮。

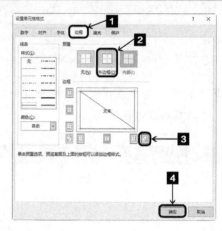

**4** 单击 确定 按钮，返回工作表中，此时在单元格A1中出现了一个斜表头。

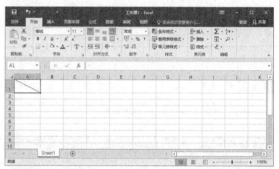

**5** 在单元格A1中输入文本"项目月份"，将光标定位在文本"项"之前，按下空格键将文本"月份"调整到下一行，然后单击其他任意一个单元格，设置效果如图所示。

## 快速插入"√"

在编辑工作表的过程中，用户可能会用到特殊符号"√"。在单元格中输入小写拼音字母"a"或"b"，然后将其字体设置为"Marlett"即可得到特殊符号"√"。

**1** 打开一个新的工作簿，在单元格A1和A2中分别输入小写拼音字母"a"和"b"。

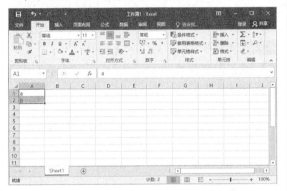

**2** 选中单元格A1和A2，在【字体】组中单击"字体"的下三角号，从下拉列表框中选择【Marlett】选项。

**3** 此时小写拼音字母"a"和"b"就变成了特殊符号"√"。

## 区别数字文本和数值

在编辑如学号、职工号等数字编号时，常常要用到数字文本。为区别输入的数字是数字文本还是数值，需要在输入的数字文本前先输入"'"。在公式中若含有文本数据，则文本数据要用双引号""""括起来。

**1** 新建一个工作簿，选中单元格A1，然后输入"201501015"。

**2** 按下【Enter】键，此时单元格A1中的数据变为"201501015"，并在单元格的左上角出现一个绿色三角标识，表示该数字为文本格式。

**3** 选中单元格A4，输入函数公式 "=IF(E1>60,"及格","不及格")"，此时按下 【Enter】键，单元格A4就会显示文本"及 格"或"不及格"。

## 快速插入多行和多列

在工作表中插入行或列时，除了利用右键快捷菜单命令外，还可以通过组合键快速插入。

**1** 打开本章的素材文件"员工信息明细表"，若想在第3行和第4行之间插入3行空白行，需要先选中第4、5、6三行。

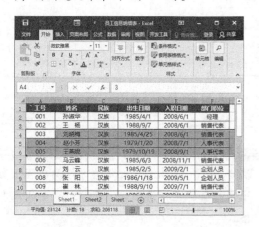

**2** 直接按下【Ctrl】+【Shift】+【=】组合键，即可快速地在第3行的下方插入3行空白行。

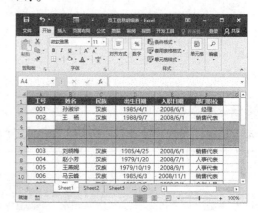

### 提示 • • • • •

按照同样的方法，用户可以同时插入多列。用户想要插入几行或几列，就需要先选中几行或几列。

# 第4章

## 美化工作表

### ——销售统计表

除了对工作簿和工作表进行基本操作之外，用户还可以对工作表进行各种美化操作。美化工作表的操作主要包括设置单元格格式、设置工作表背景、设置样式、使用主题以及使用批注。接下来，本章以美化销售统计表为例，介绍如何美化工作表。

关于本章的知识，本书配套教学光盘中有相关的多媒体教学视频，请读者参见光盘中的【Excel 2016的基本操作\美化工作表】。

# 4.1 设置单元格格式

设置单元格格式的基本操作主要包括设置数字格式、设置对齐方式、设置字体格式以及添加边框和底纹。

## 4.1.1 设置字体格式

为了使工作表看起来美观，用户还可以设置工作表中数据的字体格式。

| 本小节原始文件和最终效果所在位置如下。 | |
| --- | --- |
| 原始文件 | 原始文件\第4章\销售统计表01.xlsx |
| 最终效果 | 最终效果\第4章\销售统计表02.xlsx |

设置字体格式的具体步骤如下。

**1** 打开本实例的原始文件，选中标题单元格A1，切换到【开始】选项卡，单击【字体】组右下角的【对话框启动器】按钮。

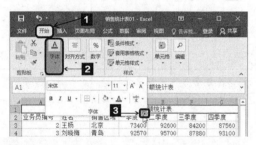

**2** 弹出【设置单元格格式】对话框，切换到【字体】选项卡，从【字体】列表框中选择【微软雅黑】选项，从【字号】列表框中选择【20】选项，然后从【颜色】下拉列表框中选择合适的字体颜色，如选择【蓝色】选项。

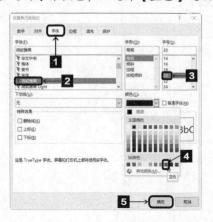

**3** 设置完毕单击 确定 按钮即可，设置效果如图所示。

**4** 选中单元格区域A2:H2，单击鼠标右键，然后从弹出的快捷菜单中选择【设置单元格格式】命令。

**5** 弹出【设置单元格格式】对话框，切换到【字体】选项卡，从【字体】列表框中选择【楷体】选项，从【字号】列表框中选择【14】选项，然后从【颜色】下拉列表框中选择合适的字体颜色，如选择【深红】选项。

**6** 单击 确定 按钮，设置效果如图所示。

**7** 选中单元格区域A3:H15，从【字体】组中的【字体】下拉列表框中选择【黑体】选择。

**8** 单击【字体】组中【字体颜色】按钮 A 右侧的下箭头按钮，然后从弹出的下拉列表框中选择【黑色，文字1，淡色5%】选项。

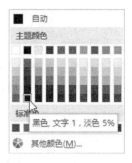

**9** 设置效果如图所示。

**10** 将鼠标指针移动到C列和D列之间的列标题分隔线上，此时鼠标指针变成十形状。

**11** 在该分隔线上双击，此时即可将C列自动调整为最适合的列宽。

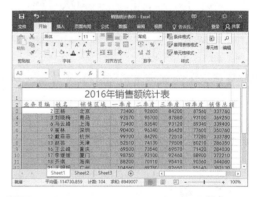

**12** 按照同样的方法，调整其他列的列宽。

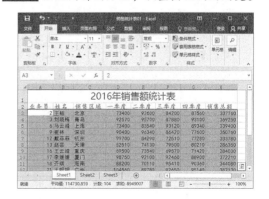

# 4.1.2 设置数字格式

为了使表格文本看起来更加清晰、整齐，用户还可以设置数字格式。Excel 2016提供了各种数字格式，用户可以根据自己的实际需要进行选择。

| 本小节原始文件和最终效果所在位置如下。 |
| --- |
| 原始文件 原始文件\第4章\销售统计表02.xlsx |
| 最终效果 最终效果\第4章\销售统计表03.xlsx |

设置数字格式的具体步骤如下。

**1** 打开本实例的原始文件，选择要设置数字格式的单元格区域A3:A15，切换到【开始】选项卡，单击【数字】组右侧的【对话框启动器】按钮。

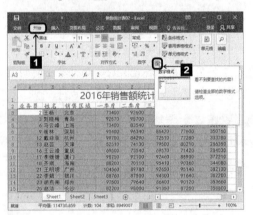

**2** 弹出【设置单元格格式】对话框，切换到【数字】选项卡，在左侧的【分类】列表框中选择要设置的数字格式，如选择【自定义】选项，在右侧的【类型】列表框中输入"000"。

**3** 设置完毕后单击 确定 按钮即可，设置效果如图所示。

**4** 选中单元格区域D3:H15，切换到【开始】选项卡，从【数字】组中的【数字格式】下拉列表框中选择合适的数字格式选项，如选择【货币】选项。

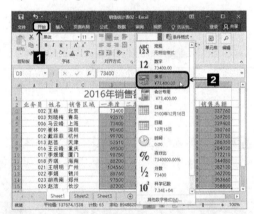

**5** 此时即可将该单元格区域中数据的数字格式设置为货币样式。

**6** 用户也可以单击鼠标右键，从弹出的快捷菜单中选择【设置单元格格式】命令来设置单元格中的数字格式。

## 4.1.3 设置对齐方式

除了设置数字格式之外，用户还可以设置工作表中数据的对齐方式。

本小节原始文件和最终效果所在位置如下。

| 原始文件 | 原始文件\第4章\销售统计表03.xlsx |
| 最终效果 | 最终效果\第4章\销售统计表04.xlsx |

输入货币型数据的具体步骤如下。

**1** 打开本实例的原始文件，选中单元格区域A2:H2，切换到【开始】选项卡，单击【对齐方式】组中的【居中】按钮。

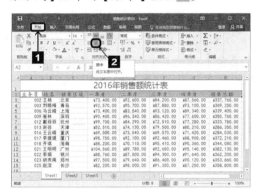

**2** 此时该单元格区域中的数据居中显示。

**3** 选中单元格区域A3:H15，单击鼠标右键，然后从弹出的快捷菜单中选择【设置单元格格式】命令。

**4** 弹出【设置单元格格式】对话框，切换到【对齐】选项卡，分别从【水平对齐】和【垂直对齐】下拉列表框中选择【居中】选项。

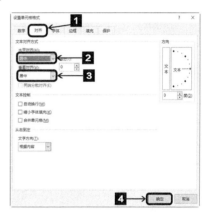

**5** 单击 确定 按钮返回工作表中，设置效果如图所示。

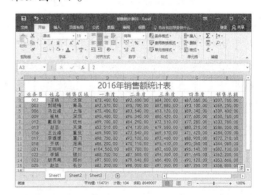

## 4.1.4 添加边框和底纹

在编辑工作表的过程中，用户可以为其添加漂亮的边框和底纹。

本小节原始文件和最终效果所在位置如下。

| 原始文件 | 原始文件\第4章\销售统计表04.xlsx |
| --- | --- |
| 最终效果 | 最终效果\第4章\销售统计表05.xlsx |

### 1. 添加内外边框

为工作表添加内外边框的具体步骤如下。

**1** 打开本实例的原始文件，选择要添加内外边框的单元格区域A1:H15，单击【字体】组中的【绘制边框线】按钮 右侧的下三角箭头按钮，然后从弹出的下拉列表中选择【其他边框】选项。

**2** 弹出【设置单元格格式】对话框，切换到【边框】选项卡，从【样式】列表框中选择外边框的线条样式，从【颜色】下拉列表框中选择外边框的线条颜色，如选择【橄榄色，个性色3，深色50%】选项，然后在【预置】组合框中单击【外边框】按钮，此时在下方的预览框中即可预览到外边框的设置效果。

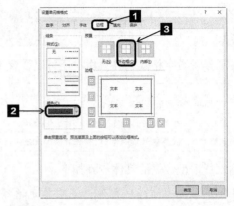

**3** 从【样式】列表框中选择内部边框的线条样式，从【颜色】下拉列表框中选择内部边框的线条颜色，如选择【水绿色，个性色5，深色50%】选项，然后在【预置】组合框中单击【内部】按钮，此时在下方的预览框中即可预览到内部边框的设置效果。

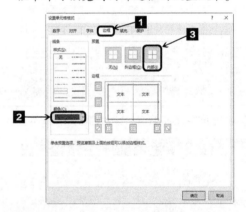

**4** 设置完毕后单击 确定 按钮返回工作表中，效果如图所示。

## 2. 填充底纹

为工作表填充底纹的具体步骤如下。

**1** 选中要填充底纹的单元格区域A1:H15，单击【字体】组中的【填充颜色】按钮右侧的下三角箭头按钮，弹出的下拉列表框中列出了各种背景颜色，从中选择【水绿色，个性色5，淡色80%】选项。

**2** 设置效果如图所示。

**3** 选中要填充底纹的单元格区域A2:H2，按照前面介绍的方法打开【设置单元格格式】对话框，切换到【填充】选项卡，在左侧的【颜色】面板中选择填充颜色，如选择【浅蓝】选项，从【图案颜色】下拉列表框中选择【黄色】选项，然后从【图案样式】下拉列表框中选择【6.25%，灰色】选项。

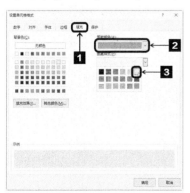

**4** 设置完毕后单击 确定 按钮即可，设置效果如图所示。

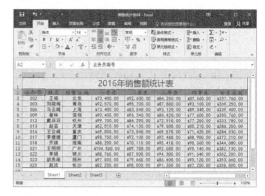

**5** 选中要填充底纹的单元格A1，按照前面介绍的方法打开【设置单元格格式】对话框，切换到【填充】选项卡。然后单击 填充效果(I)... 按钮。

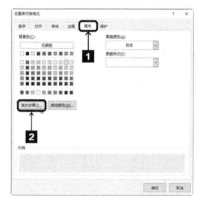

**6** 弹出【填充效果】对话框，从【颜色2】下拉列表框中选择【浅绿】选项，在【底纹样式】组合框中选中【中心辐射】单选钮，此时在右侧的【示例】框中即可预览到设置效果。

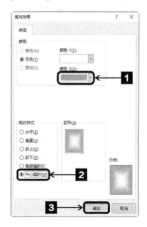

**7** 单击 确定 按钮，返回【设置单元格格式】对话框，此时在下方的【示例】框中即可预览到设置效果。

**8** 单击 确定 按钮即可完成设置。

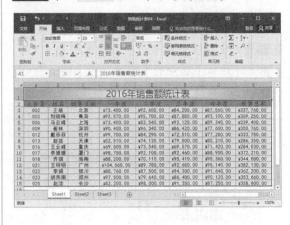

# 4.2 设置工作表背景

除了设置单元格格式之外，用户还可以为工作表设置漂亮的背景图片。用户可以将自己喜欢的图片文件设置为工作表的背景。

本小节原始文件和最终效果所在位置如下。

| | |
| --- | --- |
| 素材文件 | 素材文件\第4章\01.jpg |
| 原始文件 | 原始文件\第4章\销售统计表05.xlsx |
| 最终效果 | 最终效果\第4章\销售统计表06.xlsx |

在表格中进行数据计算的具体步骤如下。

**1** 打开本实例的原始文件，切换到【页面布局】选项卡，然后单击【页面设置】组中的【背景】按钮。

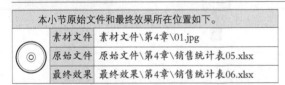

**2** 弹出【插入图片】对话框，单击 浏览 按钮，弹出【工作表背景】对话框，选择要设置为工作表背景的图片文件"01.jpg"。

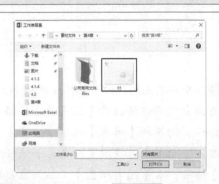

**3** 选择完毕后单击 打开(O) 按钮即可，设置效果如图所示。

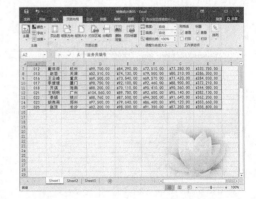

# 4.3 设置样式

除了设置单元格格式和工作表背景之外，用户还可以设置工作表的样式，主要包括条件样式、套用表格格式以及设置单元格样式等。

## 4.3.1 条件格式

条件格式是指当单元格中的数据满足设定的某个条件时，系统会自动将其以设定的格式显示出来。

本小节原始文件和最终效果所在位置如下。

| | |
| --- | --- |
| 原始文件 | 原始文件\第4章\销售统计表06.xlsx |
| 最终效果 | 最终效果\第4章\销售统计表07.xlsx |

条件格式分为突出显示单元格规则、项目选取规则、数据条、色阶和图标集。下面分别进行介绍。

### ○ 突出显示单元格规则

设置突出单元格规则条件格式的具体步骤如下。

**1** 打开本实例的原始文件，选中单元格区域D3:D15，切换到【开始】选项卡，单击常用工具栏【样式】组中的【条件格式】按钮，然后从弹出的下拉列表中选择【突出显示单元格规则】▶【小于】选项。

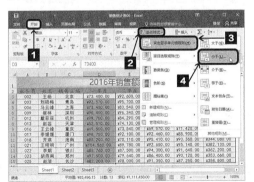

**2** 弹出【小于】对话框，在【为小于以下值的单元格设置格式】输入框中输入"¥70000.00"，然后从【设置为】下拉列表框中选择【黄填充色深黄色文本】选项。

**3** 选择完毕，单击 确定 按钮即可，设置效果如图所示。

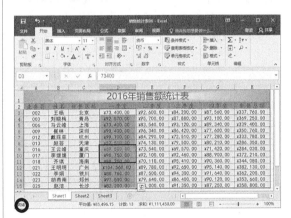

### 项目选取规则

设置项目选取规则条件格式的具体步骤如下。

**1** 选中单元格区域E3:E15，切换到【开始】选项卡，单击常用工具栏【样式】组中【条件格式】按钮，然后从弹出的下拉列表中选择【项目选取规则】▶【高于平均值】选项。

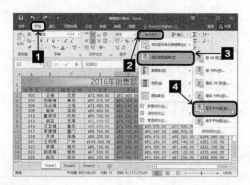

**2** 弹出【高于平均值】对话框，从【针对选定选区，设置为】下拉列表框中选择【自定义格式】选项。

**3** 弹出【设置单元格格式】对话框，切换到【填充】选项卡，单击 其他颜色(M)... 按钮。

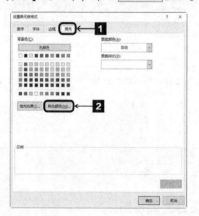

**4** 弹出【颜色】对话框，切换到【标准】选项卡，然后在下方的【颜色】面板中选择合适的填充颜色。

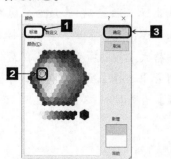

**5** 选择完毕后单击 确定 按钮，返回【设置单元格格式】对话框，此时在下方的【示例】框中即可预览到填充效果。

**6** 单击 确定 按钮，返回【高于平均值】对话框。

**7** 单击 确定 按钮返回工作表中，设置效果如图所示。

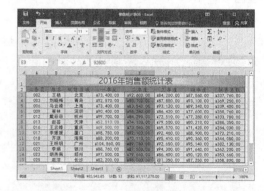

○ **数据条**

设置数据条条件格式的具体步骤如下。

**1** 选中单元格区域F3:F15，单击常用工具栏【样式】组中的【条件样式】按钮 条件格式▼，然后从弹出的下拉列表框中依次选择【数据条】▶【红色数据条】选项。

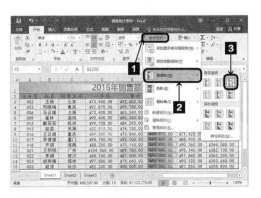

**2** 设置效果如图所示。

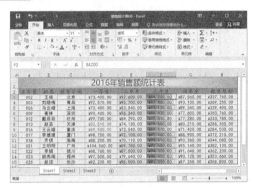

## ○ 色阶

设置色阶条件格式的具体步骤如下。

**1** 选中单元格区域G3:G15，在常用工具栏【样式】组中单击【条件格式】按钮 **条件格式▾**，然后从弹出的下拉列表框中选择【色阶】➤【红-白-绿色阶】选项。

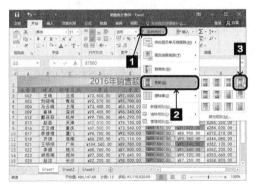

**2** 设置效果如图所示。

## ○ 图标集

设置图标集条件格式的具体步骤如下。

**1** 选中单元格区域H3:H15，在常用工具栏【样式】组中单击【条件格式】按钮 **条件格式▾**，然后从弹出的下拉列表框中选择【图标集】➤【三色交通灯（无边框）】选项。

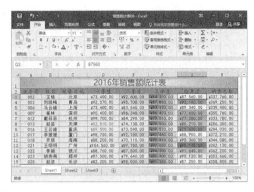

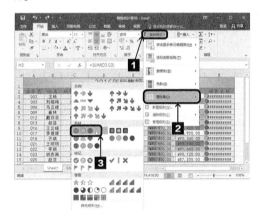

**2** 设置效果如图所示。

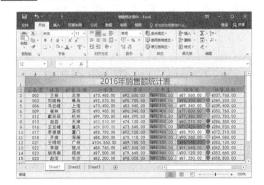

## 4.3.2 套用表格格式

系统自带了一些表格格式，用户可以从中选择合适的进行套用。此外，还可以新建表格格式。

| 本小节原始文件和最终效果所在位置如下。 | |
|---|---|
| 原始文件 | 原始文件\第4章\销售统计表07.xlsx |
| 最终效果 | 最终效果\第4章\销售统计表08.xlsx |

○ **选择系统自带的表格格式**

选择系统自带的表格格式的具体操作步骤如下。

**1** 打开本实例的原始文件，选中单元格区域A1:H15，单击鼠标右键，从弹出的快捷菜单中选择【设置单元格格式】命令。

**2** 弹出【设置单元格格式】对话框，切换到【填充】选项卡，然后单击 `无颜色` 按钮。

**3** 单击 `确定` 按钮返回工作表中，即可取消单元格区域A1:H15的底纹设置。

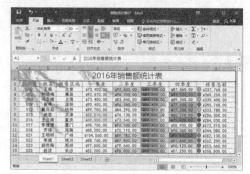

**4** 选中要套用表格格式的单元格区域A2:H15。切换到【开始】选项卡，在常用工具栏【样式】组中单击【套用表格格式】按钮 `套用表格格式 ·`，然后从弹出的下拉列表框中选择合适的表格格式，如选择【表样式浅色19】选项。

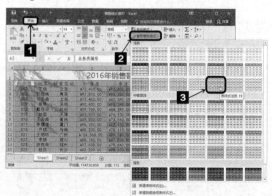

**5** 弹出【套用表格式】对话框，在【表数据的来源】输入框中显示了用户选中的单元格区域"A2:H15"。

**6** 单击 确定 按钮返回工作表中,设置效果如图所示。

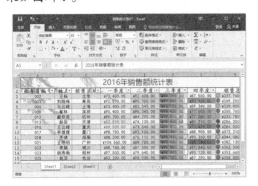

## 新建表样式

用户可以根据自己的实际需要新建表样式,具体的操作步骤如下。

**1** 选中单元格区域A2:H15,切换到【开始】选项卡,从展开的【样式】组中单击【套用表格格式】按钮,然后从弹出的下拉列表框中选择【新建表格样式】选项。

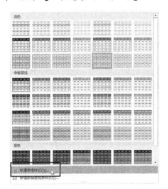

**2** 弹出【新建表样式】对话框,在【表元素】列表框中选择【整个表】选项。

**3** 单击 格式(F) 按钮,弹出【设置单元格格式】对话框,切换到【字体】选项卡,从【字形】列表框中选择【加粗】选项,然后从【颜色】下拉列表框中选择合适的字体颜色,如选择【紫色,个性色4,深色50%】选项。

**4** 切换到【边框】选项卡,从【样式】列表框中选择外边框的样式,从【颜色】下拉列表框中选择【黄色】选项,然后在右侧的【预置】组合框中单击【外边框】按钮,此时在下方的预览框中即可预览到外边框的设置效果。

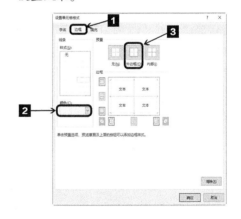

**5** 从【样式】列表框中选择内边框的样式,选择内部边框的线条颜色,如选择【黄色】选项,然后在右侧的【预置】组合框中单击【内部】按钮,此时在下方的预览框中即可预览到内部边框的设置效果。

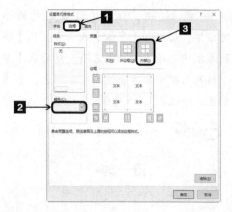

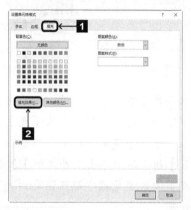

**6** 切换到【填充】选项卡，单击 填充效果(I)... 按钮。

**7** 弹出【填充效果】对话框，从【颜色1】下拉列表框中选择【橙色，个性色6，淡色60%】选项，从【颜色2】下拉列表框中选择【浅绿】选项，在【底纹样式】组合框中选中【中心辐射】单选钮。

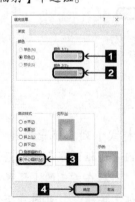

**8** 设置好后单击 确定 按钮，返回【设置单元格格式】对话框，此时在下方的【示例】框中可预览设置效果。

**9** 单击 确定 按钮，返回【新建表样式】对话框，单击 确定 按钮即可。

**10** 选中单元格区域A2:H15，切换到【开始】选项卡，在常用工具栏【样式】组中单击【套用表格格式】按钮 套用表格格式，然后从弹出的下拉列表框中选择【表样式1】选项。

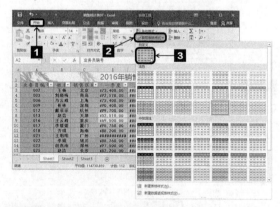

**11** 设置效果如图所示。

# 4.3.3 设置单元格样式

Excel 2016自带了一些单元格样式，用户可以从中选择合适的进行套用。此外，也可以新建单元格样式。

| 本小节原始文件和最终效果所在位置如下。 | |
| --- | --- |
| 原始文件 | 原始文件\第4章\销售统计表08.xlsx |
| 最终效果 | 最终效果\第4章\销售统计表09.xlsx |

## ◯ 选择系统自带的单元格样式

选择系统自带的单元格样式的具体操作步骤如下。

**1** 打开本实例的原始文件，选中单元格区域A2:H15，单击【开始】选项卡，在常用工具栏【样式】组中单击【单元格样式】按钮 单元格样式·，从弹出的下拉列表中选择合适的单元格样式，如选择【好】选项。

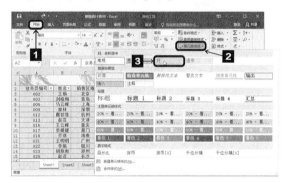

**2** 设置效果如图所示。

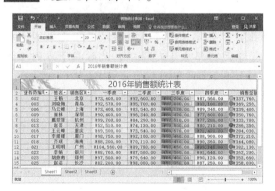

## ◯ 新建单元格样式

用户可以根据自己的实际需要新建单元格样式，具体的操作步骤如下。

**1** 切换到【开始】选项卡，在常用工具栏【样式】组中单击【单元格样式】按钮 单元格样式·，从弹出的下拉列表框中选择【新建单元格样式】选项。

**2** 弹出【样式】对话框，然后在【样式名】文本框中输入"自定义单元格样式"。

**3** 单击 格式(O)... 按钮，弹出【设置单元格格式】对话框，切换到【数字】选项卡，在左侧的【分类】列表框中选择【自定义】选项，然后在右侧的【类型】列表框中输入"0000"。

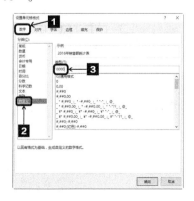

**4** 切换到【对齐】选项卡，然后分别从【水平对齐】和【垂直对齐】下拉列表中选择【居中】选项。

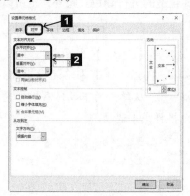

**5** 切换到【字体】选项卡，从【字体】列表框中选择【华文楷体】选项，然后从【颜色】下拉列表中选择【深红】选项。

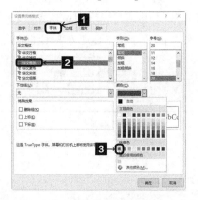

**6** 切换到【边框】选项卡，从【样式】列表框中选择合适的边框线条样式，从【颜色】下拉列表中选择边框线条颜色，例如选择【紫色】选项，在【预置】列表框中单击【外边框】按钮，此时在下方的预览框中可预览到边框的设置效果。

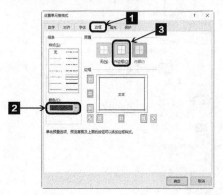

**7** 切换到【填充】选项卡，然后单击填充效果(I)...按钮。

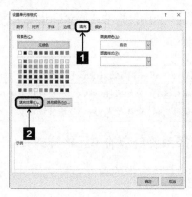

**8** 弹出【填充效果】对话框，从【颜色1】下拉列表框中选择【橙色，个性色6，淡色80%】选项，从【颜色2】下拉列表框中选择【浅绿】选项，然后从【底纹样式】组合框中选中【中心辐射】单选钮。

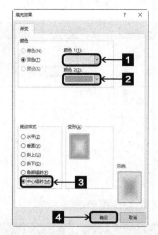

**9** 设置完毕后单击 确定 按钮，返回【设置单元格格式】对话框，此时在下方的【示例】框中即可预览到设置效果。

**10** 单击 确定 按钮，返回【样式】对话框。

**11** 单击 确定 按钮即可，选中单元格区域 A3:A15，切换到【开始】选项卡，在【样式】组中单击 单元格样式· 按钮，然后从弹出的下拉列表框中可以看到刚刚新建的单元格样式【自定义单元格样式】选项，将鼠标指针移动到该选项上，此时即可预览到该单元格样式的设置效果。

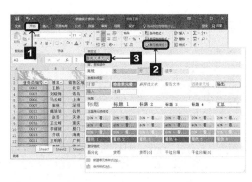

**12** 单击【自定义单元格样式】选项，即可将选择的单元格区域设置为该样式，设置效果如图所示。

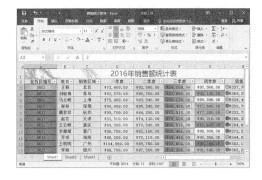

 使用主题

除了表格样式和单元格样式之外，用户还可以为工作表设置主题。系统自带了各种各样的主题，用户可以根据自己的喜好进行选择，也可以根据实际需要自定义主题样式。

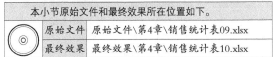

本小节原始文件和最终效果所在位置如下。

| 原始文件 | 原始文件\第4章\销售统计表09.xlsx |
| --- | --- |
| 最终效果 | 最终效果\第4章\销售统计表10.xlsx |

### 1. 使用系统自带的主题

使用系统自带主题的具体步骤如下。

**1** 打开本实例的原始文件，选中单元格区域A1:H15，切换到【页面布局】选项卡，单击【主题】组中的【主题】按钮，然后从弹出的下拉列表框中选择合适的主题，如选择【包裹】选项。

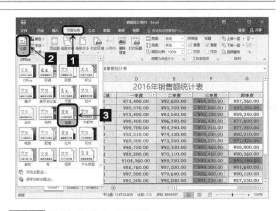

**2** 设置效果如图所示。

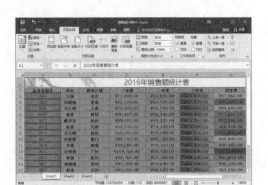

## 2. 自定义主题样式

除了使用Excel 2016自带的各种主题之外，用户还可以根据自己的实际需要自定义主题，主要包括设置主题颜色、设置字体和设置效果。具体操作步骤如下。

**1** 选中单元格区域A1:H15，切换到【页面布局】选项卡，单击【主题】组中的【主题颜色】按钮 █颜色▾，然后从弹出的下拉列表框中选择合适的主题颜色，如选择【蓝色暖调】选项。

**2** 单击【主题】组中的【主题字体】按钮 ▣字体▾，然后从弹出的下拉列表框中选择合适的主题字体，如选择【Office2007-2010】选项。

**3** 单击【主题】组中的【主题效果】按钮 ◉效果▾，然后从弹出的下拉列表框中选择合适的主题效果，如选择【发光边缘】选项。

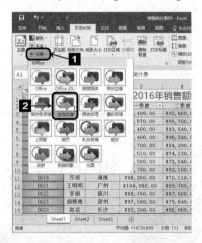

**4** 设置效果如图所示。

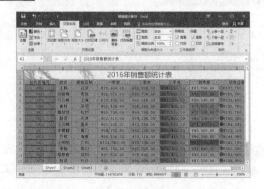

# 4.5 使用批注

在工作表中，为了对单元格中的数据进行说明，用户可以为其添加批注，将一些需要注意或者解释的内容显示在批注中，这样可以更加轻松地了解单元格要表达的信息。

## 4.5.1 插入批注

在工作表中对于一些特殊的数据需要进行强调说明，或者要特别地指出来，这样可以使用Excel 2016的插入批注功能来实现。

| 本小节原始文件和最终效果所在位置如下。 |
| --- |
| 原始文件 原始文件\第4章\销售统计表10.xlsx |
| 最终效果 最终效果\第4章\销售统计表11.xlsx |

在工作表中插入批注的具体步骤如下。

**1** 打开本实例的原始文件，选中要插入批注的单元格D8，切换到【审阅】选项卡，然后单击【批注】组中的【新建批注】按钮。

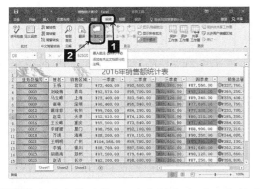

**2** 此时在单元格D8的右侧会出现一个批注编辑框。

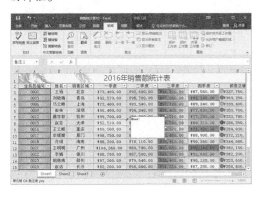

**3** 根据实际需要在批注编辑框中输入具体的批注内容。

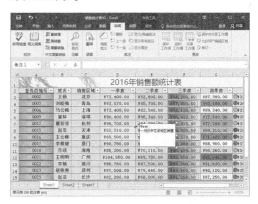

**4** 输入完毕后在工作表的其他位置单击，即可退出批注的编辑状态。此时批注处于隐藏状态，在单元格D8的右上角会出现一个红色的小三角标志，用于提醒用户此单元格中有批注。

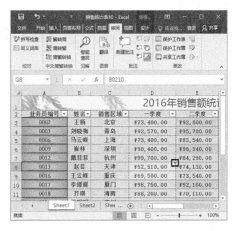

## 4.5.2 编辑批注

在工作表中插入批注后，用户可以对批注的大小、位置、格式及阴影效果等进行编辑操作。

| 本小节原始文件和最终效果所在位置如下。 | |
| --- | --- |
| 原始文件 | 原始文件\第4章\销售统计表11.xlsx |
| 最终效果 | 最终效果\第4章\销售统计表12.xlsx |

### 1. 修改批注内容

编辑批注的具体操作步骤如下。

**1** 打开本实例的原始文件，选中单元格 D8，单击鼠标右键，然后从弹出的快捷菜单中选择【编辑批注】命令。

**2** 此时即可将批注编辑框显示出来，并处于编辑状态。

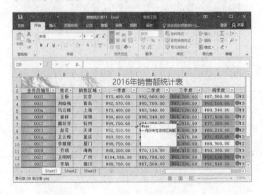

**3** 根据实际情况修改批注框中的批注内容。

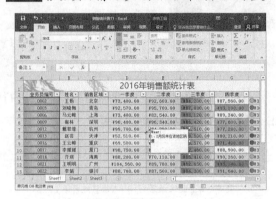

### 2. 调整批注位置和大小

为了使批注编辑框中的文本更加醒目，用户可以调整批注位置和大小。

具体操作步骤如下。

**1** 选中单元格D8，单击鼠标右键，从弹出的快捷菜单中选择【编辑批注】命令。将鼠标指针移动到批注的边框处，此时鼠标指针变成形状。

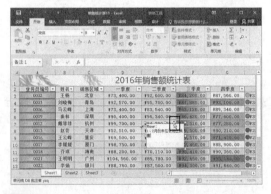

**2** 按住鼠标左键不放，将其拖到合适的位置后释放，即可调整批注框的位置。

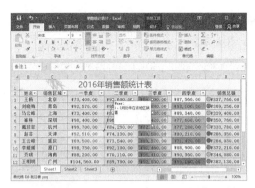

**3** 将鼠标指针移动到批注边框的右下角，此时鼠标指针变成 形状。

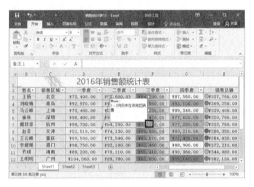

**4** 按住鼠标左键不放向右下角拖动，到合适的位置释放，即可改变批注框的大小。

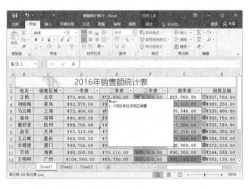

### 3. 设置批注格式

**1** 选中批注编辑框，单击鼠标右键，然后从弹出的快捷菜单中选择【设置批注格式】命令。

**2** 弹出【设置批注格式】对话框，切换到【字体】选项卡，从【字体】列表框中选择【隶书】选项，从【字号】列表框中选择【12】选项，然后从【颜色】下拉列表框中选择【蓝色】选项。

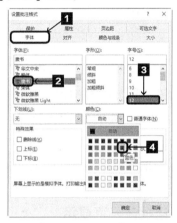

**3** 切换到【颜色与线条】选项卡，从【填充】组合框中的【颜色】下拉列表框中选择【浅青绿】选项，从【线条】组合框中的【颜色】下拉列表框中选择【深绿】选项，然后在右侧的【粗细】微调框中输入"1磅"。

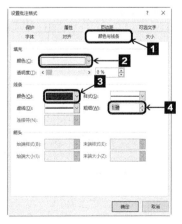

**4** 切换到【对齐】选项卡，在【文本对齐方式】组合框中的【垂直】下拉列表框中选择【居中】选项。

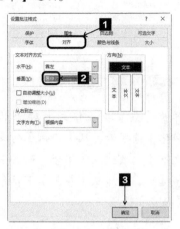

**5** 设置完毕后单击 **确定** 按钮，设置效果如图所示。

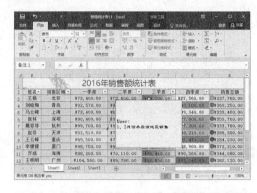

## 4.5.3 显示和隐藏批注

默认情况下，用户在工作表中添加的批注是处于隐藏状态的。用户可以根据实际情况将批注永久地显示出来，如果不想查看批注，还可以将其永久性地隐藏起来。

| 本小节原始文件和最终效果所在位置如下。 | |
| --- | --- |
| 原始文件 | 原始文件\第4章\销售统计表12.xlsx |
| 最终效果 | 最终效果\第4章\销售统计表13.xlsx |

### 1. 让批注一直显示

用户既可以利用右键快捷菜单永远显示批注，也可以利用【审阅】选项卡显示批注，具体操作步骤如下。

**1** 打开本实例的原始文件，选中单元格D8，单击鼠标右键，然后从弹出的快捷菜单中选择【显示/隐藏批注】命令。

**2** 此时即可将该单元格中添加的批注显示出来，在工作表中其他位置单击，可以看到该批注编辑框并没有消失，说明该批注已经被永久地显示了。

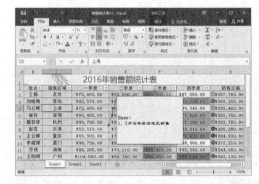

**3** 用户还可以选中单元格D8，切换到【审阅】选项卡，然后单击【批注】组中的【显示/隐藏批注】按钮，将该单元格中添加的批注永久地显示出来。

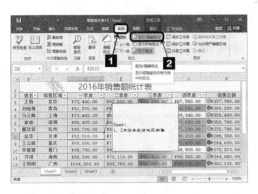

### 2. 隐藏批注

此外，用户还可以将工作表中的批注隐藏起来，具体的操作步骤如下。

**1** 选中单元格D8，单击鼠标右键，然后从弹出的快捷菜单中选择【隐藏批注】命令。

**2** 此时即可将刚刚显示的批注隐藏起来。

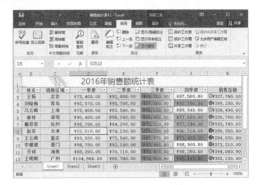

**3** 用户还可以利用【审阅】选项卡中的【批注】组工具隐藏刚刚显示的批注编辑框。选中单元格D8，切换到【审阅】选项卡，然后单击【批注】组中的【显示/隐藏批注】按钮，即可将显示出的批注隐藏起来。

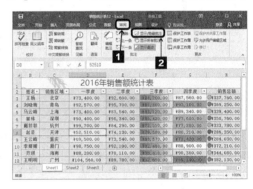

## 4.5.4 删除批注

当工作表中的批注不再使用时，可以将其删除。

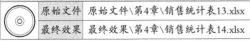

| 本小节原始文件和最终效果所在位置如下。 | |
| --- | --- |
| 原始文件 | 原始文件\第4章\销售统计表13.xlsx |
| 最终效果 | 最终效果\第4章\销售统计表14.xlsx |

删除批注的方法有两种，分别是利用右键快捷菜单和【审阅】选项卡。

### ⚪ 利用右键快捷菜单

利用右键快捷菜单删除工作表中的批注的方法很简单。打开本实例的原始文件，选中单元格D8，单击鼠标右键，然后从弹出的快捷菜单中选择【删除批注】命令。此时即可将单元格D8中的批注删除。

单击

○ **利用【审阅】选项卡**

选中单元格D8，切换到【审阅】选项卡，然后单击【批注】组中的【删除批注】按钮 删除 即可。

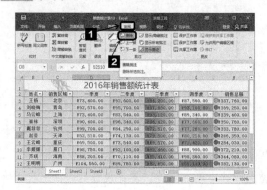

---

# 高手过招

## 轻松提取Excel背景图片

在日常工作中，如果用户想要提取一些表格中的背景图片，可以将含有背景图片的电子表格另存为"网页"形式的文件，之后就会在另存目录出现一个".file"文件夹，Excel表格中的所有图片都保存在这个文件夹中。

**1** 打开工作簿"公司常用文件.xlsx"，切换到工作表"公司宣传封面"中，其中包括两个含有背景图片的Excel工作表。

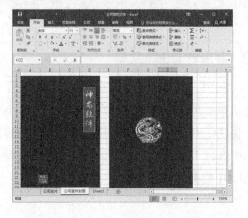

**2** 单击 文件 按钮，在弹出的下拉菜单中选择【另存为】命令，然后单击 浏览 按钮。

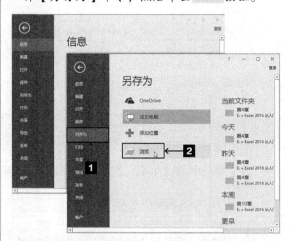

**3** 弹出【另存为】对话框，选择合适的保存位置，然后在【保存类型】下拉列表框中选择【网页】选项。

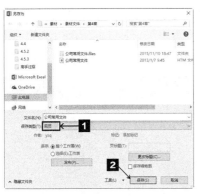

**4** 单击 保存(S) 按钮，弹出【Microsoft Excel】对话框，直接单击 是(Y) 按钮即可。

**5** 此时在保存位置出现一个"公司常用文件.files"文件夹。

**6** 打开该文件夹，Excel表格中的所有图片都保存在这个文件夹中。

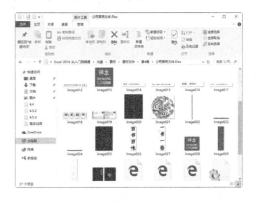

## 奇特的F4键

在使用Excel制作表格时，【F4】快捷键的作用极其突出。【F4】键具有重复操作和转换公式中的单元格及区域的引用方式的功能。

### 1. 重复操作

作为"重复"键，【F4】键可以重复前一次操作，常用于设置格式、插入或删除行、列等。

**1** 打开工作簿"货品档案表.xlsx"，选中工作表标签"货品档案表"，然后单击鼠标右键，在弹出的下拉菜单中选择【插入】命令。

**2** 弹出【插入】对话框，切换到【常用】选项卡，然后从中选择【工作表】选项。

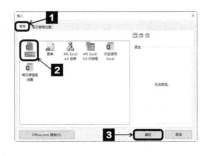

**3** 单击 确定 按钮，此时在工作簿中插入了一个新的工作表。

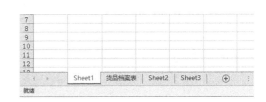

**4** 按下【F4】键就会自动重复上一步操作，再插入一个新的工作表。

## 2. 转换引用方式

Excel单元格的引用包括相对引用、绝对引用和混合引用3种。使用【F4】键可以在3种引用方式中进行转换。

具体操作步骤如下。

**1** 切换到工作表"Sheet1"中，在单元格A1中输入公式"=SUM(B4:B8)"。

**2** 选中该公式，按下【F4】键，该公式内容变为"=SUM($B$4:$B$8)"，表示对行和列均进行绝对引用。

**3** 选中该公式，第二次按下【F4】键，公式内容又变为"=SUM(B$4:B$8)"，表示对行进行绝对引用。

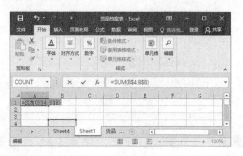

**4** 选中该公式，第三次按下【F4】键，公式内容又变为"=SUM($B4:$B8)"，表示对列进行绝对引用。

**5** 选中该公式，第四次按下【F4】键，公式内容变回"=SUM(B4:B8)"，即对行和列均进行相对引用。

# 第5章

## 使用图形对象
### ——员工绩效考核表

除了对工作簿和工作表进行基本操作之外，用户还可以在工作表中使用图形对象。接下来，本章以美化员工绩效考核表为例，介绍如何使用图形对象。

关于本章的知识，本书配套教学光盘中有相关的多媒体教学视频，请读者参见光盘中的【Excel 2016的初级应用\使用图形对象】。

# 5.1 使用剪贴画

为了使工作表看起来更加美观，用户可以利用Excel 2016提供的图文混排功能，在工作表中插入一些形状、剪贴画、图片、艺术字及文本框等，以便达到图文并茂的效果。

## 5.1.1 插入剪贴画

在Excel 2016中通过【必应图像搜索】能得到很多图片，用户可以根据自己的实际需要进行选择，插入之后还可以对其进行设置。

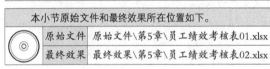

| | |
|---|---|
| 本小节原始文件和最终效果所在位置如下。 | |
| 原始文件 | 原始文件\第5章\员工绩效考核表01.xlsx |
| 最终效果 | 最终效果\第5章\员工绩效考核表02.xlsx |

在工作表中插入剪贴画的具体步骤如下。

**1** 打开本实例的原始文件，切换到【插入】选项卡，然后单击【插图】组中的【联机图片】按钮。

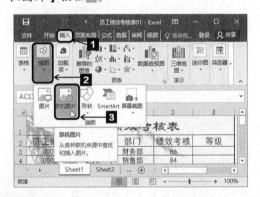

**2** 弹出【插入图片】窗口，在【必应图像搜索】右侧的文本框中输入剪贴画的搜索关键字，如输入"办公"。

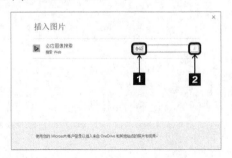

**3** 输入完毕后单击【搜索】按钮，此时即可搜索到符合关键字要求的剪贴画。

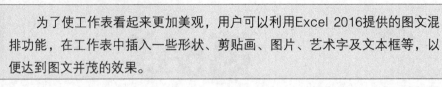

**4** 在搜索结果列表框中选择要插入的剪贴画，单击该剪贴画，然后单击 插入 按钮，即可将其插入到工作表中。

## 5.1.2　设置剪贴画格式

在工作表中插入剪贴画之后，用户还可以设置其格式。

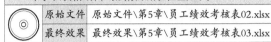

本小节原始文件和最终效果所在位置如下。

| 原始文件 | 原始文件\第5章\员工绩效考核表02.xlsx |
|---|---|
| 最终效果 | 最终效果\第5章\员工绩效考核表03.xlsx |

设置剪贴画格式的具体步骤如下。

**1** 打开本实例的原始文件，在插入的剪贴画文件上单击鼠标右键，然后从弹出的快捷菜单中选择【大小和属性】命令。

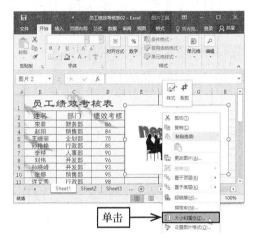

**2** 弹出【设置图片格式】任务窗格，切换到【大小】选项卡，然后在【高度】微调框中输入"4厘米"。

**3** 选择完毕单击 ✕ 按钮即可，设置后的效果如图所示。

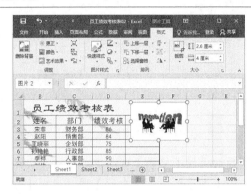

**4** 将鼠标指针移动到插入的剪贴画文件上，此时的鼠标指针变成❖形状。按下鼠标左键不放并拖动鼠标，将图片拖动到合适的位置后释放即可。

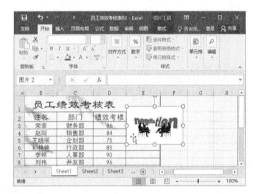

**5** 选中插入的剪贴画，切换到【格式】选项卡，单击【图片样式】组中的【快速样式】按钮，从弹出的【快速样式】下拉库中选择【圆形对角，白色】选项。

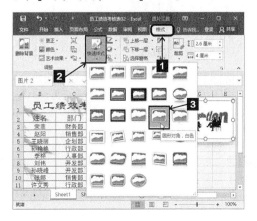

**6** 设置效果如图所示。

**7** 切换到【格式】选项卡，选中剪贴画，单击【图片样式】组中的【图片边框】按钮右侧的下箭头按钮，从弹出的下拉列表框中选择【其他轮廓颜色】选项。

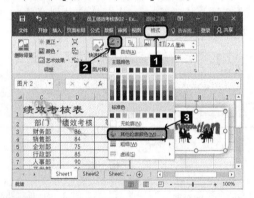

**8** 弹出【颜色】对话框，切换到【标准】选项卡，然后在下方的颜色面板中选择合适的轮廓颜色。

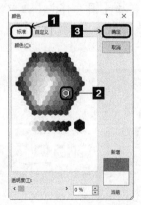

**9** 选择完毕后单击 确定 按钮即可，设置效果如图所示。

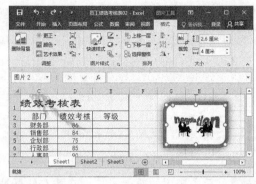

**10** 选中剪贴画，单击【图片样式】组中的【图片效果】按钮，然后从弹出的下拉列表框中选择【发光】▷【水绿色，11pt发光，个性色5】选项。

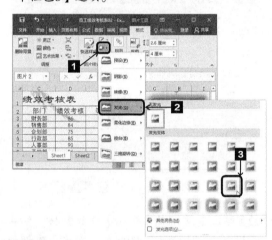

**11** 设置效果如图所示。

**12** 选中剪贴画，单击【图片样式】组中的【图片效果】按钮，然后从弹出的下拉列表框中选择【柔化边缘】▷【2.5磅】选项。

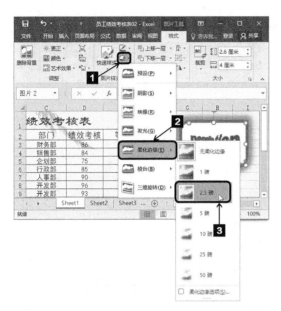

**13** 设置效果如图所示。

**14** 选中剪贴画，单击【图片样式】组中的【图片效果】按钮，然后从弹出的下拉列表框中选择【棱台】➤【棱纹】选项。

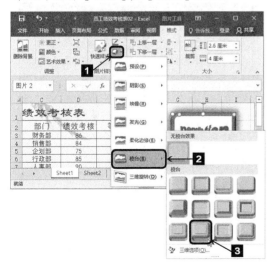

**15** 设置效果如图所示。

**16** 选中剪贴画，单击【图片样式】组中的【图片效果】按钮，然后从弹出的下拉列表框中选择【映像】➤【半映像，4pt偏移量】选项。

**17** 设置效果如图所示。

**18** 选中剪贴画，单击【调整】组中的更正按钮，然后从弹出的下拉列表框中选择合适的亮度和对比度，如选择【亮度：0%（正常）对比度：+20%】选项。

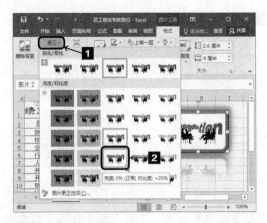

**19** 设置效果如图所示。

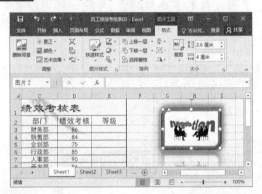

**20** 选中剪贴画，单击【调整】组中的 颜色 按钮，然后从弹出的下拉列表框中选择合适的颜色，如选择【水绿色，个性色5浅色】选项。

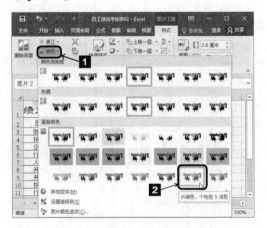

**21** 设置效果如图所示。

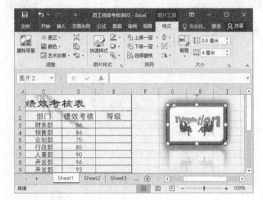

**22** 如果对所有的颜色都不满意，还可以选择其他颜色。选择剪贴画，单击【调整】组中的 颜色 按钮，从弹出的下拉列表框中选择【其他变体】选项，然后从弹出的颜色列表中选择合适的颜色即可。

**23** 设置效果如图所示。

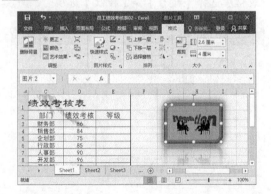

# 5.2 使用图片

用户可以将自己喜欢的图片插入到工作表中，这些图片可以是电脑中系统自带的，也可以是用户自己下载的。

## 5.2.1 插入图片

除了系统自带的剪贴画之外，用户还可以将自己喜欢的图片插入到工作表中。

| 本小节原始文件和最终效果所在位置如下。 | |
|---|---|
| 素材文件 | 素材文件\第5章\01.png~03.png |
| 原始文件 | 原始文件\第5章\员工绩效考核表03.xlsx |
| 最终效果 | 最终效果\第5章\员工绩效考核表04.xlsx |

插入图片的具体步骤如下。

**1** 打开本实例的原始文件，切换到【插入】选项卡，然后单击【插图】组中的【图片】按钮 。

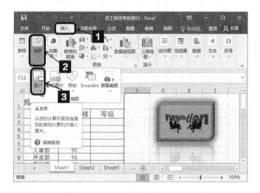

**2** 弹出【插入图片】对话框，选择要插入图片的保存位置，然后从中选择要插入的图片文件，这里选择"01"。

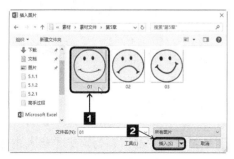

**3** 选择完毕单击 插入(S) 按钮，即可在工作表中插入图片"01"，效果如图所示。

**4** 按照前面介绍的方法打开【插入图片】对话框，可依次插入图片"02"和"03"，效果如图所示。

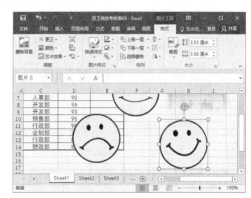

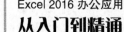

## 5.2.2 设置图片格式

将图片插入到工作表中之后，用户还可以对其进行格式设置。

| | |
|---|---|
| 本小节原始文件和最终效果所在位置如下。 | |
| 原始文件 | 原始文件\第5章\员工绩效考核表04.xlsx |
| 最终效果 | 最终效果\第5章\员工绩效考核表05.xlsx |

设置图片格式的具体步骤如下。

**1** 打开本实例的原始文件，选中图片 "01"，单击鼠标右键，然后从弹出的快捷菜单中选择【大小和属性】命令。

**2** 弹出【设置图片格式】任务窗格，切换到【大小】选项卡，分别在【高度】和【宽度】微调框中输入"0.6厘米"和"0.61厘米"。

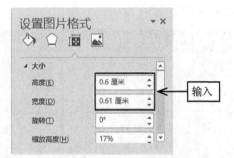

**3** 设置完毕后单击 ✕ 按钮即可。

**4** 选择图片 "02"，切换到【格式】选项卡，然后单击【大小】组右下角的【对话框启动器】按钮 。

**5** 弹出【设置图片格式】任务窗格，切换到【大小】选项卡，分别在【高度】和【宽度】微调框中输入"0.6厘米"和"0.61厘米"。

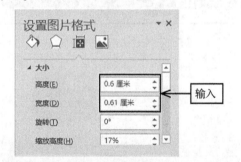

**6** 设置完毕后单击 ✕ 按钮即可。

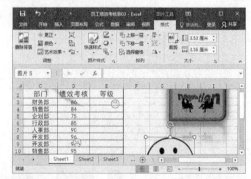

**7** 选择图片 "03"，切换到【格式】选项卡，然后分别在【形状高度】和【形状宽度】微调框中输入"0.6厘米"和"0.61厘米"。

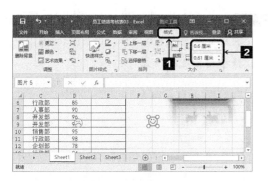

**8** 选中第3~14行，单击鼠标右键，从弹出的快捷菜单中选择【行高】命令。

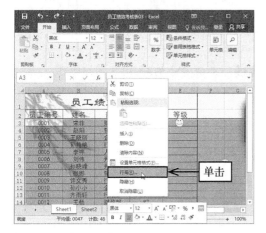

**9** 弹出【行高】对话框，然后在文本框中输入"21"。

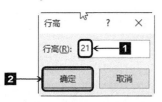

**10** 输入完毕单击 确定 按钮即可，效果如图所示。

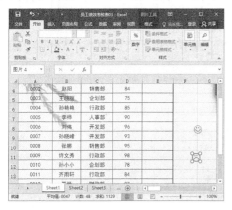

**11** 选择图片"01"，单击鼠标右键，然后从弹出的快捷菜单中选择【复制】命令。

**12** 选择单元格E3，然后单击【剪贴板】组中的【粘贴】按钮。

**13** 此时即可在单元格E3中粘贴一个"01"图片，然后将其移动到合适的位置。

**14** 按照同样的方法将图片"01"复制到单元格E4、E6、E13和E14中，并移动到合适的位置。

**15** 按照同样的方法复制图片"02"，然后分别放到单元格E4、E6、E13和E14中，并移动到合适的位置。

**16** 按照同样的方法复制图片"03"，然后分别放到单元格E7、E8、E9、E10和E12中，并移动到合适的位置。

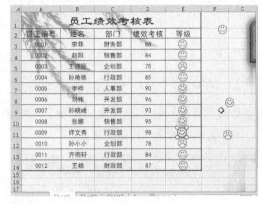

**17** 最后把原来的3张图片删掉即可。

# 5.3 使用艺术字

Excel 2016还提供了艺术字功能，用户可以在工作表中快速地插入各种艺术字文本，以便突出表格内容，使其更加美观。

## 5.3.1 插入艺术字

Excel 2016中的艺术字库中提供了各种样式的艺术字，用户可以根据自己的实际需要选择喜欢的艺术字效果。

| 本小节原始文件和最终效果所在位置如下。 | |
| --- | --- |
| 原始文件 | 原始文件\第5章\员工绩效考核表05.xlsx |
| 最终效果 | 最终效果\第5章\员工绩效考核表06.xlsx |

在工作表中插入艺术字的具体步骤如下。

**1** 打开本实例的原始文件，选择工作表中的标题文本"员工考核绩效表"，按下【Delete】键将其删除。

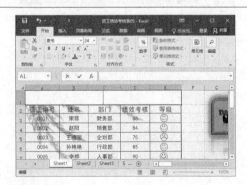

**2** 选中单元格A1，切换到【插入】选项卡，单击【文本】按钮，从展开的【文本】组中单击【艺术字】按钮。

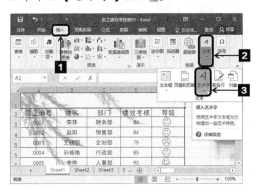

**3** 弹出的【艺术字】列表框中列出了系统自带的各种艺术字样式，用户可以根据自己的实际需要进行选择，如选择【填充-黑色，文本1，轮廓-背景1，清晰阴影-着色1】选项。

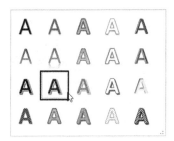

**4** 此时即可在工作表中插入一个艺术字文本框。

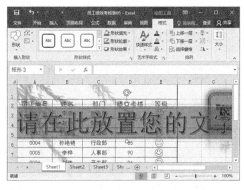

**5** 在该文本框中输入"员工绩效考核"。

## 5.3.2 设置艺术字格式

在工作表中插入艺术字之后，为了使其更加美观，用户还可以对其进行格式设置。

| 本小节原始文件和最终效果所在位置如下。 | |
| --- | --- |
| 原始文件 | 原始文件\第5章\员工绩效考核表06.xlsx |
| 最终效果 | 最终效果\第5章\员工绩效考核表07.xlsx |

设置艺术字格式的具体步骤如下。

**1** 打开本实例的原始文件，选择插入的艺术字，切换到【格式】选项卡，单击【形状样式】组中的【其他】按钮。

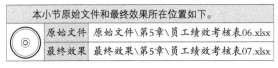

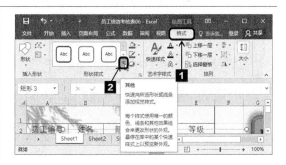

**2** 从弹出的【形状样式】列表框中选择合适的形状样式，如选择【彩色填充-橄榄色，强调颜色3】选项。

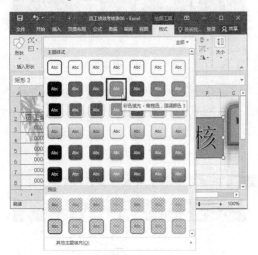

**3** 设置效果如图所示。

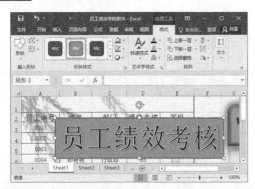

**4** 选择插入的艺术字，单击【艺术字样式】组中的【文本填充】按钮  右侧的下箭头按钮，然后从弹出的下拉列表框中选择合适的形状填充颜色，如选择【蓝色，个性色1】选项。

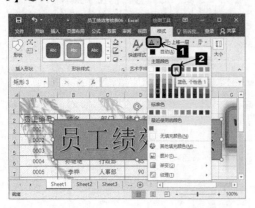

**5** 设置效果如图所示。

**6** 单击【艺术字样式】组中的【文本轮廓】按钮 右侧的下箭头按钮，然后从弹出的下拉列表框中选择合适的文本轮廓颜色，如选择【黄色】选项。

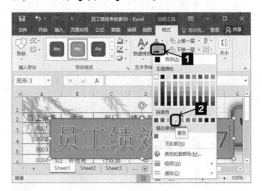

**7** 设置效果如图所示。

**8** 选择艺术字文本"员工绩效考核"，单击鼠标右键，然后从弹出的快捷菜单中选择【字体】命令。

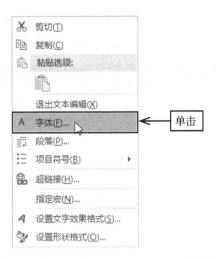

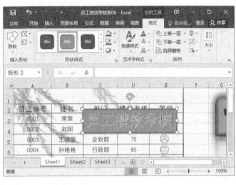

**9** 弹出【字体】对话框，切换到【字体】选项卡，从【中文字体】下拉列表框中选择【宋体】选项，在【大小】微调框中输入"30"。

**11** 调整第1行的行高，将艺术字文本框移动到第1行中。

**10** 设置完毕单击 确定 按钮即可，效果如果所示。

**12** 根据实际需要调整艺术字文本框的大小和位置，使其填充在第1行中。

# 5.4 使用形状

Excel 2016中提供了各种各样的形状，用户可以根据自己的实际需要选择插入并设置其格式。

## 5.4.1 插入形状

Excel 2016提供了各种各样的形状，用户可以根据自己的实际需要选择插入。

**1** 打开本实例的原始文件，切换到【插入】选项卡，单击【插图】按钮，在弹出的选项框中单击【形状】按钮，从下拉库中选择合适的形状，如选择【横卷形】形状□。

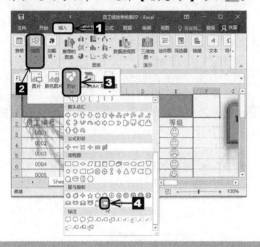

**2** 此时鼠标指针变成十形状，在工作表中合适的位置单击并拖动鼠标即可。

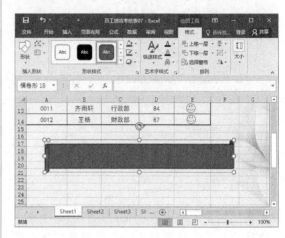

## 5.4.2 设置形状格式

在工作表中插入形状后，用户还可以设置其格式，以便使形状看起来更加美观。

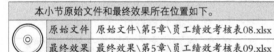

本小节原始文件和最终效果所在位置如下。

| | | |
| --- | --- | --- |
| | 原始文件 | 原始文件\第5章\员工绩效考核表08.xlsx |
| | 最终效果 | 最终效果\第5章\员工绩效考核表09.xlsx |

设置形状格式的具体步骤如下。

**1** 打开本实例的原始文件，选择插入的形状，单击鼠标右键，然后从弹出的快捷菜单中选择【设置形状格式】命令。

**2** 弹出【设置形状格式】任务窗格，单击【填充与线条】图标，切换到【填充】选项卡，选中【渐变填充】单选钮，然后从【预设渐变】下拉列表框中选择【底部聚光灯-个性色1】选项。

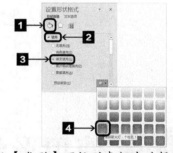

**3** 从【类型】下拉列表框中选择【矩形】选项，从【方向】下拉列表框中选择【从中心】。

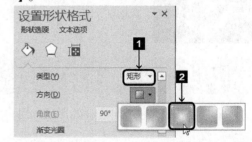

**4** 通过调整【渐变光圈】滑块位置和右侧的【添加渐变光圈】按钮 以及【删除渐变光圈】按钮 来调整渐变光圈。

**5** 切换到【线条】选项卡，选中【实线】单选钮，从【颜色】下拉列表框中选择合适的线条颜色，如选择【绿色】选项。

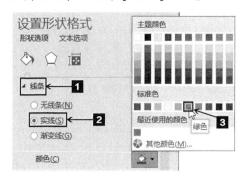

**6** 设置完毕单击 按钮即可，效果如图所示。

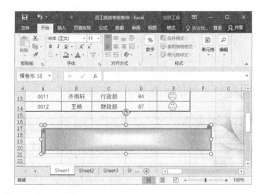

**7** 选中横卷形形状，切换到【格式】选项卡，单击【形状样式】组中的【形状效果】按钮 ，然后从弹出的下拉列表框中选择【发光】➤【水绿色，8pt发光，个性色5】选项。

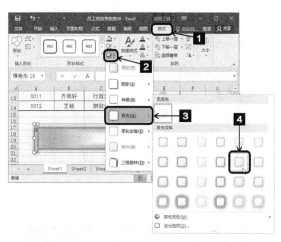

**8** 设置效果如图所示。

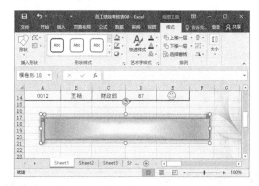

**9** 选择横卷形形状，单击鼠标右键，然后从弹出的快捷菜单中选择【大小和属性】命令。

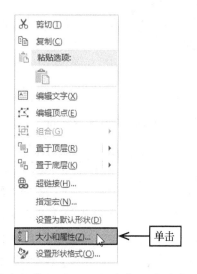

**10** 弹出【设置形状格式】任务窗格，切换到【大小】选项卡，然后在【宽度】微调框中输入"10厘米"。

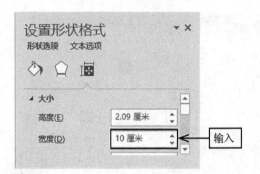

**11** 输入完毕单击 ✕ 按钮即可，设置效果如图所示。

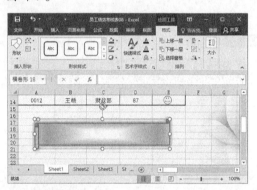

**12** 将鼠标指针移动到横卷形形状上，此时鼠标指针变成 ✛ 形状。

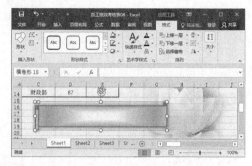

**13** 按下鼠标左键不放，拖动到合适的位置释放即可。

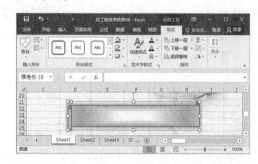

# 5.5 使用文本框

在编辑工作表的过程中，用户有的时候需要从中插入比较个性化的字，有的可以利用艺术字来实现，有的则需要利用文本框来实现。

## 5.5.1 插入文本框

利用Excel 2016提供的文本框，用户可以在工作表的任意位置输入文本。

本小节原始文件和最终效果所在位置如下。

| 原始文件 | 原始文件\第5章\员工绩效考核表09.xlsx |
|---|---|
| 最终效果 | 最终效果\第5章\员工绩效考核表10.xlsx |

在工作表中插入文本框的具体步骤如下。

**1** 打开本实例的原始文件，切换到【插入】选项卡，单击【文本】按钮，然后从弹出的下拉列表框中单击【文本框】按钮的下半部分，然后从弹出的下拉列表框中选择【横排文本框】。

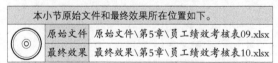
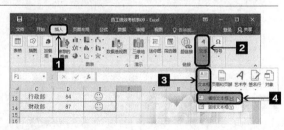

**2** 此时鼠标指针变成 ↓ 形状，按住鼠标左键不放，在工作表中合适的位置绘制一个横排文本框。

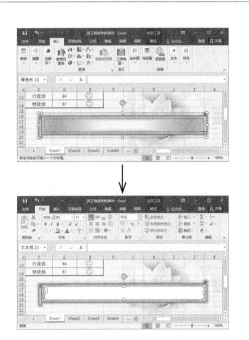

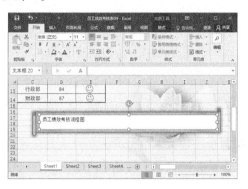

**3** 在文本框中输入文本"员工绩效考核流程图"。

## 5.5.2 设置文本框格式

为了使插入的横排文本框看起来更加美观，用户需要对文本框进行格式设置，主要包括设置字体格式和文本框格式。

本小节原始文件和最终效果所在位置如下。

| 原始文件 | 原始文件\第5章\员工绩效考核表10.xlsx |
| --- | --- |
| 最终效果 | 最终效果\第5章\员工绩效考核表11.xlsx |

设置文本框格式的具体步骤如下。

**1** 打开本实例的原始文件，选择文本框中的文本，单击鼠标右键，然后从弹出的快捷菜单中选择【字体】命令。

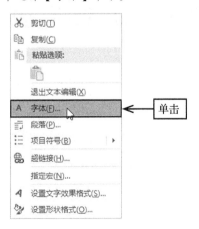

**2** 弹出【字体】对话框，切换到【字体】选项卡，从【中文字体】下拉列表框中选择【黑体】选项，在【大小】微调框中输入"24"，然后从【字体颜色】下拉列表框中选择合适的字体颜色，如选择【黄色】选项。

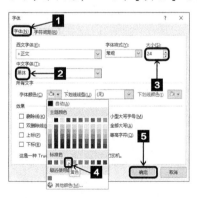

**3** 设置完毕单击 确定 按钮即可，设置效果如图所示。

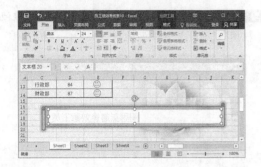

**4** 选择该文本框，单击鼠标右键，然后从弹出的快捷菜单中选择【设置形状格式】命令。

**5** 弹出【设置形状格式】任务窗格，切换到【填充】选项卡，然后选中【无填充】选项。

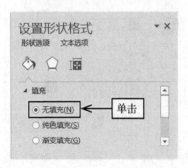

**6** 切换到【线条】选项卡，然后选中【无线条】选项。

**7** 选择完毕单击 ✕ 按钮即可，设置效果如图所示。

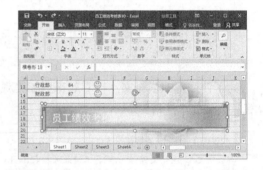

**8** 将鼠标指针移动到文本框上，此时鼠标指针变成 形状，按下鼠标左键不放，将文本框拖动到合适的位置释放。也可调整横卷形形状大小，使其大小适中。

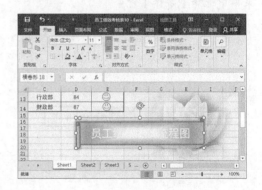

# 5.6 使用SmartArt图形

SmartArt图形是信息和观点的视觉表示形式。可以通过从多种不同布局中进行选择来创建SmartArt图形，从而快速、轻松、有效地传达信息。

## 5.6.1 插入SmartArt

Excel 2016提供了多种样式的SmartArt图形，用户可以利用它制作流程图。

本小节原始文件和最终效果所在位置如下。

| | |
|---|---|
| 原始文件 | 原始文件\第5章\员工绩效考核表11.xlsx |
| 最终效果 | 最终效果\第5章\员工绩效考核表12.xlsx |

插入SmartArt图形的具体步骤如下。

**1** 打开本实例的原始文件，切换到【插入】选项卡，单击【插图】按钮，从弹出的选项框中单击【插入SmartArt图形】按钮。

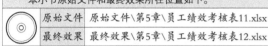

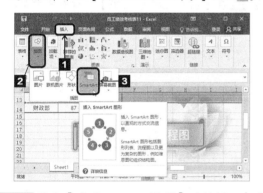

**2** 弹出【选项SmartArt图形】对话框，在左侧的列表框中选择【流程】选项，然后在右侧的列表框中选择【步骤下移流程】选项。

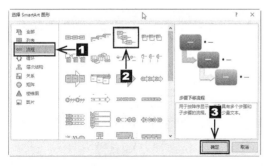

**3** 选择完毕单击 确定 按钮，此时即可在工作表中插入一个步骤下移流程。

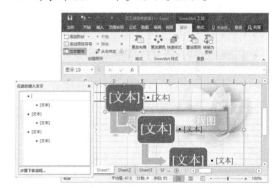

**4** 在【在此处键入文字】窗口的第1、3、5行分别输入"开始""人事部门提出考核申请""部门主管审批"即可。或在形状中双击，使形状处于可编辑状态。

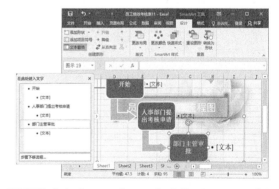

**5** 选中步骤下移流程中的第3个形状，单击鼠标右键，从弹出的快捷菜单中选择【添加形状】➤【在后面添加形状】命令。

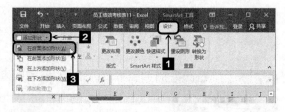

**6** 此时即可在第3个形状的下面添加一个新的形状。

**9** 此时即可在第4个形状的下面添加一个新的形状。

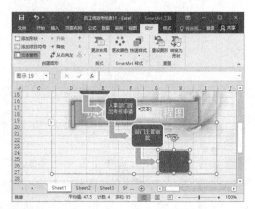

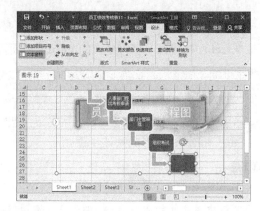

**7** 在【在此处键入文字】窗口新添的第7行中输入"组织考试"。

**10** 在【在此处键入文字】窗口新添的第8行中输入"公布绩效考核成绩"。

**8** 选择第4个形状,切换到【设计】选项卡,单击【创建图形】组中的 添加形状 按钮右侧的下箭头按钮,然后从弹出的下拉列表框中选择【在后面添加形状】选项。

**11** 设置效果如图所示。

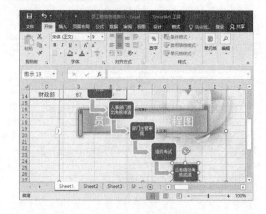

## 5.6.2 设置SmartArt图形格式

为了使插入的SmartArt图形看起来更加美观，用户可以设置其格式。

| 本小节原始文件和最终效果所在位置如下。 |
| --- |
| 原始文件 原始文件\第5章\员工绩效考核表12.xlsx |
| 最终效果 最终效果\第5章\员工绩效考核表13.xlsx |

设置SmartArt图形格式的具体步骤如下。

**1** 打开本实例的原始文件，形状SmartArt图形，将鼠标指针移动到SmartArt图形的外边框上，此时鼠标指针变成 形状。

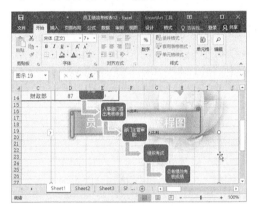

**2** 按下鼠标左键不放，将SmartArt图形拖动到合适的位置后释放鼠标即可。

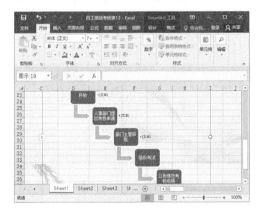

**3** 选择SmartArt图形中的所有文本，然后单击【字体】组右下角的【对话框启动器】按钮 。

**4** 弹出【字体】对话框，切换到【字体】选项卡，从【中文字体】下拉列表框中选择【隶书】选项，在【大小】微调框中输入"14"，从【字体颜色】下拉列表框中选择【紫色】选项。

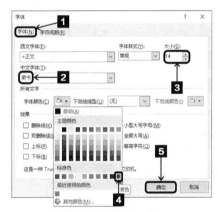

**5** 设置完毕单击 确定 按钮即可，设置效果如图所示。

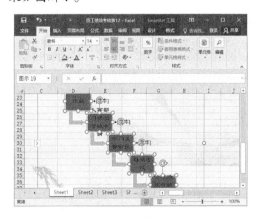

**6** 选择整个SmartArt图形，切换到【格式】选项卡，单击【形状样式】组右侧的【其他】按钮 。

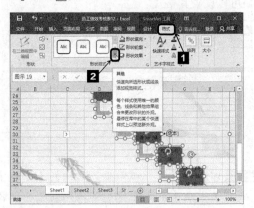

**7** 从弹出的列表框中选择【细微效果－水绿色，强调颜色5】选项。

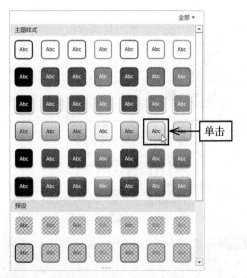

**8** 设置效果如图所示。

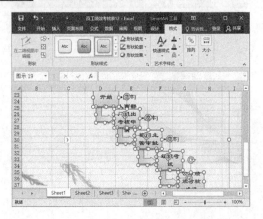

**9** 将鼠标指针移动到SmartArt图形边框的右下角，此时鼠标指针变成 形状。

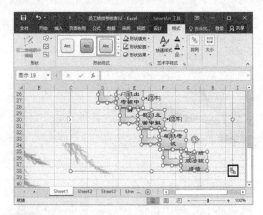

**10** 按下鼠标左键不放，拖动到合适的位置后释放即可。

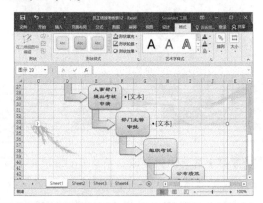

**11** 选择第1个【文本】文本框，然后按下【Delete】键将其删除。

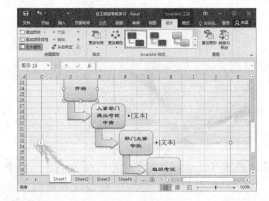

**12** 选择第2个【文本】文本框，然后按下【Delete】键将其删除。

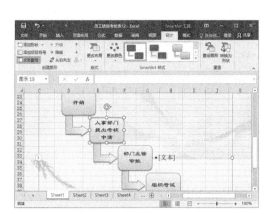

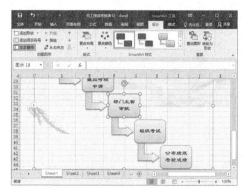

**13** 按照同样的方法可删除其他的【文本】文本框。

# 高手过招

## 插入迷你图

迷你图是Excel 2016的一个新功能，它是工作表单元格中的一个微型图表，可提供数据的直观表示，可以反映一系列数值的趋势（如季节性增加或减少、经济周期），或者可以突出显示最大值和最小值。

**1** 打开工作簿"销售统计数据条"，在单元格A15中输入"迷你图"，并按需要设置其单元格格式。

**2** 选中单元格B15，切换到【插入】选项卡，然后在【迷你图】组中单击【柱形图】按钮。

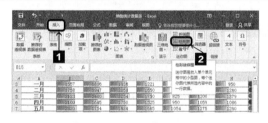

**3** 弹出【创建迷你图】对话框，单击【数据范围】文本框右侧的【折叠】按钮。

**4** 此时可以看到【创建迷你图】对话框变成了条形，然后在工作表中选择单元格区域"B3:B14"。

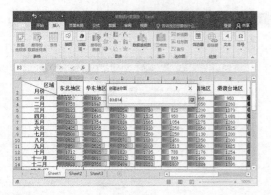

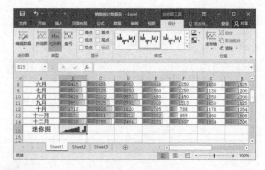

**5** 单击【展开】按钮 ，弹出【创建迷你图】对话框，单击 确定 按钮。

**7** 将鼠标指针移至单元格B15的右下角，此时鼠标指针变成＋形状，按住鼠标左键不放，向下填充数据。插入迷你图的最终效果如下图所示。

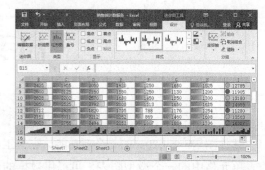

**6** 返回工作表，此时单元格B15中插入了一个柱形图。

# 教你留一手——备份工作簿

在编辑文档的过程中，为了避免数据丢失，用户可以在保存工作簿的同时生成一个备份工作簿。这样，当工作簿损坏时，就可以使用备份文件了。

具体操作步骤如下。

**1** 打开工作簿"员工绩效考核表"，单击 文件 按钮，在弹出的下拉菜单中选择【另存为】命令。然后单击 浏览 按钮。

**2** 弹出【另存为】对话框，从中选择合适的保存位置，然后单击 工具(L) 按钮，在弹出的下拉菜单中选择【常规选项】命令。

**3** 弹出【常规选项】对话框，然后选中【生成备份文件】复选框。

**4** 单击 确定 按钮，弹出【另存为】对话框，单击 保存(S) 按钮，弹出【确认另存为】对话框，单击 是(Y) 按钮。

**5** 此时在文件的保存位置会自动生成一个扩展名为 ".xlk" 的备份文件。

# 输入特殊符号很简单

在编辑文档的过程中经常会用到一些特殊符号，如 ★、○、▲等，除了在【插入】选项卡中直接插入这些符号以外，用户还可以通过以下方法快速输入特殊符号。

## 1. 使用v模式

在搜狗中文输入法下，使用键盘敲出 "v+数字"，如 "v1"，在弹出的字幕条中单击【左翻】按钮 ◀ 和【右翻】按钮 ▶，就能看到想要的各种符号。

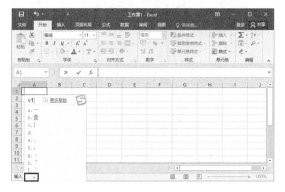

## 2. 使用软键盘

在搜狗中文输入法下，按下【Ctrl】+【Shift】+【Z】组合键，弹出【符号大全-搜狗拼音输入法】对话框，用户可以根据需要选择特殊符号。

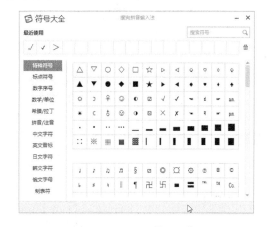

## 3. 利用小键盘和【Alt】键

**1** 按下【Fn】+【NumLock】组合键打开小键盘。

**2** 按住【Alt】键不放，然后使用小键盘输入相应的数字代码，释放【Alt】键即可得到相应的特殊符号。

| 快捷键 | 功能 |
|---|---|
| 【Alt】+ 128 | 输入欧元符号€ |
| 【Alt】+ 137 | 输入千分号‰ |
| 【Alt】+ 165 | 输入人民币符号¥ |
| 【Alt】+ 177 | 输入正负号± |
| 【Alt】+ 188 | 输入分数¼ |
| 【Alt】+ 189 | 输入分数½ |
| 【Alt】+ 190 | 输入分数¾ |
| 【Alt】+ 215 | 输入乘号× |
| 【Alt】+ 247 | 输入除号÷ |

| 快捷键 | 功能 |
|---|---|
| 【Alt】+ 41420 | 输入对号√ |
| 【Alt】+ 41446 | 输入摄氏度C° |
| 【Alt】+ 41455 | 输入实心五角星★ |
| 【Alt】+ 41457 | 输入实心圆● |
| 【Alt】+ 41458 | 输入环形◎ |
| 【Alt】+ 41459 | 输入空心菱形◇ |
| 【Alt】+ 41460 | 输入实心菱形◆ |
| 【Alt】+ 43147 | 输入实心下三角形▼ |
| 【Alt】+ 43148 | 输入空心下三角形▽ |
| 【Alt】+ 43153 | 输入点圆⊙ |
| 【Alt】+ 43154 | 输入十字圆⊕ |
| 【Alt】+ 43337 | 输入正圆㊣ |

## 设置图形背景

用户在使用图形时，可以根据实际需要对图形进行美观操作，如填充颜色等。

具体操作步骤如下。

**1** 打开工作簿"会议通知"，选中图形，切换到【格式】选项卡，单击【形状样式】组中的【形状填充】按钮 形状填充▼，从弹出的下拉列表框中选择【图片】选项。

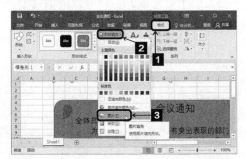

**2** 弹出【插入图片】对话框，然后单击【浏览】按钮。

**3** 弹出【插入图片】对话框，在左侧选择要插入图片的位置，然后选择要插入的图片，如选择"04.jpg"。

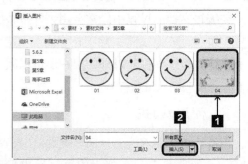

**4** 单击 插入(S)▼ 按钮返回工作表，即可看到设置后的填充效果。

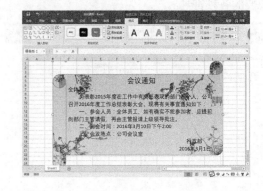

# 第6章

## 管理数据
### ——制作员工培训成绩表

员工培训管理是企业管理中的一项重要工作。完善的员工培训管理制度，可以清晰地展现员工职位特征，增强企业的稳定程度，最重要的是可以使新员工快速地融入企业文化。本章使用Excel 2016提供的排序、筛选以及分类汇总等功能，介绍企业新进员工培训的管理与分析。

关于本章的知识，本书配套教学光盘中有相关的多媒体教学视频，请读者参见光盘中的【Excel 2016的基本操作\管理数据】。

# 6.1 数据的排序

为了方便查看表格中的数据，用户可以按照一定的顺序对工作表中的数据进行重新排序。数据排序主要包括简单排序、复杂排序和自定义排序3种，用户可以根据需要进行选择。

## 6.1.1 简单排序

简单排序就是设置单一条件进行排序。

| 本小节原始文件和最终效果所在位置如下。 | |
| --- | --- |
| 原始文件 | 原始文件\第6章\员工培训成绩表01.xlsx |
| 最终效果 | 最终效果\第6章\员工培训成绩表02.xlsx |

按照"部门"的拼音首字母，对工作表中的员工培训数据进行升序排列。

具体操作步骤如下。

**1** 打开本实例的原始文件，将光标定位在数据区域的任意一个单元格中，切换到【数据】选项卡，单击【排序和筛选】组中的【排序】按钮。

**2** 弹出【排序】对话框，在【主要关键字】下拉列表框中选择【部门】选项，在【排序依据】下拉列表框中选择【数值】选项，在【次序】下拉列表框中选择【升序】选项。

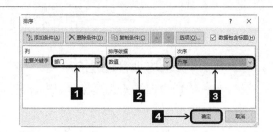

**3** 单击 确定 按钮，返回工作表中，此时表格数据根据B列中"部门"的拼音首字母进行升序排列。

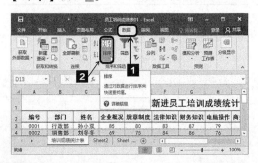

| 3 | 0005 | 财务部 | 孙明明 | 82 | 89 |
| --- | --- | --- | --- | --- | --- |
| 4 | 0009 | 财务部 | 郑辉 | 89 | 85 |
| 5 | 0012 | 财务部 | 李峰 | 90 | 89 |
| 6 | 0020 | 财务部 | 胡晓峰 | 90 | 85 |
| 7 | 0001 | 行政部 | 孙小双 | 85 | 80 |
| 8 | 0004 | 行政部 | 李健健 | 72 | 80 |
| 9 | 0010 | 行政部 | 叶子龙 | 80 | 84 |
| 10 | 0021 | 行政部 | 张倩 | 93 | 96 |
| 11 | 0003 | 人事部 | 赵静 | 81 | 89 |
| 12 | 0006 | 人事部 | 孙建 | 83 | 79 |
| 13 | 0013 | 人事部 | 刘志远 | 88 | 78 |
| 14 | 0015 | 人事部 | 江晶晶 | 79 | 84 |
| 15 | 0017 | 人事部 | 王华 | 92 | 90 |
| 16 | 0019 | 人事部 | 米琪 | 86 | 73 |
| 17 | 0002 | 销售部 | 刘冬冬 | 69 | 75 |
| 18 | 0007 | 销售部 | 赵宇 | 77 | 71 |
| 19 | 0008 | 销售部 | 张扬 | 83 | 80 |
| 20 | 0011 | 销售部 | 陈晓 | 80 | 77 |
| 21 | 0014 | 销售部 | 李浩 | 80 | 86 |
| 22 | 0016 | 销售部 | 郭璐璐 | 80 | 76 |
| 23 | 0018 | 销售部 | 李丽 | 87 | 83 |
| 24 | 0022 | 销售部 | 王莉莉 | 87 | 84 |

## 6.1.2 复杂排序

如果在排序字段里出现相同的内容，它们会保持着它们的原始次序。如果用户还要对这些相同内容按照一定条件进行排序，就用到了多个关键字的复杂排序了。

| 本小节原始文件和最终效果所在位置如下。 | |
|---|---|
| 原始文件 | 原始文件\第6章\员工培训成绩表02.xlsx |
| 最终效果 | 最终效果\第6章\员工培训成绩表03.xlsx |

对工作表中的数据进行复杂排序的具体操作步骤如下。

**1** 打开本实例的原始文件，将光标定位在数据区域的任意一个单元格中，切换到【数据】选项卡，单击【排序和筛选】组中的【排序】按钮。

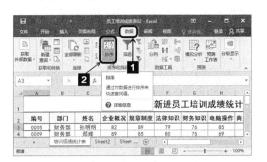

**2** 弹出【排序】对话框，显示出前一小节中按照"部门"的拼音首字母对数据进行了升序排列。

**3** 单击 添加条件(A) 按钮，此时即可添加一组新的排序条件，在【次要关键字】下拉列表框中选择【企业概况】选项，在【排序依据】下拉列表框中选择【数值】选项，在【次序】下拉列表框中选择【降序】选项，单击 确定 按钮。

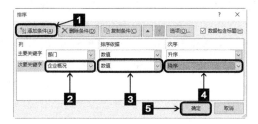

**4** 返回工作表中，此时表格数据在根据B列中"部门"的拼音首字母进行升序排列的基础上，按照"企业概况"的数值进行了降序排列，效果如图所示。

| 3 | 0012 | 财务部 | 李峰 | 90 | 89 |
|---|---|---|---|---|---|
| 4 | 0020 | 财务部 | 胡晓峰 | 90 | 85 |
| 5 | 0009 | 财务部 | 郑辉 | 89 | 85 |
| 6 | 0005 | 财务部 | 孙明明 | 82 | 89 |
| 7 | 0021 | 行政部 | 张倩 | 93 | 96 |
| 8 | 0001 | 行政部 | 孙小双 | 85 | 80 |
| 9 | 0010 | 行政部 | 叶子龙 | 80 | 84 |
| 10 | 0004 | 行政部 | 李健健 | 72 | 80 |
| 11 | 0017 | 人事部 | 王华 | 92 | 90 |
| 12 | 0013 | 人事部 | 刘志远 | 88 | 78 |
| 13 | 0019 | 人事部 | 米琪 | 86 | 73 |
| 14 | 0006 | 人事部 | 孙建 | 83 | 79 |
| 15 | 0003 | 人事部 | 赵静 | 81 | 89 |
| 16 | 0015 | 人事部 | 江晶晶 | 79 | 82 |
| 17 | 0018 | 销售部 | 李丽 | 87 | 83 |
| 18 | 0022 | 销售部 | 王莉莉 | 87 | 84 |
| 19 | 0008 | 销售部 | 张扬 | 83 | 80 |
| 20 | 0011 | 销售部 | 陈晓 | 80 | 77 |
| 21 | 0014 | 销售部 | 李浩 | 80 | 86 |
| 22 | 0016 | 销售部 | 郭璐璐 | 80 | 76 |
| 23 | 0007 | 销售部 | 赵宇 | 77 | 71 |
| 24 | 0002 | 销售部 | 刘冬冬 | 69 | 75 |

## 6.1.3 自定义排序

数据的排序方式除了按照数字大小和拼音字母顺序外，还会涉及一些特殊的顺序，如"部门名称""职务""学历"等，此时就用到了自定义排序。

| 本小节原始文件和最终效果所在位置如下。 | |
|---|---|
| 原始文件 | 原始文件\第6章\员工培训成绩表03.xlsx |
| 最终效果 | 最终效果\第6章\员工培训成绩表04.xlsx |

对工作表中的数据进行自定义排序的具体操作步骤如下。

**1** 打开本实例的原始文件，将光标定位在数据区域的任意一个单元格中，切换到【数据】选项卡，单击【排序和筛选】组中的【排序】按钮。弹出【排序】对话框，在第1个排序条件中的【次序】下拉列表框中选择【自定义序列】选项。

2 弹出【自定义序列】对话框，在【自定义序列】列表框中选择【新序列】选项，在【输入序列】框中输入"销售部,财务部,行政部,人事部"，中间用英文半角状态下的逗号隔开。

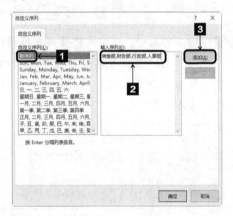

3 单击 添加(A) 按钮，此时新定义的序列"销售部,财务部,行政部,人事部"就添加在【自定义序列】列表框中了。

4 单击 确定 按钮，返回【排序】对话框，此时，第一个排序条件中的【次序】下拉列表框自动选择【销售部,财务部,行政部,人事部】选项。

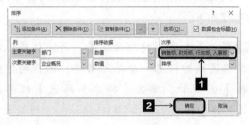

5 单击 确定 按钮，返回工作表，排序效果如图所示。

| 3 | 0018 | 销售部 | 李丽 | 87 |
|---|---|---|---|---|
| 4 | 0022 | 销售部 | 王莉莉 | 87 |
| 5 | 0008 | 销售部 | 张扬 | 83 |
| 6 | 0011 | 销售部 | 陈晓 | 80 |
| 7 | 0014 | 销售部 | 李浩 | 80 |
| 8 | 0016 | 销售部 | 郭璐璐 | 80 |
| 9 | 0007 | 销售部 | 赵宇 | 77 |
| 10 | 0002 | 销售部 | 刘冬冬 | 69 |
| 11 | 0012 | 财务部 | 李峰 | 90 |
| 12 | 0020 | 财务部 | 胡晓峰 | 90 |
| 13 | 0009 | 财务部 | 郑辉 | 89 |
| 14 | 0005 | 财务部 | 孙明明 | 82 |
| 15 | 0021 | 行政部 | 张倩 | 93 |
| 16 | 0001 | 行政部 | 孙小双 | 85 |
| 17 | 0010 | 行政部 | 叶子龙 | 80 |
| 18 | 0004 | 行政部 | 李健健 | 72 |
| 19 | 0017 | 人事部 | 王华 | 92 |
| 20 | 0013 | 人事部 | 刘志远 | 88 |
| 21 | 0019 | 人事部 | 米琪 | 86 |
| 22 | 0006 | 人事部 | 孙建 | 83 |
| 23 | 0003 | 人事部 | 赵静 | 81 |
| 24 | 0015 | 人事部 | 江晶晶 | 79 |

# 6.2 数据的筛选

Excel 2016中提供了3种数据的筛选操作,即"自动筛选""自定义筛选"和"高级筛选"。用户可以根据需要筛选关于"车辆使用情况"的明细数据。

## 6.2.1 自动筛选

"自动筛选"一般用于简单的条件筛选,筛选时将不满足条件的数据暂时隐藏起来,只显示符合条件的数据。

| 本小节原始文件和最终效果所在位置如下。 | |
| --- | --- |
| 原始文件 | 原始文件\第6章\员工培训成绩表04.xlsx |
| 最终效果 | 最终效果\第6章\员工培训成绩表05.xlsx |

### 1. 指定数据的筛选

接下来筛选"部门"为"销售部"和"人事部"的员工培训成绩数据。

具体的操作步骤如下。

**1** 打开本实例的原始文件,将光标定位在数据区域的任意一个单元格中,切换到【数据】选项卡,单击【排序和筛选】组中的【筛选】按钮。

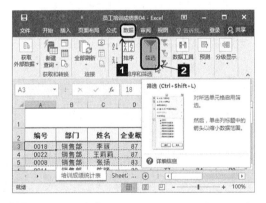

**2** 此时工作表进入筛选状态,各标题字段的右侧出现了一个下拉按钮。

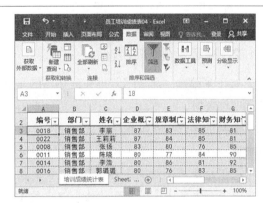

**3** 单击标题字段【部门】右侧的下拉按钮,在弹出的筛选列表中撤选【财务表】和【行政部】复选框。

**4** 单击 确定 按钮，返回工作表，此时，部门为"销售部"和"人事部"的车辆使用明细数据的筛选结果如图所示。

| 2 | 编号 | 部门 | 姓名 | 企业概 |
|---|---|---|---|---|
| 3 | 0018 | 销售部 | 李丽 | 87 |
| 4 | 0022 | 销售部 | 王莉莉 | 87 |
| 5 | 0008 | 销售部 | 张扬 | 83 |
| 6 | 0011 | 销售部 | 陈晓 | 80 |
| 7 | 0014 | 销售部 | 李浩 | 80 |
| 8 | 0016 | 销售部 | 郭璐璐 | 80 |
| 9 | 0007 | 销售部 | 赵宇 | 77 |
| 10 | 0002 | 销售部 | 刘冬冬 | 69 |
| 19 | 0017 | 人事部 | 王华 | 92 |
| 20 | 0013 | 人事部 | 刘志远 | 88 |
| 21 | 0019 | 人事部 | 米琪 | 86 |
| 22 | 0006 | 人事部 | 孙建 | 83 |
| 23 | 0003 | 人事部 | 赵静 | 81 |
| 24 | 0015 | 人事部 | 江晶晶 | 79 |

### 2. 指定条件的筛选

接下来筛选"总成绩"排在前10位的车辆使用明细数据。

具体的操作步骤如下。

**1** 切换到【数据】选项卡，单击【排序和筛选】组中的【筛选】按钮，撤销之前的筛选，再次单击【排序和筛选】组中的【筛选】按钮，重新进入筛选状态。

**2** 单击标题字段【总成绩】右侧的下拉按钮，在弹出的下拉列表框中选择【数字筛选】▶【前10项】选项。

**3** 弹出【自动筛选前10个】对话框，然后将显示条件设置为"最大10项"。

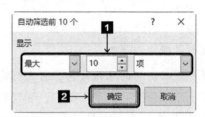

**4** 单击 确定 按钮返回工作表中，"总成绩"排在前10位的筛选结果如图所示。

| 2 | 电脑操 | 商务礼 | 质量管 | 总成绩 | 平均成 | 名次 |
|---|---|---|---|---|---|---|
| 5 | 88 | 86 | 92 | 590 | 84.29 | 7 |
| 6 | 87 | 84 | 80 | 582 | 83.14 | 10 |
| 7 | 91 | 84 | 80 | 594 | 84.86 | 4 |
| 11 | 75 | 79 | 85 | 585 | 83.57 | 8 |
| 12 | 94 | 90 | 84 | 607 | 86.71 | 2 |
| 14 | 85 | 89 | 83 | 583 | 83.29 | 9 |
| 15 | 84 | 82 | 91 | 627 | 89.57 | 1 |
| 16 | 79 | 88 | 90 | 592 | 84.57 | 5 |
| 19 | 78 | 83 | 85 | 597 | 85.29 | 3 |
| 22 | 82 | 90 | 87 | 591 | 84.43 | 6 |

## 6.2.2 自定义筛选

在对表格数据进行自动筛选时，用户可以设置多个筛选条件。

| 本小节原始文件和最终效果所在位置如下。 | |
|---|---|
| 原始文件 | 原始文件\第6章\员工培训成绩表05.xlsx |
| 最终效果 | 最终效果\第6章\员工培训成绩表06.xlsx |

接下来自定义筛选"总成绩大于590或者小于560的明细数据"。

具体操作步骤如下。

**1** 打开本实例的原始文件，切换到【数据】选项卡，单击【排序和筛选】组中的【筛选】按钮▼，撤销之前的筛选，再次单击【排序和筛选】组中的【筛选】按钮▼，重新进入筛选状态，然后单击标题字段【总成绩】右侧的下拉按钮▼。

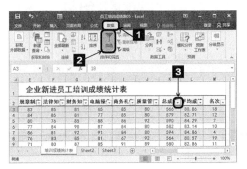

**2** 在弹出的下拉列表框中选择【数字筛选】▶【自定义筛选】选项。

**3** 弹出【自定义自动筛选方式】对话框，然后将显示条件设置为"总成绩大于590或小于560"。

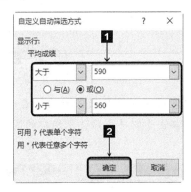

**4** 单击 确定 按钮，返回工作表中，筛选效果如图所示。

| | | | | | | | | |
|---|---|---|---|---|---|---|---|---|
| 3 | 83 | 85 | 81 | 65 | 85 | 80 | 566 | 80.86 | 18 |
| 4 | 84 | 85 | 81 | 77 | 85 | 80 | 579 | 82.71 | 12 |
| 5 | 80 | 76 | 85 | 88 | 86 | 92 | 590 | 84.29 | 7 |
| 6 | 77 | 84 | 90 | 87 | 84 | 80 | 582 | 83.14 | 10 |
| 7 | 86 | 81 | 92 | 91 | 84 | 80 | 594 | 84.86 | 4 |
| 8 | 76 | 83 | 85 | 81 | 67 | 90 | 564 | 80.57 | 19 |
| 9 | 71 | 80 | 87 | 85 | 91 | 89 | 580 | 82.86 | 11 |
| 10 | 75 | 84 | 86 | 76 | 80 | 78 | 548 | 78.29 | 22 |
| 11 | 84 | 83 | 84 | 75 | 79 | 85 | 585 | 83.57 | 8 |
| 12 | 85 | 87 | 77 | 94 | 90 | 84 | 607 | 86.71 | 2 |
| 13 | 85 | 80 | 75 | 69 | 82 | 76 | 556 | 79.43 | 20 |
| 14 | 89 | 79 | 76 | 85 | 90 | 83 | 583 | 83.29 | 9 |
| 15 | 96 | 91 | 90 | 84 | 82 | 91 | 627 | 89.57 | 1 |
| 16 | 80 | 83 | 87 | 79 | 86 | 90 | 592 | 84.57 | 5 |
| 17 | 84 | 68 | 79 | 86 | 80 | 72 | 549 | 78.43 | 21 |
| 18 | 80 | 74 | 92 | 90 | 84 | 80 | 572 | 81.71 | 14 |
| 19 | 90 | 89 | 80 | 78 | 83 | 85 | 597 | 85.29 | 3 |
| 20 | 78 | 90 | 69 | 80 | 83 | 90 | 578 | 82.57 | 13 |
| 21 | 73 | 69 | 83 | 76 | 89 | 94 | 570 | 81.43 | 16 |
| 22 | 79 | 82 | 88 | 82 | 97 | 92 | 591 | 84.43 | 6 |
| 23 | 89 | 80 | 78 | 83 | 79 | 81 | 571 | 81.57 | 15 |
| 24 | 82 | 85 | 76 | 78 | 86 | 84 | 570 | 81.43 | 16 |

## 6.2.3 高级筛选

高级筛选一般用于条件较复杂的筛选操作，其筛选的结果可显示在原数据表格中，不符合条件的记录被隐藏起来；也可以在新的位置显示筛选结果，不符合条件的记录同时保留在数据表中而不会被隐藏起来，这样更加便于进行数据对比。

| 本小节原始文件和最终效果所在位置如下。 | |
|---|---|
| 原始文件 | 原始文件\第6章\员工培训成绩表06.xlsx |
| 最终效果 | 最终效果\第6章\员工培训成绩表07.xlsx |

对数据进行高级筛选的具体操作步骤如下。

**1** 打开本实例的原始文件，切换到【数据】选项卡，单击【排序和筛选】组中的【筛选】按钮▼，撤销之前的筛选，然后在不包含数据的区域内输入一个筛选条件，如在单元格K25中输入"总成绩"，在单元格K26中输入">580"。

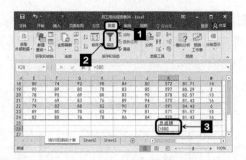

**2** 将光标定位在数据区域的任意一个单元格中，单击【排序和筛选】组中的高级 高级 按钮。

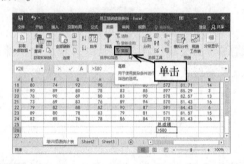

**3** 弹出【高级筛选】对话框，选中【在原有区域显示筛选结果】单选钮，再单击【条件区域】文本框右侧的【折叠】按钮。

**4** 弹出【高级筛选-条件区域:】对话框，然后在工作表选择条件区域K25:K26。

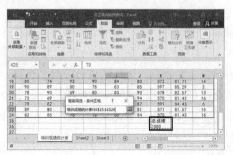

**5** 选择完毕，单击【展开】按钮，返回【高级筛选】对话框，此时即可在【条件区域】文本框中显示出条件区域的范围。

**6** 单击 确定 按钮返回工作表中，筛选效果如图所示。

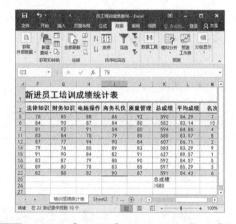

**7** 切换到【数据】选项卡，单击【排序和筛选】组中的【筛选】按钮，撤销之前的筛选，然后在不包括数据的区域内输入多个筛选条件，如将筛选条件设置为"总成绩>580，且名次<5"。

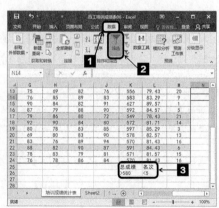

**8** 将光标定位在数据区域的任意一个单元格中，然后单击【排序和筛选】组中的高级 按钮。

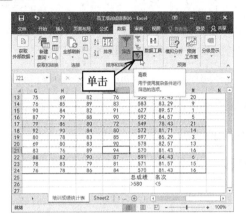

**9** 弹出【高级筛选】对话框，选中【在原有区域显示筛选结果】单选钮，单击【条件区域】文本框右侧的【折叠】按钮 。

**10** 弹出【高级筛选-条件区域:】对话框，然后在工作表选择条件区域K25:L26。

**11** 选择完毕，单击【展开】按钮 ，返回【高级筛选】对话框，此时即可在【条件区域】文本框中显示出条件区域的范围。

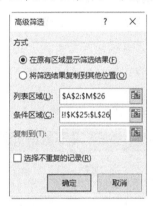

**12** 单击 确定 按钮，返回工作表中，筛选效果如图所示。

# 6.3 数据的分类汇总

分类汇总是按某一字段的内容进行分类，并对每一类统计出相应的结果数据。用户可以根据需要汇总关于"员工培训情况"的明细数据，统计和分析每个新进员工的各方面培训成绩以及总成绩和名次情况等。

## 6.3.1 创建分类汇总

创建分类汇总之前，首先要对工作表中的数据进行排序。

| | |
|---|---|
| 本小节原始文件和最终效果所在位置如下。 | |
| 原始文件 | 原始文件\第6章\员工培训成绩表07.xlsx |
| 最终效果 | 最终效果\第6章\员工培训成绩表08.xlsx |

创建分类汇总的具体步骤如下。

**1** 打开本实例的原始文件，将光标定位在数据区域的任意一个单元格中，切换到【数据】选项卡，单击【排序和筛选】组中的【清除】按钮 ，撤销之前的筛选。

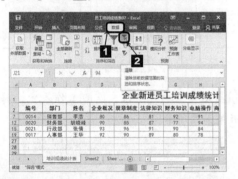

**2** 单击【排序和筛选】组中的【排序】按钮 。

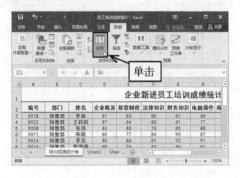

**3** 弹出【排序】对话框，在【主要关键字】下拉列表框中选择【部门】选项，在【排序依据】下拉列表框中选择【数值】选项，在【次序】下拉列表框中选择【升序】选项，然后选中【次要关键字】选项，单击 ✕删除条件(D) 按钮。

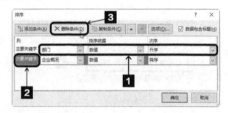

**4** 即可删除次要关键字条件。

**5** 单击 确定 按钮，返回工作表中，此时表格数据即可根据B列中"部门"的拼音首字母进行升序排列。

| 3 | 0012 | 财务部 | 李峰 | 90 | 89 | 83 |
|---|---|---|---|---|---|---|
| 4 | 0020 | 财务部 | 胡晓峰 | 90 | 85 | 87 |
| 5 | 0009 | 财务部 | 郑辉 | 89 | 85 | 80 |
| 6 | 0005 | 财务部 | 孙明明 | 82 | 89 | 79 |
| 7 | 0021 | 行政部 | 张倩 | 93 | 96 | 91 |
| 8 | 0001 | 行政部 | 孙小双 | 85 | 80 | 83 |
| 9 | 0010 | 行政部 | 叶子龙 | 80 | 84 | 68 |
| 10 | 0004 | 行政部 | 李健健 | 72 | 80 | 74 |
| 11 | 0017 | 人事部 | 王华 | 92 | 90 | 89 |
| 12 | 0013 | 人事部 | 刘志远 | 88 | 78 | 90 |
| 13 | 0019 | 人事部 | 米琪 | 86 | 73 | 69 |
| 14 | 0006 | 人事部 | 孙建 | 83 | 79 | 82 |
| 15 | 0003 | 人事部 | 赵静 | 81 | 89 | 80 |
| 16 | 0018 | 人事部 | 江晶晶 | 79 | 82 | 85 |
| 17 | 0018 | 销售部 | 李丽 | 87 | 83 | 85 |
| 18 | 0022 | 销售部 | 王莉莉 | 87 | 84 | 85 |
| 19 | 0008 | 销售部 | 张扬 | 83 | 80 | 76 |

**6** 切换到【数据】选项卡，单击【分级显示】组中的【分类汇总】按钮。

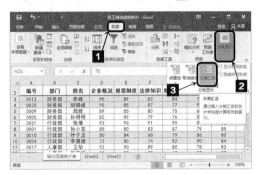

**7** 弹出【分类汇总】对话框，在【分类字段】下拉列表框中选择【部门】选项，在【汇总方式】下拉列表框中选择【平均值】选项，在【选定汇总项】列表框中选中【总成绩】复选框，然后选中【替换当前分类汇总】和【汇总结果显示在数据下方】复选框。

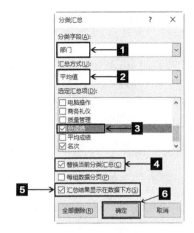

**8** 单击 确定 按钮，返回工作表中，汇总效果如图所示。

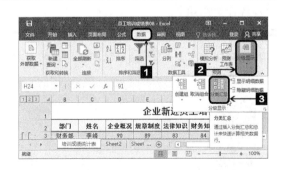

## 6.3.2 删除分类汇总

如果用户不再需要将工作表中的数据以分类汇总的方式显示出来，则可将刚刚创建的分类汇总删除。

本小节原始文件和最终效果所在位置如下。

原始文件 原始文件\第6章\员工培训成绩表08.xlsx

最终效果 最终效果\第6章\员工培训成绩表09.xlsx

对数据进行高级筛选的具体步骤如下。

**1** 打开本实例的原始文件，切换到【数据】选项卡，单击【分级显示】组中的【分类汇总】按钮。

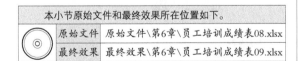

2 弹出【分类汇总】对话框，单击 全部删除(R) 按钮。

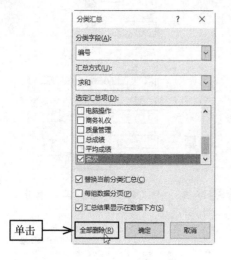

单击 → 全部删除(R)

3 直接返回工作表中，此时即可将所创建的分类汇总全部删除，工作表恢复到分类汇总前的状态。

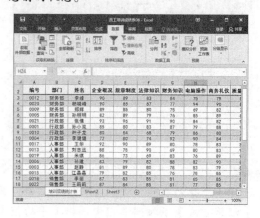

# 高手过招

## 巧用记录单

　　记录单是Excel数据处理的一项重要功能，使用该功能不仅可以方便地添加新的记录，还可以在表单中搜索特定的记录。

### 1. 添加记录单命令

　　将记录单按钮添加到快速访问工具栏中的具体操作步骤如下。

1 打开素材文件"员工培训成绩表"，在表格窗口中，单击 文件 按钮，在弹出的下拉菜单中选择【选项】命令。

单击

2 弹出【Excel选项】对话框，选择【快速访问工具栏】选项，在【从下列位置选择命令】下拉列表框中选择【不在功能区中的命令】选项，然后在下方的列表框中选择【记录单】选项。

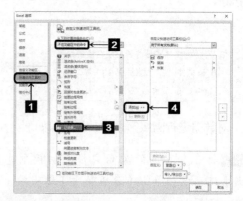

3 单击 添加(A) >> 按钮，此时，【记录单】命令就添加在右侧的【自定义快速访问工具栏】列表框中了。

**4** 设置完毕，单击 确定 按钮返回工作表中即可。

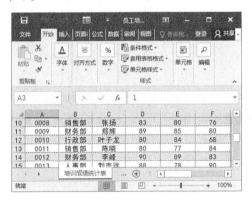

## 2. 添加新记录

添加新记录的具体步骤如下。

**1** 在表格窗口中单击【快速访问工具栏】中的【记录单】按钮 ▦ 。

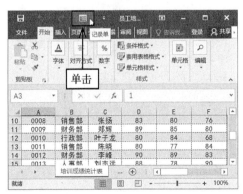

**2** 弹出【培训成绩统计表】对话框，然后单击 新建(W) 按钮。

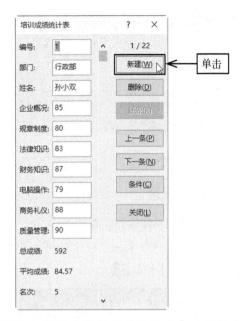

**3** 在新的【培训成绩统计表】对话框中输入新记录的具体内容。

**4** 单击 关闭(L) 按钮，返回工作表中，新记录就添加在工作表区域中的最后一行了。

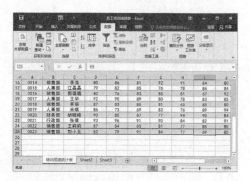

## 3. 查询记录

查询记录的具体操作步骤如下。

**1** 在表格窗口中单击"快速访问工具栏"中的【记录单】按钮 ▦。

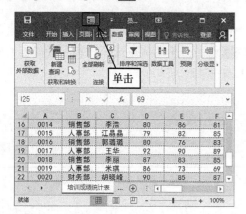

**2** 弹出【培训成绩统计表】对话框,然后单击 条件(C) 按钮。

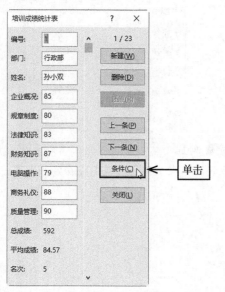

**3** 弹出新的【培训成绩统计表】对话框,然后在【姓名】文本框中输入"赵静"。

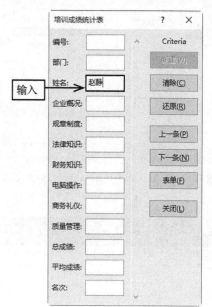

**4** 此时单击 上一条(P) 按钮和 下一条(N) 按钮,即可查看符合条件的记录,查看完毕,单击 关闭(L) 按钮即可。

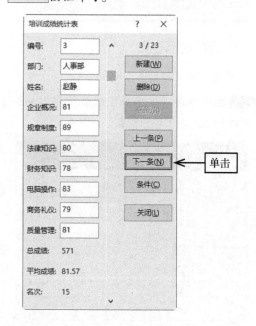

# 输入星期几有新招

在编辑工作表的过程中，经常在使用日期的同时，会用到"星期几"，通过更改Excel的单元格格式，用户可以快速地将日期转化为星期几。

**1** 新建一个工作簿，在单元格A1中输入"2016-2-1"，然后按下【Enter】键。

**2** 选中单元格B1，输入公式"=A1"。

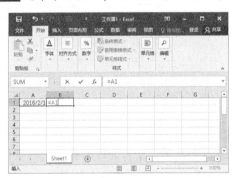

**3** 按下【Enter】键，然后选中单元格B1，切换到【开始】选项卡，单击【字体】组中的【对话框启动器】按钮 。

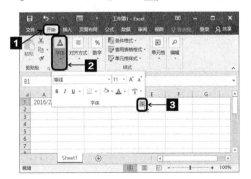

**4** 弹出【设置单元格格式】对话框，切换到【数字】选项卡，在【分类】列表框中选择【日期】选项，在【类型】列表框中选择【星期三】选项。

**5** 单击 确定 按钮，返回工作表中，此时单元格B1中的数据显示为"星期一"。

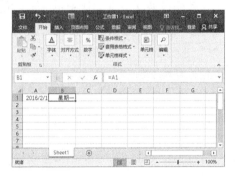

**6** 选中单元格A1，将鼠标指针移动到该单元格的右下角，此时鼠标指针变成➕形状，按住鼠标左键向下拖动，将日期填充至"2016/2/28"，释放左键即可。

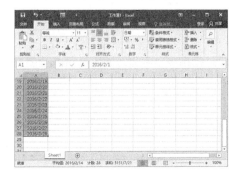

**7** 使用同样的方法，选中单元格B1，将鼠标指针移动到该单元格的右下角，此时鼠标指针变成 **+** 形状，按住鼠标左键向下拖动，释放左键，将所有日期全部转化为星期几。

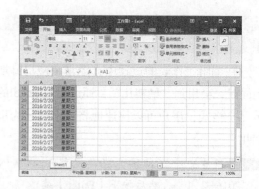

# 筛选中通用符的应用

在对文本型数据字段进行筛选时，可以使用通配符"*"或"？"来设置模糊的匹配条件。

通配符的含义如下：星号"*"可以代替多个任意字符；问号"？"代表单个任意字符。引用星号或问号符号本身作为筛选条件时，需要在星号或问号前面加波形符"~"前导。

本示例假设要在销量统计表中筛选出货号以字母"K"开头的数据记录，就可以使用通配符"*"进行筛选，具体的操作步骤如下。

**1** 打开素材文件"销售统计表"，选中数据区域的任意一个单元格，切换到【数据】选项卡，单击【排序和筛选】组中的【筛选】按钮，进入筛选状态。单击"货号"字段右侧的自动筛选按钮，从弹出的下拉列表框中选择【文本筛选】➤【等于】选项。

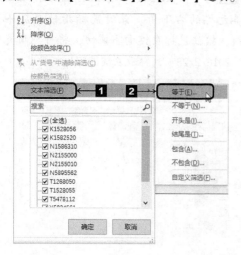

**2** 弹出【自定义自动筛选方式】对话框，在【货号】下拉列表框中自动选择【等于】选项，在其右侧的下拉列表框中输入"K*"。

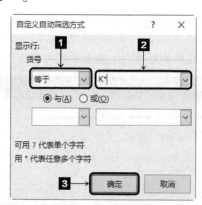

**3** 单击 **确定** 按钮返回工作表，即可看到筛选结果。

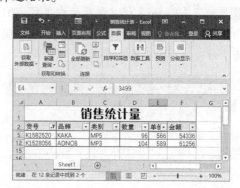

# 第7章

## 使用图表
### ——让图表说话

文不如表，表不如图，的确如此。Excel具有许多高级的制图功能，可以直观地将工作表中的数据用图形表示出来，使其更具说服力。在日常办公中，可以使用图表表现数据间的某种相对关系，如数量关系、趋势关系、比例分配关系等。接下来，本章结合常用的办公实例，讲解图表的应用。

光盘链接

关于本章的知识，本书配套教学光盘中有相关的多媒体教学视频，请读者参见光盘中的【Excel 2016的初级应用\使用图表】。

# 7.1 认识图表

图表的作用是将表格中的数据以图形的形式表示出来，使数据表现得更加可视化、形象化，以便用户观察数据的宏观走势和规律。

## 7.1.1 图表的组成

图表主要是由图表区、绘图区、图表标题、数值轴、分类轴、数据系列、网格线及图例等组成的。

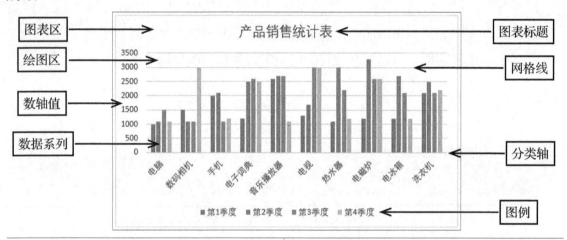

○ **图表区**

图表区是指图表的背景区域，主要包括所有的数据信息以及图表说明信息。

○ **绘图区**

绘图区主要包括数据系列、数值轴、分类轴和网格线等，它是图表最重要的部分。

○ **图表标题**

图表标题主要用来说明图表要表达的主题。

○ **数据系列**

数据系列是指以系列的方式显示在图表中的可视化数据。分类轴上的每一个分类都对应一个或多个数据，不同分类上颜色相同的数据就构成了一个数据系列。

○ **数值轴**

数值轴是用来表示数据大小的坐标轴，它是根据工作表中数据的大小来自定义数据的单位长度的。

○ **分类轴**

分类轴的作用是表示图表中需要对比观察的对象。

○ **图例**

图例的作用是表示图表中数据系列的图案、颜色和名称。

○ **网格线**

网格线是绘图区中为了便于观察数据大小而设置的线，包括主要网格线和次要网格线。

## 7.1.2 图表的类型

为了满足用户对各种图表的需求，Excel 2016提供了15种图表类型，主要有柱形图、折线图、饼图、条形图、面积图、XY（散点图）、曲面图以及雷达图等。

### 1. 柱形图

柱形图是实际工作中最经常用到的图表类型之一，它可以直观地反映出一段时间内各项的数据变化，在数据统计和销售报表中被广泛地应用。柱形图主要包括簇状柱形图、堆积柱形图、百分比堆积柱形图、三维簇状柱形图、三维堆积柱形图、三维百分比堆积柱形图和三维柱形图7种。

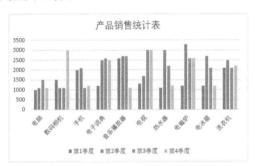

簇状柱形图

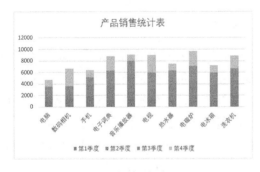

堆积柱形图

### 2. 折线图

折线图主要用来表示数据的连续性和变化趋势，也可以显示相同时间间隔内数据的预测趋势。该类型的图表强调的是数据的实践性和变动率，而不是变动量。折线图主要包括折线图、堆积折线图、百分比堆积折线图、带数据标记的折线图、带标记的堆积折线图、带数据标记的百分比堆积折线图以及三维折线图7种。

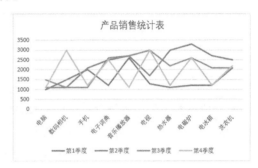

折线图

### 3. 饼图

饼图的功能是用来显示数据系列中各个项目与项目总和之间的比例关系，因此当选中多个系列的时候，也只能显示其中的一个系列。饼图主要包括5种，分别是饼图、三维饼图、复合饼图、圆环图以及复合条饼图。

饼图

### 4. 条形图

从表面上看，条形图就是旋转90°的柱形图。条形图主要分为6种，分别是簇状条形图、堆积条形图、百分比堆积条形图、三维簇状条形图、三维堆积条形图、三维百分比堆积条形图。

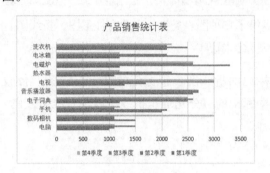

簇状条形图

### 5. 面积图

面积图主要用来显示每个数据的变化量。它强调的是数据随时间变化的幅度，通过显示数据的总和，直观地表达出整体和部分的关系。面积图主要包括面积图、堆积面积图、百分比堆积面积图、三维面积图、三维堆积面积图以及三维百分比堆积面积图6种。

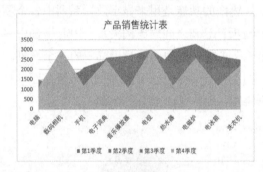

面积图

### 6. XY（散点图）

XY散点图与折线图很相似，用来显示各个系列的数据在某种时间间隔下的变化趋势。XY散点图主要包括散点图、带平滑线和数据标记的散点图、带平滑线的散点图、带直线和数据标记的散点图、带直线的散点图、气泡图以及三维气泡图7种。

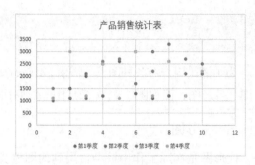

散点图

### 7. 曲面图

曲面图主要通过不同的平面来显示数据的变化情况和趋势。其中同一种颜色和图案代表源数据中同一取值范围内的区域。曲面图主要包括三维曲面图、三维曲面图（框架图）、曲面图和曲面图（俯视框架图）4种。

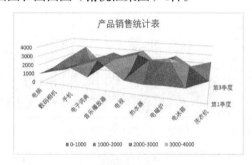

三维曲面图

### 8. 雷达图

雷达图主要用于显示数据系列相对于中心点以及相对于彼此数据类别间的变化。其中每个分类都有自己的坐标轴，这些坐标轴由中心向外辐射，并用折线将同一系列中的数据值连接起来。雷达图主要包括雷达图、带数据标记的雷达图和填充雷达图3种。

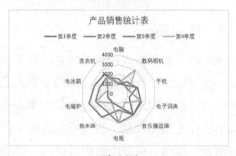

雷达图

# 7.2 常用图表

Excel 2016自带有各种各样的图表，如柱形图、折线图、饼图、条形图、面积图等。通常情况下，使用柱形图来比较数据间的数量关系，使用直线图来反映数据间的趋势关系，使用饼图来表示数据间的分配关系。

## 7.2.1 创建图表

在Excel 2016中创建图表的方法非常简单，因为系统自带了很多图表类型，用户只需根据实际需要进行选择即可。创建了图表后，用户还可以设置图表布局，主要包括调整图表大小和位置、更改图表类型、设计图表布局和设计图表样式。

| 本小节原始文件和最终效果所在位置如下。 | |
| --- | --- |
| 原始文件 | 原始文件\第7章\销售数据分析01.xlsx |
| 最终效果 | 最终效果\第7章\销售数据分析02.xlsx |

### 1. 插入图表

插入图表的具体步骤如下。

**1** 打开本实例的原始文件，选中单元格区域A1:B13，切换到【插入】选项卡，单击【图表】组中的【插入柱形图或条形图】按钮，在弹出的下拉列表框中选择【簇状柱形图】选项。

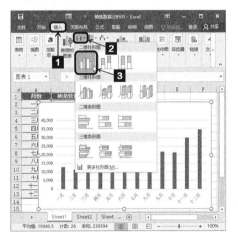

**2** 此时即可在工作表中输入一个簇状柱形图。

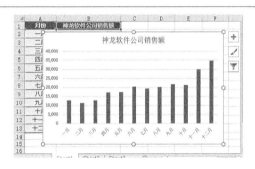

### 2. 调整图表大小和位置

为了使图表显示在工作表中的合适位置，用户可以对其大小和位置进行调整，具体的操作步骤如下。

**1** 选中要调整大小的图表，此时图表区的四周会出现8个控制点，将鼠标指针移动到图表的右下角，此时鼠标指针变成形状，按住鼠标左键向左上或右下拖动。

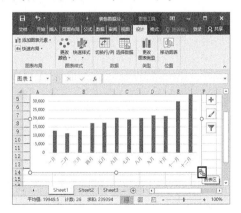

**2** 拖动到合适的位置释放鼠标左键即可。

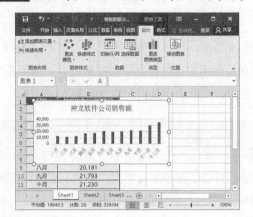

**3** 将鼠标指针移动到要调整位置的图表上，此时鼠标指针变成↖形状，按住鼠标左键不放进行拖动。

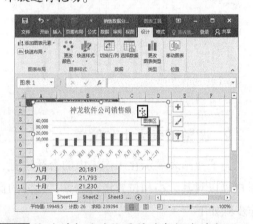

**4** 拖动到合适的位置释放鼠标左键即可。

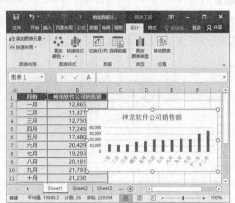

### 3. 更改图表类型

如果用户对创建的图表不满意，还可以更改图表类型。

**1** 选中柱形图，单击鼠标右键，在弹出的快捷菜单中选择【更改图表类型】命令。

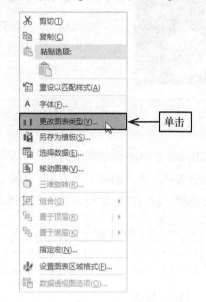

单击

**2** 弹出【更改图表类型】对话框，切换到【所有图表】选项卡，选择【柱形图】选项，从中选择要更改为的图表类型即可。

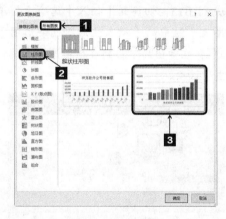

### 4. 设计图表布局

如果用户对图表布局不满意，也可以进行重新设计。设计图表布局的具体操作步骤如下。

**1** 选中创建的图表，在【图表工具】栏中切换到【设计】选项卡，单击【图表布局】组中的【快速布局】按钮，在弹出的下拉列表框中选择【布局3】选项。

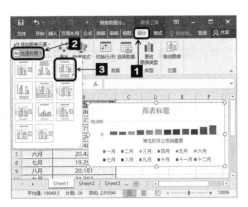

2 此时，即可将所选的布局样式应用到图表中。

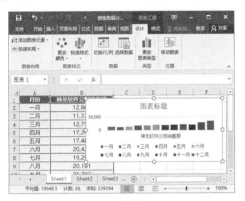

### 5. 设计图表样式

Excel 2016提供了很多图表样式，用户可以从中选择合适的样式，以便美化图表。设计图表样式的具体操作步骤如下。

1 选中创建的图表，在【图表工具】栏中切换到【设计】选项卡，单击【图表样式】组中的【快捷样式】按钮。

2 在弹出的下拉列表框中选择【样式13】选项。

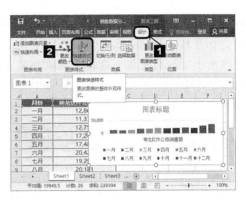

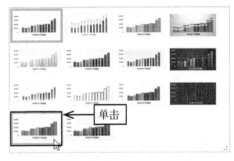

3 即可将所选的图表样式应用到图表中。

## 7.2.2 美化图表

为了使创建的图表看起来更加美观，用户可以对图表标题和图例、图表区域、数据系列、绘图区、坐标轴、网格线等项目进行格式设置。

本小节原始文件和最终效果所在位置如下。

| | | |
|---|---|---|
| | 原始文件 | 原始文件\第7章\销售数据分析02.xlsx |
| | 最终效果 | 最终效果\第7章\销售数据分析03.xlsx |

### 1. 设置图表标题和图例

设置图表标题和图例的具体步骤如下。

**1** 打开本实例的原始文件，选中图表标题，切换到【开始】选项卡，在【字体】组【字体】下拉列表框中选择【微软雅黑】选项，在【字号】下拉列表框中选择【12】选项。

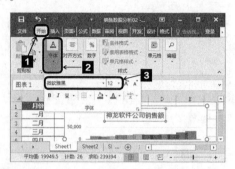

**2** 选中图表，切换到【设计】选项卡，单击【图表布局】组的【添加图表元素】按钮 ，在弹出的下拉列表框中选择【图例】选项，然后选择【无】选项。

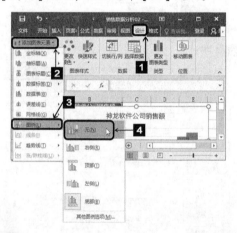

**3** 返回工作表中，此时原有的图例就被隐藏起来。

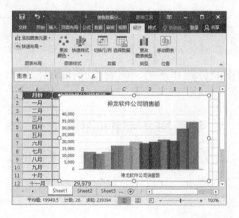

## 2. 设置图表区域格式

设置图表区域格式的具体操作步骤如下。

**1** 选中整个图表区域，然后单击鼠标右键，在弹出的快捷菜单中选择【设置图表区域格式】命令。

**2** 弹出【设置图表区格式】任务窗格，切换到【填充与线条】选项卡 ，选中【渐变填充】单选钮，然后在【渐变光圈】组合框中的【颜色】 下拉列表框中选择【其他颜色】选项。

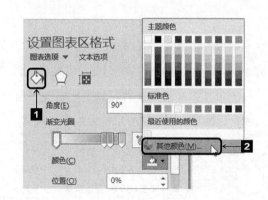

**3** 弹出【颜色】对话框，切换到【自定义】选项卡，在【颜色模式】下拉列表框中选择【RGB】选项，然后在【红色】微调框中将数据调整为"47"，在【绿色】微调框中将数据调整为"188"，在【蓝色】微调框中将数据调整为"114"。

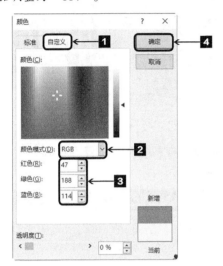

**4** 单击 确定 按钮，返回【设置图表区格式】对话框，在【角度】微调框中输入"315°"，然后单击【渐变光圈】组合框中的滑块，向右拖动滑块将渐变位置调整为"74%"。

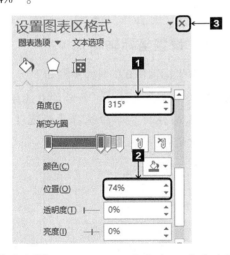

**5** 单击 × 按钮，返回工作表中，设置效果如图所示。

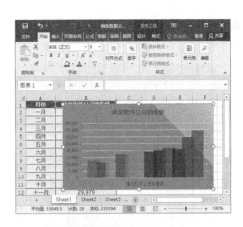

### 3. 设置绘图区格式

设置绘图区格式的具体步骤如下。

**1** 选中绘图区，然后单击鼠标右键，在弹出的快捷菜单中选择【设置绘图区格式】命令。

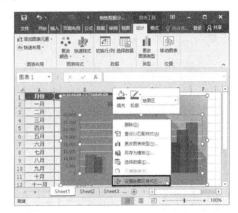

**2** 弹出【设置图表区格式】任务窗格，切换到【填充】选项卡，选中【纯色填充】单选钮，然后在【颜色】下拉列表框中选择【红色，个性色2，淡色80%】选项。

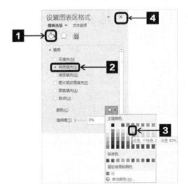

**3** 单击 ✕ 按钮返回工作表中，设置效果如图所示。

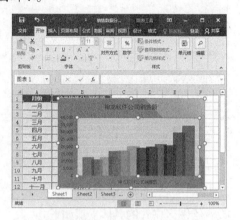

### 4. 设置数据系列格式

设置数据系列格式的具体步骤如下。

**1** 选中数据系列，然后单击鼠标右键，在弹出的快捷菜单中选择【设置数据系列格式】命令。

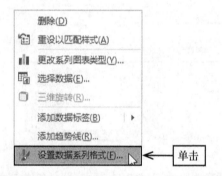

**2** 弹出【设置数据系列格式】任务窗格，切换到【系列选项】选项卡，单击【系列重叠】组合框中的滑块，左右拖动滑块将数据调整为"−45%"，然后单击【分类间距】组合框中的滑块，左右拖动滑块将数据调整为"50%"。

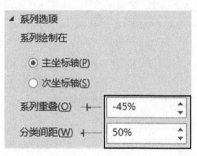

**3** 切换到【填充】选项卡，选中【纯色填充】单选钮，然后在【颜色】下拉列表框中选择【红色，个性色2，深色25%】选项。

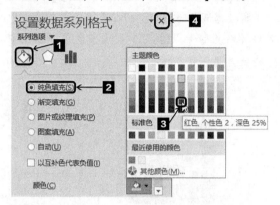

**4** 单击 ✕ 按钮，返回工作表中，设置效果如图所示。

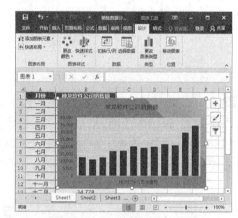

### 5. 设置坐标轴格式

设置坐标轴格式的具体步骤如下。

**1** 选中纵向坐标轴，然后单击鼠标右键，在弹出的快捷菜单中选择【设置坐标轴格式】命令。

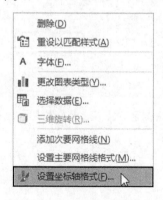

**2** 弹出【设置坐标轴格式】任务窗格，切换到【坐标轴选项】选项卡，然后将【最大值】数据调整为"35000.0"。

**3** 单击 ✕ 按钮，返回工作表中，设置效果如图所示。

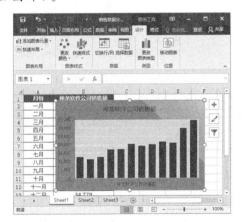

**4** 按照前面介绍的方法更改图表类型。

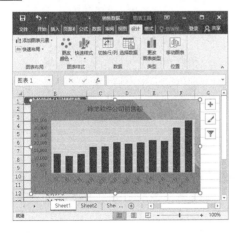

**5** 选中横向坐标轴，然后单击鼠标右键，在弹出的快捷菜单中选择【设置坐标轴格式】命令。

**6** 弹出【设置坐标轴格式】任务窗格，切换到【对齐方式】选项卡，在【文字方向】下拉列表框中选择【竖排】选项。

**7** 单击 ✕ 按钮，返回工作表中，设置效果如图所示。

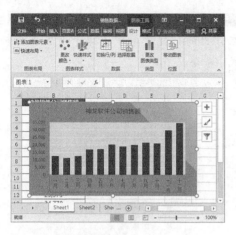

### 6. 设置网格线格式

设置网格线格式的具体步骤如下。

■1 切换到【设计】选项卡，单击【图表布局】组中的【添加图表元素】按钮，然后把鼠标指针放到【网格线】按钮上，在弹出的下拉列表框中单击【主轴主要水平网格线】。

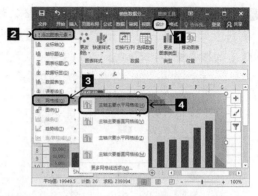

■2 此时，绘图区中的网格线就被隐藏起来了，图表美化完毕，最终效果如图所示。

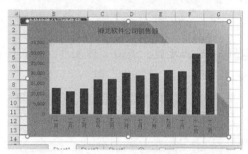

## 7.2.3 创建其他图表类型

在实际工作中，除了经常使用柱形图以外，还会用到折线图、饼图、条形图、面积图、雷达图等常见图表类型。

| 本小节原始文件和最终效果所在位置如下。 | |
| --- | --- |
| 原始文件 | 原始文件\第7章\销售数据分析03.xlsx |
| 最终效果 | 最终效果\第7章\销售数据分析04.xlsx |

创建其他图表类型的具体步骤如下。

■1 重新选中单元格区域A1:B13，然后插入一个带数据标记的折线图并进行美化，效果如图所示。

神龙软件公司销售额

■2 重新选中单元格区域A1:B13，然后插入一个三维饼图并进行美化，效果如图所示。

神龙软件公司销售额

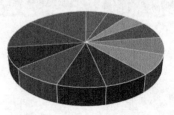

■3 重新选中单元格区域A1:B13，然后插入一个二维簇状条形图并进行美化，效果如图所示。

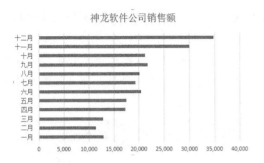

神龙软件公司销售额

**4** 重新选中单元格区域A1:B13，然后插入
一个三维面积图并进行美化，效果如图所示。

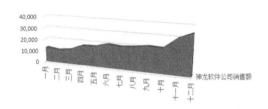

神龙软件公司销售额

**5** 重新选中单元格区域A1:B13，然后插入
一个填充雷达图并进行美化，效果如图所示。

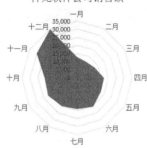

神龙软件公司销售额

# 7.3 特殊制图

在日常办公中，用户除了直接插入常见图表以外，还可以进行特殊制
图，如巧用QQ图片美化图库、制作温度计型图表、波士顿矩阵图、人口金
字塔分布图、任务甘特图、气泡图和瀑布图等。

## 7.3.1 巧用QQ图片

Excel的图表不但可以使用形状和颜色来修饰数据标记，还可以使用QQ图片等特定图片。使用
与图表内容相关的图片替换数据标记，能够制作更加生动、可爱的图表。

| 本小节原始文件和最终效果所在位置如下。 | |
| --- | --- |
| 原始文件 | 原始文件\第7章\巧用QQ图片01.xlsx |
| 最终效果 | 最终效果\第7章\巧用QQ图片02.xlsx |

在图表中使用QQ图片的具体步骤如下。

**1** 打开本实例的原始文件，在工作表中插
入一些可爱的QQ图片。

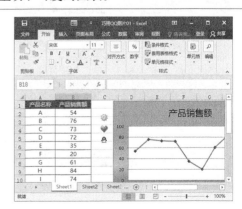

**2** 选中"心形"图片，单击鼠标右键，在弹出的快捷菜单中选择【复制】命令。

**3** 单击其中的任意一个数据标记，即可选中整个系列的数据标记。

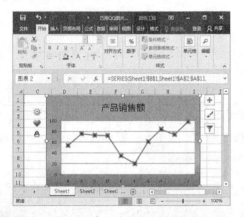

**4** 按下【Ctrl】+【V】组合键，即可将图片粘贴到数据标记上。

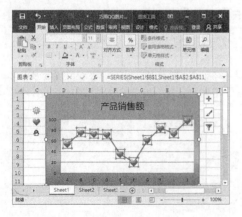

**5** 如果用户要替换其中的单个数据标记，可以首先复制一个"QQ"图片，然后两次间断单击要替换的数据标记即可将其选中，按下【Ctrl】+【V】组合键，即可将图片替换到该数据标记上。

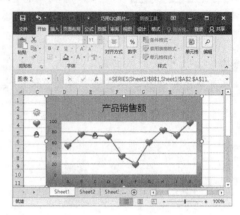

**6** 使用同样的方法，替换其他数据标记即可。

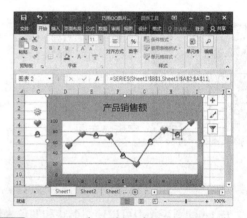

**7** 除了可以在折线图中使用QQ图片，还可以在柱形图中使用QQ图片。首先复制"太阳"图片，然后选中数据系列。

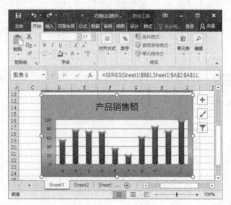

**8** 按下【Ctrl】+【V】组合键，效果如图所示。

**9** 选中整个柱形图，然后单击鼠标右键，在弹出的快捷菜单中选择【设置数据系列格式】命令。

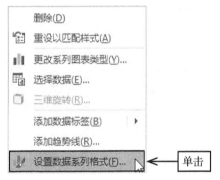

**10** 弹出【设置数据系列格式】任务窗格，切换到【系列选项】选项卡，选中【填充与线条】按钮，然后在【填充】组中选中【层叠】单选钮。

**11** 设置完毕，单击 ✕ 按钮，返回工作表中，最终效果如图所示。

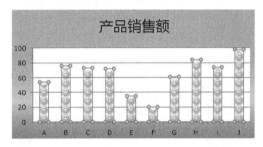

**12** 也可以使用同样的方法，为柱形图应用其他QQ图片，设置完毕，效果如图所示。

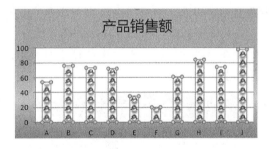

## 7.3.2 制作温度计型图表

温度计型图表可以动态地显示某项工作完成的百分比，形象地反映出某项目的工作进度或某些数据的增长趋势。

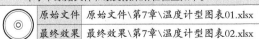

| 本小节原始文件和最终效果所在位置如下。 | |
| --- | --- |
| 原始文件 | 原始文件\第7章\温度计型图表01.xlsx |
| 最终效果 | 最终效果\第7章\温度计型图表02.xlsx |

制作温度计型图表的具体步骤如下。

**1** 打开本实例的原始文件，选中单元格区域C3:D3，切换到【插入】选项卡，单击【图表】组中的【插入柱形图】按钮，在弹出的下拉列表框中选择【堆积柱形图】选项。

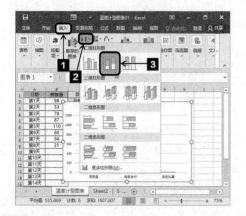

**2** 此时在工作表中插入了一个堆积柱形图。

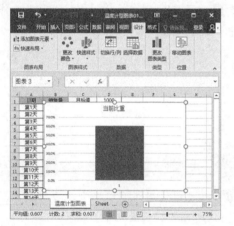

**3** 选中图表，切换到【设计】选项卡，单击【图表布局】组中的【添加图表元素】按钮，在弹出的下拉列表框中选择【图例】➢【无】选项。

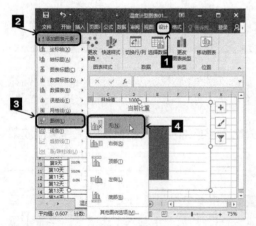

**4** 单击【添加图表元素】按钮，在弹出的下拉列表框中选择【坐标轴】➢【主要横坐标轴】选项。

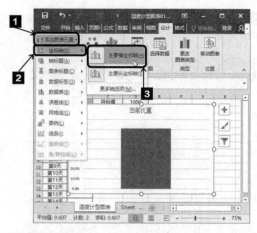

**5** 单击【添加图表元素】按钮，在弹出的下拉列表框中选择【网格线】➢【主轴主要水平网格线】选项。

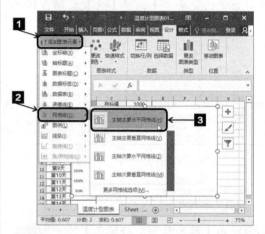

**6** 返回工作表中，将图表标题的字体格式设置为"微软雅黑、16号、绿色、加粗"，设置效果如图所示。

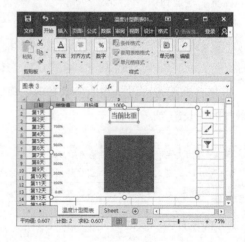

**7** 选中纵向坐标轴，然后单击鼠标右键，在弹出的快捷菜单中选择【设置坐标轴格式】命令。

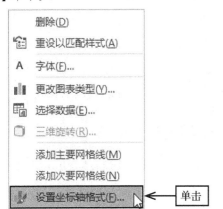

**8** 弹出【设置坐标轴格式】任务窗格，切换到【坐标轴选项】选项卡，选中【最大值】选项，将数据调整为"1.0"。

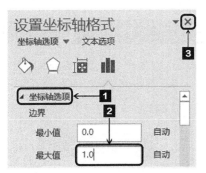

**9** 单击 ✕ 按钮，返回工作表中，设置效果如图所示。

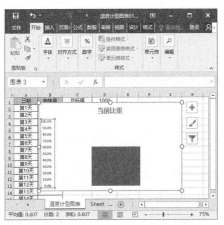

**10** 选中数据系列，然后单击鼠标右键，在弹出的快捷菜单中选择【设置数据系列格式】命令。

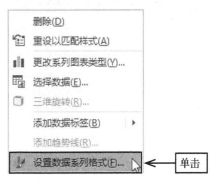

**11** 弹出【设置数据系列格式】任务窗格，切换到【系列选项】选项卡，单击【系列重叠】组合框中的滑块，左右拖动滑块将数据调整为"100%"，然后单击【分类间距】组合框中的滑块，将数据调整为".00%"。

**12** 切换到【填充】选项卡，选中【图案填充】单选钮，然后在【颜色】下拉列表框中选择【橙色，个性色6,25%】选项，在【图案】组合框中【横虚线】选项。

**13** 单击 × 按钮，返回工作表中，设置效果如图所示。

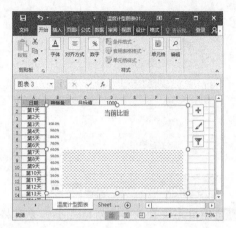

**14** 选中绘图区，在【图表工具】栏中，切换到【格式】选项卡，单击【形状样式】组中的【形状轮廓】按钮 ☑形状轮廓·，在弹出的下拉列表框中选择【红色】选项。

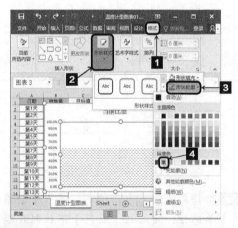

**15** 选中绘图区，然后单击鼠标右键，在弹出的快捷菜单中选择【设置绘图区格式】命令。

**16** 弹出【设置绘图区格式】对话框，切换到【填充】选项卡，选中【纯色填充】单选钮，然后在【颜色】下拉列表框中选择【深红】选项。

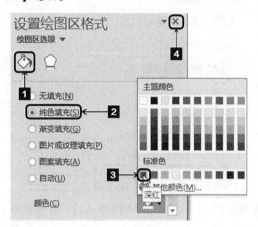

**17** 单击 × 按钮，返回工作表中，设置效果如图所示。

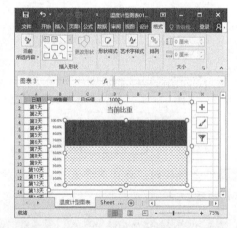

**18** 选中整个图表，此时图表区的四周会出现8个控制点，将鼠标指针移动到图表的右下角，此时鼠标指针变成 ↖ 形状，按住鼠标左键向上、下、左、右进行拖动。

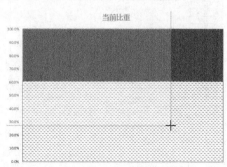

**19** 使用同样的方法，选中整个绘图区，拖动到合适的位置释放鼠标左键即可。设计完毕，温度计型图表的最终效果如图所示。

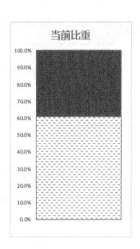

## 提示

使用温度计型图表，能够动态地显示某项工程完成的百分比，形象地反映出某项目的工作进度或某些数据的增长趋势。

## 7.3.3 制作波士顿矩阵图

波士顿矩阵图又称为成长—份额矩阵图，它以矩阵的形式，将企业的所有产品业务标注出来，其中纵坐标轴为市场成长率，横坐标轴为各产品的相对市场份额。波士顿矩阵图包括四象图、九宫图等，主要用来将企业所有产品从销售增长率和市场占有率的角度进行再组合、再分析，以实现企业产品结构的互相支持和企业资金的良性循环。

本小节原始文件和最终效果所在位置如下。

| 素材文件 | 素材文件\第7章\九宫图.JPG |
| --- | --- |
| 原始文件 | 原始文件\第7章\波士顿矩阵图01.xlsx |
| 最终效果 | 最终效果\第7章\波士顿矩阵图02.xlsx |

制作波士顿矩阵图的具体步骤如下。

**1** 打开本实例的原始文件，使用矩形框或文本框功能能创建一个红、黄、蓝三色的九宫模块，然后将其设置为图片并保存到合适的位置。

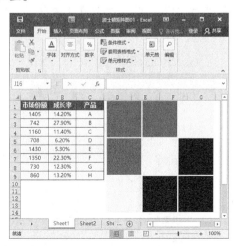

**2** 选中单元格区域A2:C9，切换到【插入】选项卡，单击【图表】组中的按钮，在弹出的下拉列表中选择【气泡图】选项。

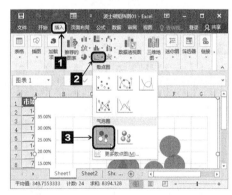

**3** 此时，工作表中插入了一个气泡图，选中该图表，在【图表工具】栏中，切换到【设计】选项卡，单击【添加图表元素】组中的【图例】按钮，在弹出的下拉列表中选择【无】选项，设置效果如图所示。

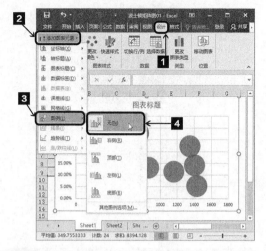

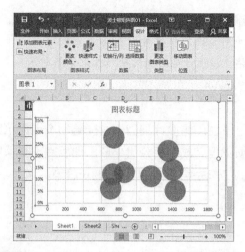

**4** 选中纵向坐标轴，然后单击鼠标右键，在弹出的快捷菜单中选择【设置坐标轴格式】命令。

**7** 选中横向坐标轴，然后单击鼠标右键，在弹出的快捷菜单中选择【设置坐标轴格式】命令。

**5** 弹出【设置坐标轴格式】任务窗格，切换到【坐标轴选项】选项卡，在【数字】组中的【类别】下拉列表框中选择【百分比】选项，在【小数位数】文本框中输入"0"。

**8** 弹出【设置坐标轴格式】任务窗格，切换到【坐标轴选项】选项卡，在【坐标轴选项】组中的【最小值】文本框中将数值调整为"500.0"，在【最大值】文本框中将数值调整为"1700.0"，然后在【主要】文本框中将数值调整为"200.0"。

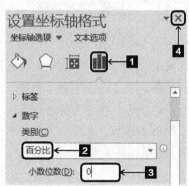

**6** 设置完毕，单击 ✕ 按钮，返回工作表中，效果如图所示。

**9** 设置完毕，单击 ✕ 按钮，返回工作表中，效果如图所示。

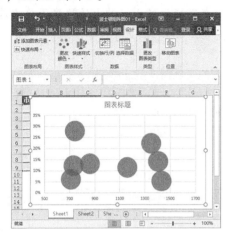

**10** 选中图表，在【图表工具】栏中，切换到【设计】选项卡，单击【添加图表元素】按钮，在弹出的下拉列表框中选择【图表标题】➤【图表上方】选项。

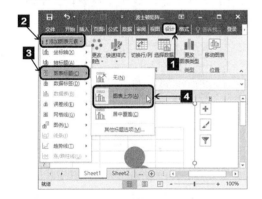

**11** 此时，在图表的上方插入了一个图表标题文本框，然后将其修改为"波士顿矩阵图"并进行字体设置，效果如图所示。

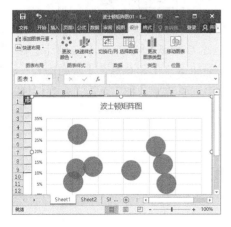

**12** 在【图表工具】栏中，切换到【设计】选项卡，单击【添加图表元素】按钮，在弹出的下拉列表框中选择的【网格线】➤【主轴主要水平网格线】选项，此时即可隐藏横向网格线。

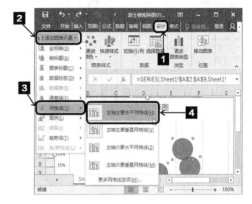

**13** 选中数据系列，然后单击鼠标右键，在弹出的快捷菜单中选择【设置数据系列格式】命令。

**14** 弹出【设置数据系列格式】任务窗格，切换到【系列选项】选项卡，在【大小表示】组合框中选中【气泡面积】单选钮，在【缩放气泡大小为】文本框中输入"45"。

**15** 切换到【填充】选项卡，选中【纯色填充】单选钮，然后在【颜色】下拉列表框中选择【蓝色】选项。

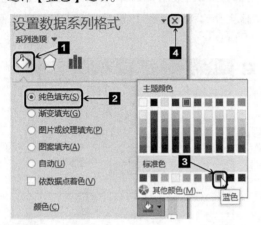

**16** 设置完毕，单击 ✕ 按钮，返回工作表中，效果如图所示。

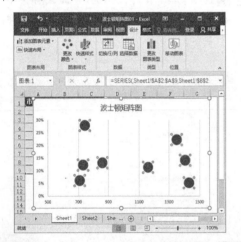

**17** 选中数据系列，然后单击鼠标右键，在弹出的快捷菜单中选择【添加数据标签】命令。

**18** 此时数据标签以"百分比"的默认形式添加到了图表中，选中所有数据标签，然后单击鼠标右键，在弹出的快捷菜单中选择【设置数据标签格式】命令。

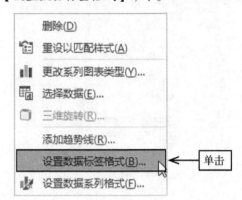

**19** 弹出【设置数据标签格式】任务窗格，切换到【标签选项】选项卡，在【标签包括】组合框中撤选【Y值】复选框并选中【气泡大小】复选框，然后在【标签位置】组合框中选中【居中】单选钮。

**20** 设置完毕，单击 ✕ 按钮，返回工作表中，然后切换到【开始】选项卡，在【字体】组中单击【字体颜色】按钮 A ▼，在弹出的下拉列表框中选择【白色，背景1】选项。

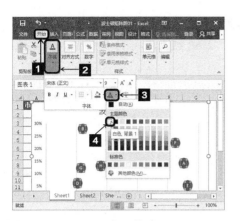

**21** 双击绘图区，弹出【设置绘图区格式】任务窗格，切换到【填充】选项卡，选中【图片或纹理填充】单选钮，然后在【插入图片来自】组合框中单击 文件(F)... 按钮。

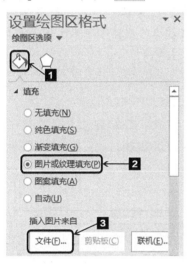

**22** 弹出【插入图片】对话框，从中选择合适的图片，如选择"九宫图.JPG"。

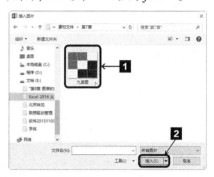

**23** 单击 插入(S) 按钮，返回【设置绘图区格式】任务窗格，然后单击 ✖ 按钮，返回工作表中。波士顿矩阵图的最终效果如图所示。

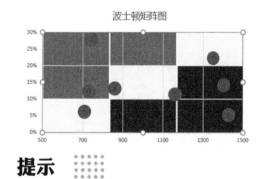

**提示**

通过波士顿矩阵图，能够直观地展现企业所有产品的市场成长率和相对市场份额，为实现企业产品结构优化和企业资金的良性循环提供有力的数据支持。

## 7.3.4 制作人口金字塔分布图

人口金字塔分布图是按人口年龄和性别表示人口分布的特种塔状条形图，能形象地表示某一人群的年龄和性别构成。水平条代表每一年龄组男性和女性的数字或比例，金字塔中各个年龄性别组的人口相加构成了总人口。

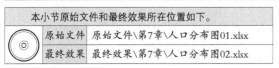

制作人口金字塔分布图的具体步骤如下。

**1** 打开本实例的原始文件，选中单元格区域A1:C11，切换到【插入】选项卡，单击【图表】组中的【插入柱形图或条形图】按钮 ，在弹出的下拉列表框中选择【簇状条形图】选项。

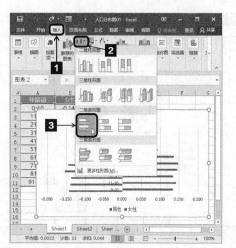

**2** 此时工作表中插入了一个簇状条形图，选中纵向坐标轴，单击鼠标右键，在弹出的快捷菜单中选择【设置坐标轴格式】命令。

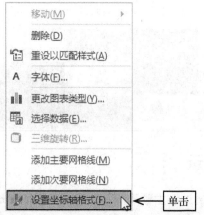

**3** 弹出【设置坐标轴格式】任务窗格，切换到【坐标轴选项】选项卡，在【标签】组中【标签位置】下拉列表框中选择【低】选项。

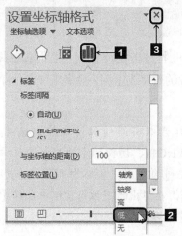

**4** 设置完毕后单击 ✕ 按钮，返回工作表中，此时纵向坐标轴就移动到了图表的左侧。

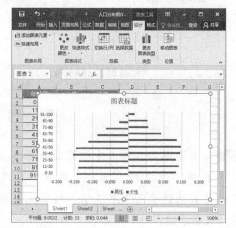

**5** 选中"女性"系列，然后单击鼠标右键，在弹出的快捷菜单中选择【设置数据系列格式】命令。

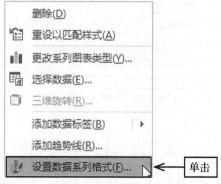

**6** 弹出【设置数据系列格式】任务窗格，切换到【系列选项】选项卡，单击【系列重叠】组合框中滑块，左右拖动滑块将数据调整为"100%"，然后单击【分类间距】组合框中的滑块，左右拖动滑块将数据调整为".00%"。

**7** 切换到【填充】选项卡，选中【纯色填充】单选钮，然后在【颜色】下拉列表框中选择【绿色】选项。

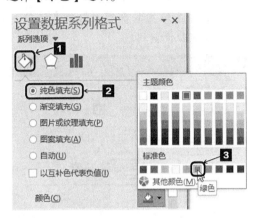

**8** 切换到【边框】选项卡，选中【实线】单选钮，然后在【颜色】下拉列表框中选择【黑色，文字1】选项。

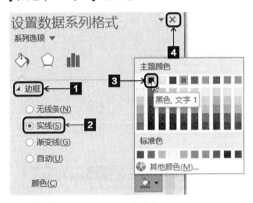

**9** 设置完毕，单击 ✕ 按钮，返回工作表中，效果如图所示。

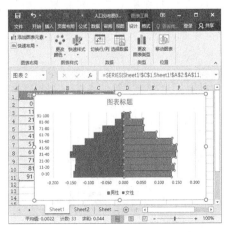

**10** 使用同样的方法将"男性"系列设置为黑色实线边框，并将其填充为蓝色。

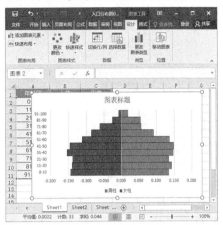

**11** 选中横向坐标轴，然后单击鼠标右键，在弹出的快捷菜单中选择【设置坐标轴格式】命令。

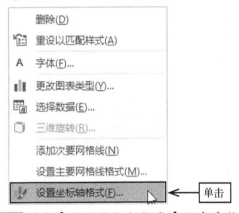

**12** 弹出【设置坐标轴格式】任务窗格，切换到【坐标轴选项】选项卡，选中【单位】标签下的【主要】选项，将数据调整为"0.1"。

**13** 切换到【数字】选项卡，在【类别】下拉列表框中选择【数字】选项，然后在【小数位数】微调中输入"1"。

**14** 设置完毕，单击 ✕ 按钮，返回工作表中，效果如图所示。

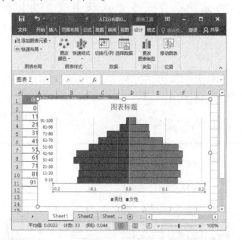

**15** 为图表添加标题"人口金字塔"，然后将图表标题、坐标轴值和图例的字体格式设置为"微软雅黑"。

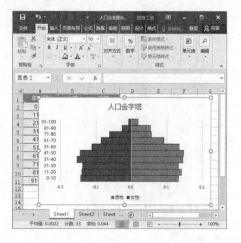

**16** 选中整个图表，在【图表工具】栏中，切换到【设计】选项卡，单击【添加图表元素】按钮，在弹出的下拉列表框中选择【网格线】➤【主轴主要垂直网格线】选项，此时即可隐藏纵向网格线。

**17** 选中整个绘图区，然后单击鼠标右键，在弹出的快捷菜单中选择【设置绘图区格式】命令。

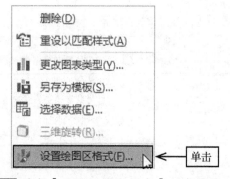

**18** 弹出【设置绘图区格式】任务窗格，切换到【填充】选项卡，选中【图案填充】单选钮，然后在【前景】下拉列表框中选择【紫色】选项，在【图案】组合框中选择【5%】选项。

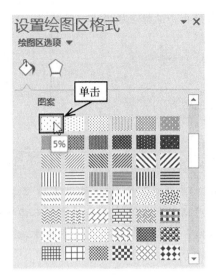

**19** 设置完毕，单击 ✕ 按钮，返回工作表中，然后选中整个图表区域，单击鼠标右键，在弹出的快捷菜单中选择【设置图表区域格式】命令。

**20** 弹出【设置图表区格式】任务窗格，切换到【填充】选项卡，选中【渐变填充】单选钮，然后在【预设渐变】下拉列表框中选择【中等渐变－个性色3】选项。

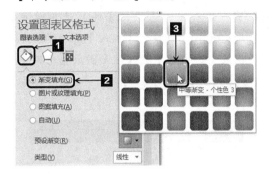

**21** 设置完毕，单击 ✕ 按钮，返回工作表中，人口金字塔的最终效果如图所示。

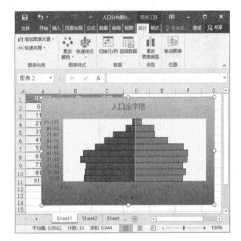

**提示**

通过人口金字塔分布图，不但能够形象地展示某一人群的年龄和性别构成，还可以清晰地反映每一年龄组男性和女性的数字或比例。

## 7.3.5 制作任务甘特图

甘特图实际上是一种悬浮式的条形图，它是以图示的方式，通过活动列表和时间刻度，形象地表示出任何特定项目的活动顺序与持续时间，它是用于项目管理的主要图表之一。

| | | |
|---|---|---|
|  | 本小节原始文件和最终效果所在位置如下。 | |
| | 原始文件 | 原始文件\第7章\任务甘特图01.xlsx |
| | 最终效果 | 最终效果\第7章\任务甘特图02.xlsx |

制作任务甘特图的具体步骤如下。

**1** 打开本实例的原始文件，选中单元格区域A2:C10，切换到【插入】选项卡，单击【图表】组中的【插入柱形图或条形图】按钮，在弹出的下拉列表框中选择【堆积条形图】选项。

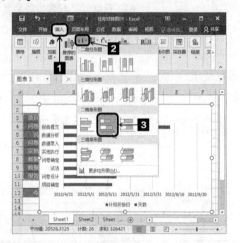

**2** 此时，工作表中插入了一个堆积条形图，选中该图表，然后单击鼠标右键，在弹出的快捷菜单中选择【选择数据】命令。

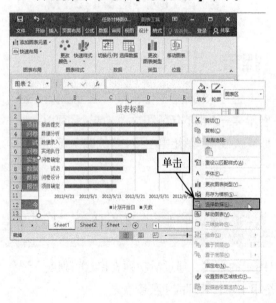

**3** 弹出【选择数据源】对话框。

**4** 单击 添加(A) 按钮，弹出【编辑数据系列】对话框，在【系列名称】文本框中输入"直线"，在【系列值】文本框中输入引用"={10,0}"。

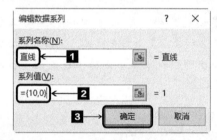

**5** 设置完毕，单击 确定 按钮，返回【选择数据源】对话框。

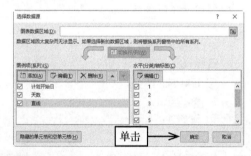

**6** 单击 确定 按钮，返回工作表，设置效果如图所示。

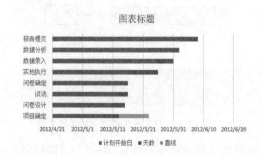

7　选中"直线"系列，然后单击鼠标右键，在弹出的快捷菜单中选择【更改系列图表类型】命令。

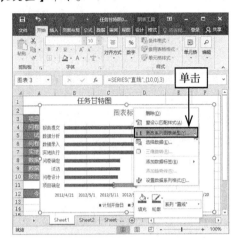

8　弹出【更改图表类型】对话框，在【为您的数据系列选择图表类型和轴】组中的【系列名称】为【直线】后的【图表类型】文本框中选择要更改为的图表类型，如选择【带直线的散点图】选项。

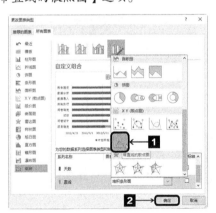

9　单击 确定 按钮，返回工作表，设置效果如图所示。

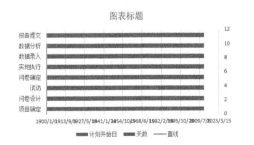

10　选中整个图表，单击鼠标右键，在弹出的快捷菜单中选择【选择数据】命令。

11　弹出【选择数据源】对话框，选中"直线"系列，然后单击 编辑(E) 按钮。

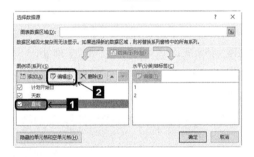

12　弹出【编辑数据系列】对话框，在【X轴系列值】文本框中输入引用"=(Sheet1!$B$12,Sheet1!$B$12)"。

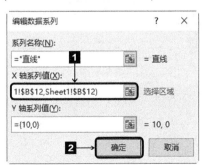

**13** 单击 ▭确定 按钮，返回【选择数据源】对话框。

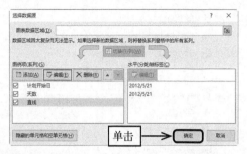

**14** 单击 ▭确定 按钮，返回工作表中，设置效果如图所示。

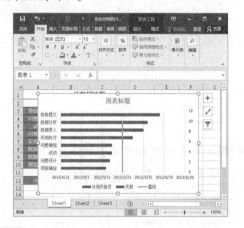

**15** 选中纵向主坐标轴，然后单击鼠标右键，在弹出的快捷菜单中选择【设置坐标轴格式】命令。

**16** 弹出【设置坐标轴格式】任务窗格，切换到【坐标轴选项】选项卡，选中【逆序类别】复选框，然后在【刻度线】组中的【主要类型】下拉列表框中选择【内部】选项。

**17** 设置完毕，单击【关闭】按钮×，返回工作表，选中纵向次坐标轴，然后单击鼠标右键，在弹出的快捷菜单中选择【设置坐标轴格式】命令。

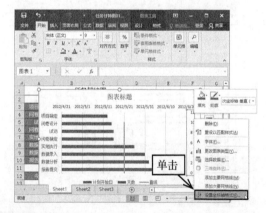

**18** 弹出【设置坐标轴格式】任务窗格，切换到【坐标轴选项】选项卡，在【边界】组合框中的【最大值】文本框中输入"10.0"，然后在【刻度线】组中的【主要类型】下拉列表框中选择【内部】选项。

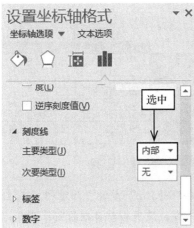

**19** 设置完毕，单击【关闭】按钮 ✕ ，返回工作表，选中"计划开始日"系列，然后单击鼠标右键，在弹出的快捷菜单中选择【设置数据系列格式】命令。

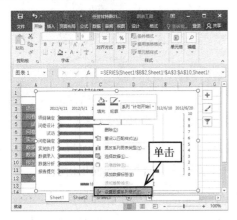

**20** 弹出【设置数据系列格式】任务窗格，切换到【系列选项】选项卡，单击【系列重叠】组合框中的滑块，左右拖动滑块将数据调整为"100%"，然后单击【分类间距】组合框中的滑块，左右拖动滑块将数据调整为".00%"。

**21** 切换到【填充】选项卡，选中【无填充】单选钮。

**22** 设置完毕，单击【关闭】按钮 ✕ ，返回工作表，设置效果如图所示。

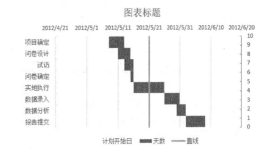

**23** 将绘图区填充为"橙色，个性色6，淡色60%"，将"天数"系列填充为"紫色"，效果如图所示。

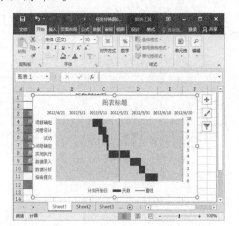

**24** 选中"直线"系列，在【图表工具】栏中，切换到【格式】选项卡，在【形状样式】组中单击【形状轮廓】按钮 ☑形状轮廓▾，在弹出的下拉列表框中选择【红色】选项。

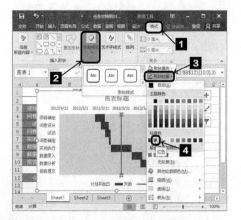

**25** 设置完毕，最终效果如图所示。

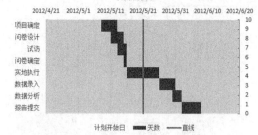

**26** 任务甘特图制作完毕，如果当前日期发生变化，此时，任务甘特图中表示项目进度的直线也会随之变化，如将当前日期更改为"2012/6/2"。

| | A | B | C | D |
|---|---|---|---|---|
| 1 | | 任务甘特图 | | |
| 2 | | 计划开始日 | 天数 | 计划结束日 |
| 3 | 项目确定 | 2012/5/8 | 5 | 2012/5/13 |
| 4 | 问卷设计 | 2012/5/11 | 4 | 2012/5/15 |
| 5 | 试访 | 2012/5/13 | 3 | 2012/5/16 |
| 6 | 问卷确定 | 2012/5/15 | 1 | 2012/5/16 |
| 7 | 实地执行 | 2012/5/16 | 10 | 2012/5/26 |
| 8 | 数据录入 | 2012/5/26 | 5 | 2012/5/31 |
| 9 | 数据分析 | 2012/5/30 | 3 | 2012/6/2 |
| 10 | 报告提交 | 2012/6/2 | 6 | 2012/6/8 |
| 11 | | | | |
| 12 | 今天 | 2012/6/2 | | |
| 13 | | | | |

**27** 按下【Enter】键，此时即可通过任务甘特图清晰地展现当前日期的项目进度。

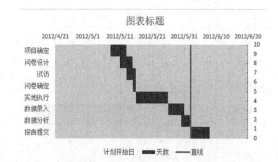

## 7.3.6 制作瀑布图

瀑布图是指通过巧妙的设置，使图表中数据点的排列形状看似瀑布。这种效果的图形能够在反映数据多少的同时，直观地反映出数据的增减变化，在工作表中具有很强的使用价值。

| 本小节原始文件和最终效果所在位置如下。 | |
|---|---|
| 原始文件 | 原始文件\第7章\瀑布图01.xlsx |
| 最终效果 | 最终效果\第7章\瀑布图02.xlsx |

制作瀑布图的具体步骤如下。

**1** 打开本实例的原始文件，某产品销售量走势的相关数据如图所示。

| | A | B | C | D | E | F | G |
|---|---|---|---|---|---|---|---|
| 1 | 某产品销售量走势 | | | | | | |
| 2 | | 1月 | 2月 | 3月 | 4月 | 5月 | 6月 |
| 3 | 销售量 | 245 | 317 | 220 | 300 | 433 | 280 |

**2** 对数据进行加工和处理，然后制作辅助数据，计算销售量的月变化值、起点和终点值、占位值、正数序列和负数序列，效果如图所示。

| | A | B | C | D | E | F | G | H |
|---|---|---|---|---|---|---|---|---|
| 1 | 某产品销售量走势 | | | | | | | |
| 2 | | 1月 | 2月 | 3月 | 4月 | 5月 | 6月 | |
| 3 | 销售量 | 245 | 317 | 220 | 300 | 433 | 280 | |
| 4 | 辅助数据 | | | | | | | |
| 5 | 变化值 | | 72 | -97 | 80 | 133 | -153 | |
| 6 | | 1月 | 2月 | 3月 | 4月 | 5月 | 6月 | 当前值 |
| 7 | 起点终点值 | 245 | | | | | | 280 |
| 8 | 占位值 | | 245 | 220 | 220 | 300 | 280 | |
| 9 | 正数序列 | | 72 | | 80 | 133 | | |
| 10 | 负数序列 | | | 97 | | | 153 | |

**3** 如果要查看相关公式，切换到【公式】选项卡，在【公式审核】组中单击【显示公式】按钮 显示公式 。

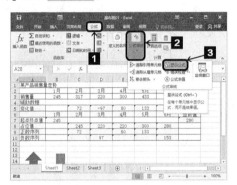

**4** 此时，即可查看辅助数据计算时用到的相关公式，查看完毕，在【公式审核】组中再次单击【显示公式】按钮 显示公式 即可。

| | C | D | E | F | G |
|---|---|---|---|---|---|
| | 2月 | 3月 | 4月 | 5月 | 6月 |
| | 317 | 220 | 300 | 433 | 280 |
| | =C3-B3 | =D3-C3 | =E3-D3 | =F3-E3 | =G3-F3 |
| | 2月 | 3月 | 4月 | 5月 | 6月 |
| | =IF(C5>0,C3,B3) | =IF(D5<0,D3,C3) | =IF(E5>0,E3,D3) | =IF(F5>0,F3,E3) | =IF(G5>0,C3,F3) |
| | =IF(C5>0,C5,"") | =IF(D5>0,D5,"") | =IF(E5>0,E5,"") | =IF(F5>0,F5,"") | =IF(G5>0,G5,"") |
| | =IF(C5<0,-C5,"") | =IF(D5<0,-D5,"") | =IF(E5<0,-E5,"") | =IF(F5<0,-F5,"") | =IF(G5<0,-G5,"") |

**5** 选中单元格区域A6:H10，切换到【插入】选项卡，单击【图表】组中的【插入柱形图或条形图】按钮 ，在弹出的下拉列表框中选择【堆积柱形图】选项。

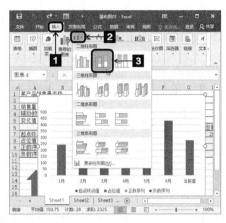

**6** 此时即可在工作表中插入一个堆积柱形图，然后选中整个图表，单击鼠标右键，在弹出的快捷菜单中选择【选择数据】命令。

**7** 弹出【选择数据源】对话框，然后单击 添加(A) 按钮。

**8** 弹出【编辑数据系列】对话框，在【系列名称】文本框中输入"销售量"，在【系列值】文本框中输入引用"=Sheet1!$B$3:$G$3"。

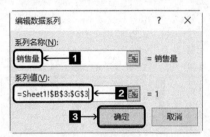

**9** 设置完毕，单击 确定 按钮，返回【选择数据源】对话框。

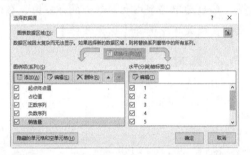

**10** 单击 确定 按钮，返回工作表，此时，即可将数据系列"销售量"添加到图表中。然后选中数据系列"销售量"并单击右键，在弹出的快捷菜单中选择【更改系列图表类型】命令。

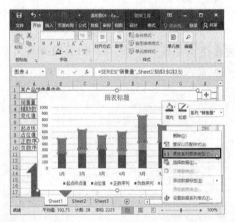

**11** 弹出【更改图表类型】对话框，然后在【为您的数据系列选择图表类型和轴】组合框中【销售量】后的文本框中选择【散点图】选项。

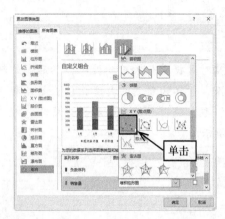

**12** 单击 确定 按钮，返回工作表，数据系列"销售量"的图表类型就变成了"散点图"。选中该散点图，在【图表工具】栏中，切换到【设计】选项卡，单击【添加图表元素】按钮，在弹出的下拉列表中选择【误差线】▶【标准误差】选项。

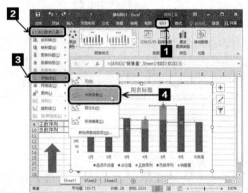

**13** 选中插入的垂直误差线，然后单击鼠标右键，在弹出的快捷菜单中选择【删除】命令。

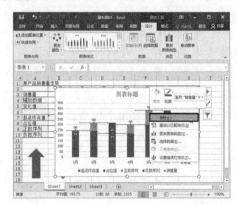

**14** 此时即可删除垂直误差线，然后选中水平误差线，单击鼠标右键，在弹出的快捷菜单中选择【设置错误栏格式】命令。

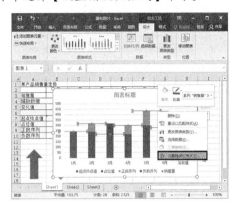

**15** 弹出【设置误差线格式】任务窗格，切换到【水平误差线】选项卡，然后选中【正偏差】和【无线端】单选钮。

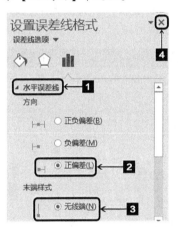

**16** 设置完毕，单击 ✕ 按钮，返回工作表中，效果如图所示。

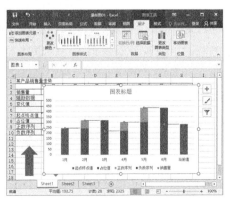

**17** 用插入形状的方法绘制两个箭头，然后将其填充为"红色"和"绿色"。

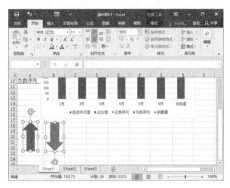

**18** 选中红色箭头，然后单击鼠标右键，在弹出的快捷菜单中选择【复制】命令。

**19** 选中正数序列，然后按下【Ctrl】+【V】组合键，此时，即可将选中的数据系列的图表格式替换为红色箭头。

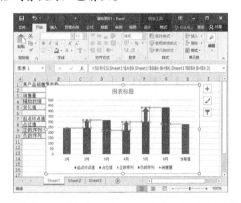

**20** 使用同样的方法，将负数序列的图表格式替换为绿色箭头。

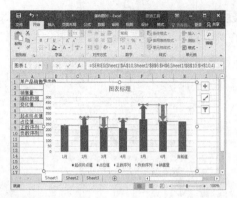

**21** 选中占位值序列，然后单击鼠标右键，在弹出的快捷菜单中选择【设置数据系列格式】命令。

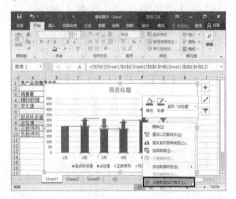

**22** 弹出【设置数据系列格式】任务窗格，切换到【填充】对话框，然后选中【无填充】单选钮。

**23** 设置完毕，单击【关闭】按钮 ✕，返回工作表中，此时即可将占位值系列的图表隐藏起来。然后为图表添加标题，并进行格式设置，设置完毕的效果如图所示。

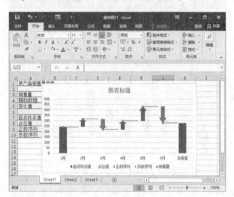

**24** 使用之前介绍的方法，为图表中的正数序列、负数序列、销售量添加数据标签，并设置数据标签格式，设置完毕，瀑布图的最终效果如图所示。

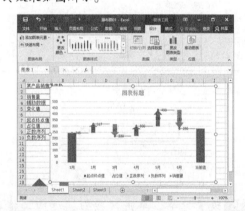

## 提示 • • • • • •

通过瀑布图，能够在反映每月销售数据多少的同时，直观地反映出每月销售数据的增减变化，为企业的销售管理和决策提供可靠的数据参考。

# 7.4 动态制图

使用Excel 2016提供的函数功能和窗体控件功能，用户可以制作各种动态图表。

## 7.4.1 选项按钮制图

使用选项按钮和【OFFSET】函数可以制作简单的动态图表。【OFFSET】函数的功能是提取数据，它以指定的单元为参照，偏移指定的行、列数，返回新的单元引用。

【OFFSET】函数的格式为：OFFSET(reference,rows,cols,height,width)。reference作为偏移量参照系的引用区域；rows相对于偏移量参照系的左上角单元格，上（下）偏移的行数；cols相对于偏移量参照系的左上角单元格，左（右）偏移的列数；height表示高度，即所要返回的引用区域的行数；width表示宽度，即所要返回的引用区域的列数。

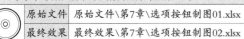

本小节原始文件和最终效果所在位置如下。

| | |
|---|---|
| 原始文件 | 原始文件\第7章\选项按钮制图01.xlsx |
| 最终效果 | 最终效果\第7章\选项按钮制图02.xlsx |

例如，某公司要统计产品X和产品Y的销售情况，这两种产品的销售区域相同，不同的只是它们的销售量。接下来在Excel中制作一个动态图表，通过选项按钮来选择图表要显示的数据。

使用选项按钮进行动态制图的具体步骤如下。

**1** 打开本实例的原始文件，选中单元格E2，输入公式"=A2"，然后将公式填充到单元格区域E3:E7中。

**2** 在单元格G1中输入"1"，在单元格F1中输入函数公式"=OFFSET(A1,0,$G$1)"，然后将公式填充到单元格区域F2:F7中。该公式表示"找到同一行且从单元格A1偏移到一列的单元格区域，返回该单元格区域的值"。

**3** 对单元格区域E1:G7进行格式设置，效果如图所示。

**4** 选中单元格区域E1:F7，切换到【插入】选项卡，单击【图表】组中的【插入柱形图或条形图】按钮，在弹出的下拉列表框中选择【簇状柱形图】选项。

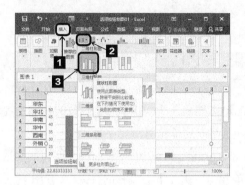

**5** 此时，工作表中插入了一个簇状柱形图。然后对其进行大小和位置的调整并美化，效果如图所示。

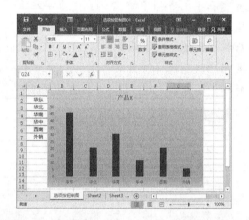

**6** 如果用户没有添加"开发工具"选项卡，可以在电子表格窗口中，单击 文件 按钮，在弹出的下拉菜单中选择【选项】命令。

**7** 弹出【Excel 选项】对话框，选择【自定义功能区】选项，在【自定义功能区】下拉列表中选择【主选项卡】选项，在下方的【主选项卡】列表框中单击【开发工具】复选框，然后单击 确定 按钮即可。

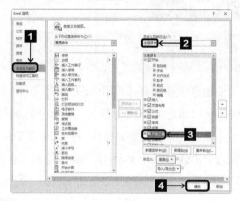

**8** 切换到【开发工具】选项卡，单击【控件】组中的【插入控件】按钮，在弹出的下拉列表框中选择【选项按钮（窗体控件）】选项。

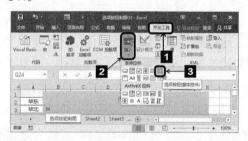

**9** 此时鼠标指针变成＋形状，在工作表中单击鼠标即可插入一个选项按钮。

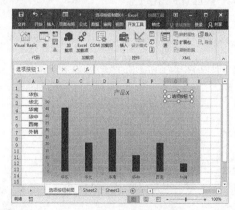

**10** 由于此时控件处于设计模式下，因此按下【Ctrl】键即可选中该选项按钮，然后将其重命名为"产品X"。

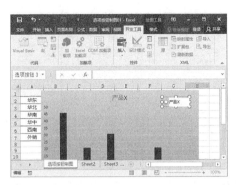

**11** 使用同样的方法再次插入一个选项按钮，然后将其重命名为"产品Y"。

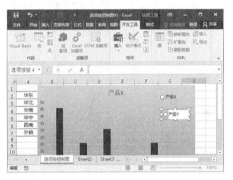

**12** 按下【Ctrl】键选中"产品X"按钮，然后单击鼠标右键，在弹出的快捷菜单中选择【设置控件格式】命令。

**13** 弹出【设置控件格式】对话框，切换到【控制】选项卡，单击【单元格链接】文本框右侧的【折叠】按钮。

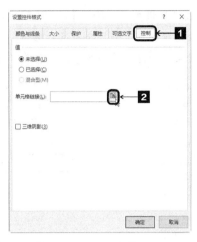

**14** 弹出【设置控件格式】对话框，在工作表中选中单元格G1。

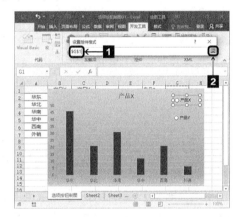

**15** 单击对话框右侧的【打开】按钮，返回【设置对象格式】对话框，然后单击 确定 按钮即可，同时"产品Y"按钮也会引用此单元格。

**16** 在设置模式下，按住【Ctrl】键的同时选中两个选项按钮，然后单击鼠标右键，在弹出的快捷菜单中选择【组合】➤【组合】命令。

**17** 此时两个选项按钮就组合成了一个对象整体，然后将其移动到合适的位置。

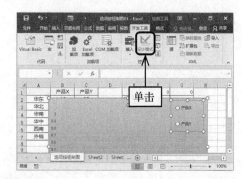

**18** 设置完毕，单击【设计模式】按钮 退出设计模式，选中其中任意一个选项按钮，即可通过图表变化来动态地显示相应的数据变化。

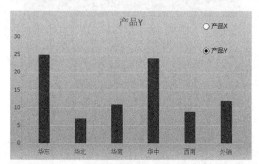

## 7.4.2 组合框制图

使用组合框和【VLOOKUP】函数也可以制作简单的动态图表。【VLOOKUP】函数的功能是在表格数组的首列查找指定的值，并由此返回表格数组当前行中其他列的值。

【VLOOKUP】函数的格式为：VLOOKUP(lookup_value,table_array,col_index_num,range_lookup)。lookup_value为需要在表格数组第一列中查找的数值，可以为数值或引用。若lookup_value小于table_array第一列中的最小值，【VLOOKUP】返回错误值"#N/A"。

table_array为两列或多列数据，使用对区域或区域名称的引用。table_array第一列中的值是由lookup_value搜索得到的值，这些值可以是文本、数字或逻辑值。文本不区分大小写。

col_index_num为table_array中待返回的匹配值的列序号。col_index_num为1时，返回table_array第一列中的数值；col_index_num为2，返回table_array第二列中的数值，以此类推。如果col_index_num小于1，【VLOOKUP】返回错误值"#VALUE!"；如果col_index_num大于table_array的列数，【VLOOKUP】返回错误值"#REF!"。

range_lookup为逻辑值，指定希望【VLOOKUP】查找精确的匹配值还是近似匹配值。如果为TRUE或省略，则返回精确匹配值或近似匹配值。也就是说，如果找不到精确匹配值，则返回小于lookup_value的最大数值。table_array第一列中的值必须以升序排序；否则【VLOOKUP】可能无法返回正确的值。

本小节原始文件和最终效果所在位置如下。

| 原始文件 | 原始文件\第7章\组合框制图01.xlsx |
|---|---|
| 最终效果 | 最终效果\第7章\组合框制图02.xlsx |

结合管理费用分配表，使用【VLOOKUP】函数和组合框绘制管理费用季度分配图。

**1** 打开本实例的原始文件，复制单元格区域B3:J3，然后选中单元格A10，切换到【开始】选项卡，单击【剪贴板】组中的【粘贴】按钮的下半部分按钮，在弹出的下拉列表框中选择【转置】选项。

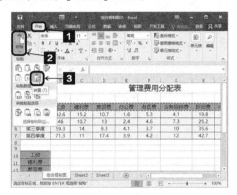

**2** 粘贴效果如图所示。

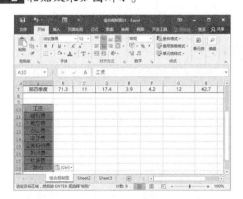

**3** 对粘贴区域进行简单的格式设置，然后选中单元格B9，切换到【数据】选项卡，单击【数据工具】组中的【数据验证】按钮的下三角按钮，在弹出的下拉菜单中选择【数据验证】命令。

**4** 弹出【数据验证】对话框，切换到【设置】选项卡，在【允许】下拉列表框中选择【序列】选项，然后在下方的【来源】文本框中将引用区域设置为"=$A$4:$A$7"。

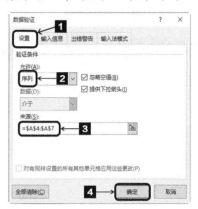

**5** 单击 确定 按钮，返回工作表，此时单击单元格B9右侧的下拉按钮，即可在弹出的下拉列表中选择相关选项。

**6** 在单元格B10中输入以下函数公式"=VLOOKUP($B$9,$4:$7,ROW()-8,0)"，然后将公式填充到单元格区域B11:B18中。该公式表示"以单元格B9为查询条件，从第4行到第7行进行横向查询，当查询到第8行的时候，数据返回0值。

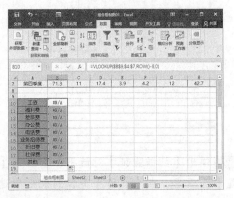

**7** 单击单元格B9右侧的下拉按钮，在弹出的下拉列表框中选择【第一季度】选项，此时，就可以横向查找出A列相对应的值了。

**8** 选中单元格区域A9:B18，切换到【插入】选项卡，单击【图表】组中的【插入柱形图或条形图】按钮，在弹出的下拉列表框中选择【簇状柱形图】选项。

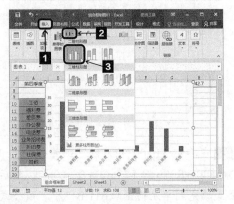

**9** 此时，工作表中插入了一个簇状柱形图。对簇状柱形图进行大小和位置的调整并美化，效果如图所示。

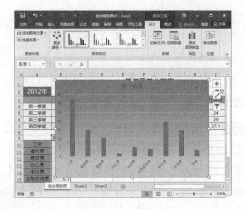

**10** 切换到【开发工具】选项卡，单击【控件】组中的【插入】按钮，在弹出的下拉列表框中选择【组合框（ActiveX控件）】选项。

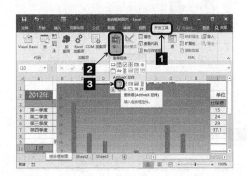

**11** 此时，鼠标指针变成十形状，在工作表中单击鼠标即可插入一个组合框，并进入设计模式状态。

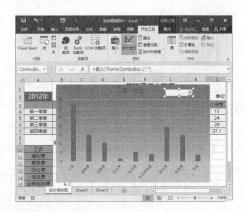

**12** 选中该组合框，切换到【开发工具】选项卡，然后单击【控件】组中的【控件属性】按钮。

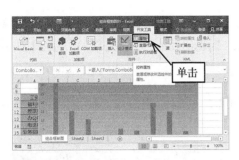

**13** 弹出【属性】窗口，在【LinkedCell】右侧的文本框中输入"组合框制图!B9"，在【ListFillRange】右侧的文本框中输入"组合框制图!A4:A7"。

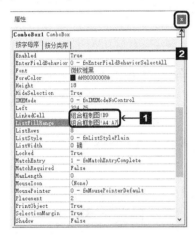

**14** 设置完毕，单击【关闭】按钮 ✕ ，返回工作表，然后移动组合框将原来的图表标题覆盖。

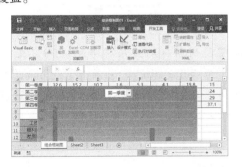

**15** 设置完毕，单击【设计模式】按钮 即可退出设计模式。此时单击组合框右侧的下拉按钮 ，在弹出的下拉列表中选择【第二季度】选项。

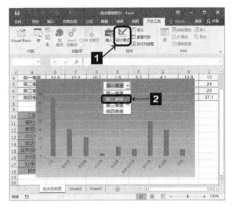

**16** 第二季度的数据图表就显示出来了。

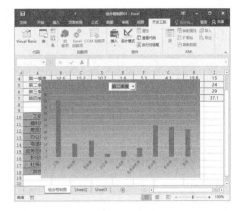

**17** 设置后可以根据组合框来显示"第一季度""第二季度""第三季度"和"第四季度"的数据变化。

## 7.4.3 复选框制图

使用复选框、定义名称和【IF】函数也可以制作简单的动态图表。【IF】函数的功能是执行真假值判断，根据逻辑计算的真假值，返回不同的结果。

【IF】函数的格式为：IF(logical_test,value_if_true,value_if_false)。logical_test表示计算结果为TRUE或FALSE的任意值或表达式；value_if_true为TRUE时返回的值；value_if_false为FALSE时返回的值。

本小节原始文件和最终效果所在位置如下。

| 原始文件 | 原始文件\第7章\复选框制图01.xlsx |
| --- | --- |
| 最终效果 | 最终效果\第7章\复选框制图02.xlsx |

接下来结合管理费用季度分析表，使用【IF】函数和复选框绘制管理费用季度分析图。

### 1. 创建管理费用季度分析图

创建管理费用季度分析图的具体步骤如下。

**1** 打开本实例的原始文件，选中单元格区域B10:J10，切换到【公式】选项卡，单击【定义的名称】组中的按钮 定义名称 右侧的下三角按钮，在弹出的下拉菜单中选择【定义名称】命令。

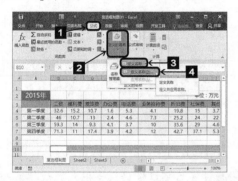

**2** 弹出【新建名称】对话框，在【名称】文本框中输入"kong"，此时在【引用位置】文本框中显示引用区域设置为"=复选框制图!$B$10:$J$10"，定义完毕单击 确定 按钮即可。

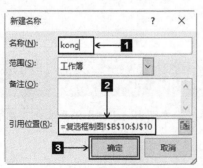

**3** 在单元格区域D8:G8的所有单元格中都输入"TRUE"。

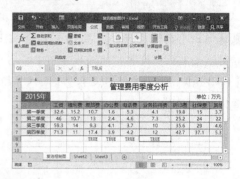

**4** 使用同样的方法将单元格D8定义【名称】为"diyijidu"，然后将【引用位置】设置为"=IF(复选框制图!$D$8=TRUE,复选框制图!$B$4:$J$4,kong)"，定义完毕，单击 确定 按钮即可。

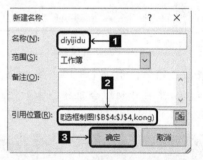

**5** 使用同样的方法将单元格E8定义【名称】为"dierjidu"，然后将【引用位置】设置为"=IF(复选框制图!$E$8=TRUE,复选框制图!$B$5:$J$5,kong)"，定义完毕，单击 确定 按钮即可。

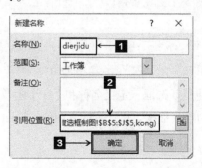

**6** 使用同样的方法将单元格F8定义【名称】为"disanjidu"，然后将【引用位置】设置为"=IF(复选框制图!$F$8=TRUE,复选框制图!$B$6:$J$6,kong)"，定义完毕，单击 确定 按钮即可。

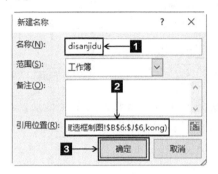

**7** 使用同样的方法将单元格G8定义【名称】为"disijidu"，然后将【引用位置】设置为"=IF(复选框制图!$G$8=TRUE,复选框制图!$B$7:$J$7,kong)"，定义完毕，单击 确定 按钮即可。

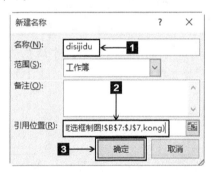

**8** 选中单元格区域A3:G7，按照前面介绍的方法，插入一个【簇状柱形图】。

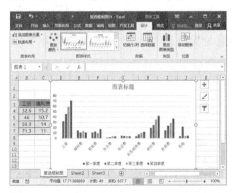

**9** 选中整个图表，单击鼠标右键，在弹出的快捷菜单中选择【选择数据】命令。

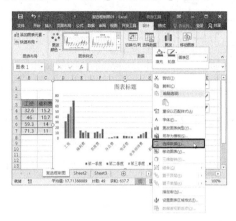

**10** 弹出【选择数据源】对话框，选中【图例项（系列）】组合框中的"第一季度"，然后单击 编辑(E) 按钮。

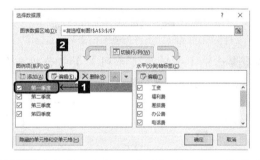

**11** 弹出【编辑数据系列】对话框，在【系列值】文本框中将引用区域设置为"=复选框制图01.xlsx!diyijidu"，设置完毕，单击 确定 按钮即可。

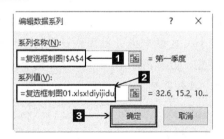

**12** 选中【图例项（系列）】组合框中的"第二季度"，然后单击 编辑(E) 按钮。

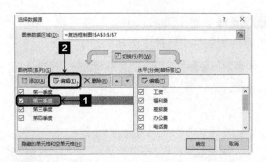

**13** 弹出【编辑数据系列】对话框，在【系列值】文本框中将引用区域设置为"=复选框制图01.xlsx!dierjidu"，设置完毕，单击 确定 按钮即可。

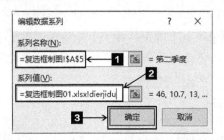

**14** 选中【图例项（系列）】组合框中的"第三季度"，然后单击 编辑(E) 按钮。

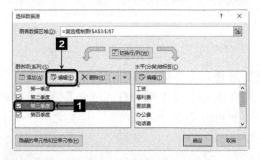

**15** 弹出【编辑数据系列】对话框，在【系列值】文本框中将引用区域设置为"=复选框制图01.xlsx!disanjidu"，设置完毕，单击 确定 按钮即可。

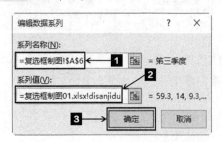

**16** 选中【图例项（系列）】组合框中的"第四季度"，然后单击 编辑(E) 按钮。

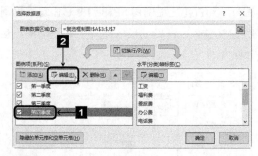

**17** 弹出【编辑数据系列】对话框，在【系列值】文本框中将引用区域设置为"=复选框制图01.xlsx!disijidu"，设置完毕，单击 确定 按钮即可。

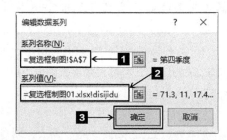

**18** 返回【选择数据源】对话框，单击 确定 按钮即可。

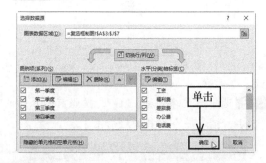

**19** 对图表进行大小和位置调整并美化，效果如图所示。

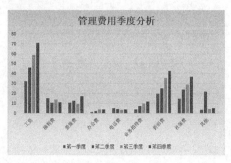

## 2. 插入复选框

插入复选框的具体步骤如下。

**1** 切换到【开发工具】选项卡，单击【控件】组中的【插入】按钮，在弹出的下拉列表框中选择【复选框（窗体控件）】选项。

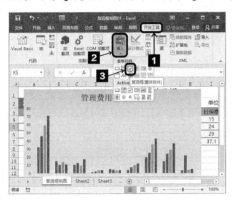

**2** 此时，鼠标指针变成十形状，在工作表中单击鼠标即可插入一个复选框。

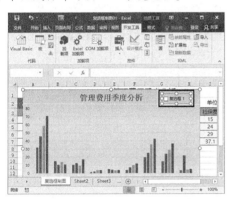

**3** 选中该复选框，然后单击复选框右侧的文本区域，将其重命名为"第一季度"。

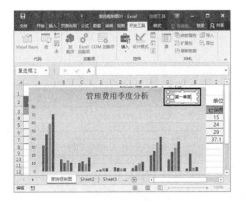

**4** 使用同样的方法插入另外3个复选框，并将它们分别重命名为"第二季度""第三季度"和"第四季度"，然后将它们移动到合适的位置即可。

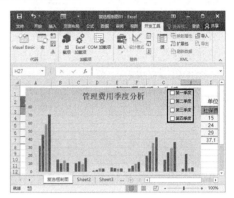

**5** 按下【Ctrl】键，选中"第一季度"复选框，然后单击鼠标右键，在弹出的快捷菜单中选择【设置控件格式】命令。

**6** 弹出【设置控件格式】对话框，切换到【控制】选项卡，在【单元格链接】文本框中将引用区域设置为"$D$8"。

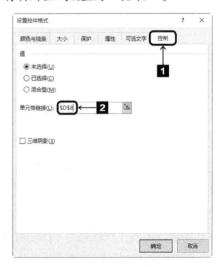

**7** 使用同样的方法，将"第二季度"复选框的【单元格链接】设置为"$E$8"。

**8** 使用同样的方法，将"第三季度"复选框的【单元格链接】设置为"$F$8"。

**9** 使用同样的方法，将"第四季度"复选框的【单元格链接】设置为"$G$8"。

**10** 单击 确定 按钮，返回工作表。此时，选中各复选框就会显示相应的数据图表。

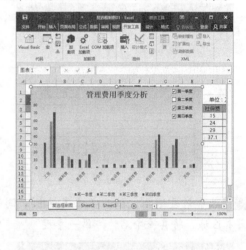

## 7.4.4 滚动条制图

如果Excel图表中用到的数据较多，用户可以结合【OFFSET】函数给图表添加一个滚动条，当拖动滚动条时，可以观察数据的连续变化情况。例如，要用图表反映某企业一定时期内的销售量变化情况，就可以添加一个水平滚动条，查看其间任意区间数据的变化情况。

滚动条制图的制作原理是用【OFFSET】函数定义动态区域，再用滚动条进行关联，当拖动滚动条时，图表中的数据区域连续变化，从而图形也随之变化。

本小节原始文件和最终效果所在位置如下。

| 原始文件 | 原始文件\第7章\滚动条制图01.xlsx |
|---|---|
| 最终效果 | 最终效果\第7章\滚动条制图02.xlsx |

## 1. 制作源数据表

制作源数据表的具体步骤如下。

**1** 打开本实例的原始文件，新建一个名为"源数据"的工作表，然后输入第1组数据。

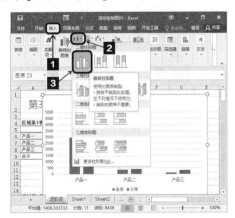

**2** 选中单元格区域A5:C8，切换到【插入】选项卡，单击【图表】组中的【插入柱形图或条形图】按钮，在弹出的下拉列表框中选择【簇状柱形图】选项。

**3** 此时，即可根据3种产品去年和今年的"销售量"插入一个簇状柱形图，并对图表进行美化，效果如图所示。

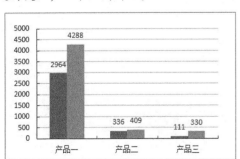

**4** 输入第2组数据。

区域第3季度销售金额分析（分型号）

| | 去年 | 今年 | 增长比例 | |
|---|---|---|---|---|
| 产品一 | 1019666 | 1409532 | 38% | ② |
| 产品二 | 326025 | 336874 | 3% | |
| 产品三 | 451340 | 956440 | 112% | |
| 合计 | 1797031 | 2702846 | 50% | |

**5** 使用同样的方法，根据3种产品去年和今年的"销售金额"创建簇状柱形图，并对图表进行美化。

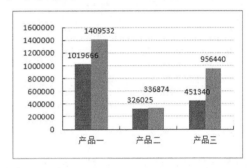

**6** 输入第3组数据。

区域第3季度销售台数分析（分区域）

| | 去年 | 今年 | 增长比例 | |
|---|---|---|---|---|
| 区域一 | 2666 | 3693 | 39% | ③ |
| 区域二 | 499 | 961 | 93% | |
| 区域三 | 246 | 373 | 52% | |

**7** 使用同样的方法，根据3个区域去年和今年的"销售量"创建簇状柱形图，并对图表进行美化。

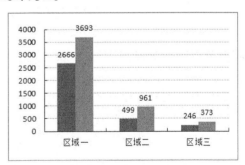

**8** 输入第4组数据。

区域第3季度销售金额分析（分区域）

| | 去年 | 今年 | 增长比例 | |
|---|---|---|---|---|
| 区域一 | 1029974 | 1511292 | 47% | ④ |
| 区域二 | 469436 | 759094 | 62% | |
| 区域三 | 297621 | 432460 | 45% | |

**9** 使用同样的方法，根据3个区域去年和今年的"销售金额"创建簇状柱形图，并对图表进行美化。

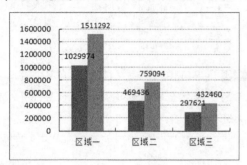

**10** 输入第5组数据。

| 区域一分型号11/12年第3季度销售台数分析 | | | |
|---|---|---|---|
| | 去年 | 今年 | 增长比例 |
| 产品一 | 2552 | 3538 | 39% |
| 产品二 | 93 | 53 | -43% |
| 产品三 | 21 | 102 | 386% |

⑤

**11** 使用同样的方法，根据区域一中的3种产品去年和今年的"销售量"创建簇状柱形图，并对图表进行美化。

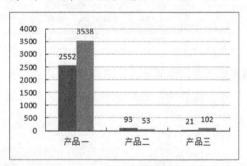

**12** 输入第6组数据。

| 区域一分型号11/12年第3季度销售金额分析 | | | |
|---|---|---|---|
| | 去年 | 今年 | 增长比例 |
| 产品一 | 878766 | 1183606 | 35% |
| 产品二 | 66728 | 46526 | -30% |
| 产品三 | 84480 | 281160 | 233% |

⑥

**13** 使用同样的方法，根据区域一中的3种产品去年和今年的"销售量"创建簇状柱形图，并对图表进行美化。

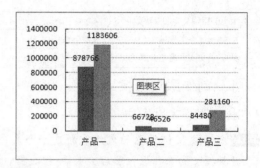

**14** 输入第7组数据。

| 区域二分型号11/12年第3季度销售数量分析 | | | |
|---|---|---|---|
| | 去年 | 今年 | 增长比例 |
| 产品一 | 282 | 557 | 98% |
| 产品二 | 161 | 265 | 65% |
| 产品三 | 56 | 139 | 148% |

⑦

**15** 使用同样的方法，根据区域二中的3种产品去年和今年的"销售量"创建簇状柱形图，并对图表进行美化。

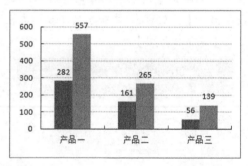

**16** 输入第8组数据。

| 区域二分型号11/12年第3季度销售金额分析 | | | |
|---|---|---|---|
| | 去年 | 今年 | 增长比例 |
| 产品一 | 95884 | 157870 | 65% |
| 产品二 | 157372 | 213304 | 36% |
| 产品三 | 216180 | 387920 | 79% |

⑧

**17** 使用同样的方法，根据区域二中的3种产品去年和今年的"销售金额"创建簇状柱形图，并对图表进行美化。

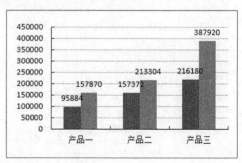

**18** 输入第9组数据。

| 区域三分型号11/12年第3季度销售数量分析 | | | |
|---|---|---|---|
| | 去年 | 今年 | 增长比例 |
| 产品一 | 130 | 193 | 48% |
| 产品二 | 82 | 91 | 11% |
| 产品三 | 34 | 89 | 162% |

⑨

**19** 使用同样的方法，根据区域三中的3种产品去年和今年的"销售量"创建簇状柱形图，并对图表进行美化。

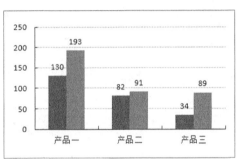

**20** 输入第10组数据。

| 区域三分型号11/12年第3季度销售金额分析 | | | |
|---|---|---|---|
| | 去年 | 今年 | 增长比例 |
| 产品一 | 45016 | 68056 | 51% |
| 产品二 | 101925 | 77044 | -24% |
| 产品三 | 150680 | 287360 | 91% |

⑩

**21** 使用同样的方法，根据区域三中的3种产品去年和今年的"销售金额"创建簇状柱形图，并对图表进行美化。

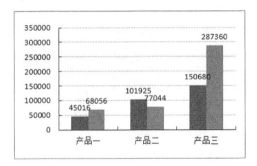

## 2. 定义名称

定义名称的具体步骤如下。

**1** 将工作表"Sheet2"重命名为"分析模型"。选中单元格A1，切换到【公式】选项卡，单击【定义的名称】组中的 定义名称 按钮右侧的下三角按钮，在弹出的下拉列表中选择【定义名称】选项。

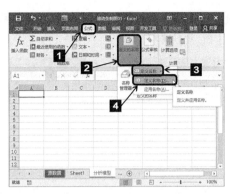

**2** 弹出【新建名称】对话框，在【名称】文本框中输入"源数据"，在【引用位置】文本框中输入"=CHOOSE(分析模型!$A$11,源数据!$A$4,源数据!$A$15,源数据!$A$28,源数据!$A$35,源数据!$A$42,源数据!$A$48,源数据!$A$54,源数据!$A$60,源数据!$A$66,源数据!$A$72)"，定义完毕单击 确定 按钮即可。

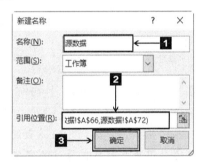

## 3. 创建数据分析模型

创建数据分析模型的具体步骤如下。

**1** 切换到"分析模型"工作表中，在单元格A1中输入公式"=源数据!A2"，然后按下【Enter】键即可。

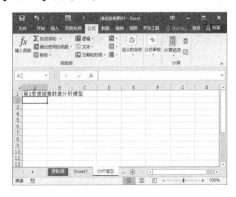

**2** 在单元格A11中输入数字"1"，然后按下【Enter】键即可。

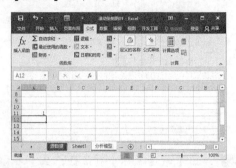

**3** 在单元格A4中输入公式"=源数据"，然后按下【Enter】键即可。

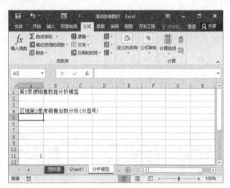

**4** 在单元格B5中输入公式"=OFFSET(源数据,ROW()-4,COLUMN()-1)"，然后按下【Enter】键即可。OFFSET函数的功能为以指定的引用为参照系，通过给定偏移量得到新的引用。返回的引用可以为一个单元格或单元格区域，并可以指定返回的行数或列数。其中，ROW()为需要得到其行号的单元格区域，将行号以垂直数组的形式返回。COLUMN()返回TextStream文件中当前字符位置的列号。

**5** 将单元格B5中的公式填充到单元格区域B5:D5和A6:D9中。

**6** 对切换到工作表"分析模型"中的数据进行美化，效果如图所示。

**7** 切换到【开发工具】选项卡，单击【控件】组中的【插入】按钮，在弹出的下拉列表中选择【滚动条（窗体控件）】选项。

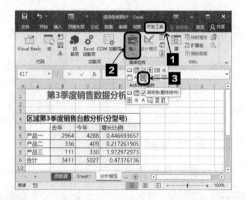

**8** 在工作表中单击鼠标左键，即可插入一个滚动条，然后调整其大小和位置即可。

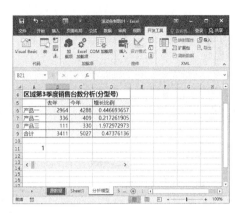

**9** 按下【Ctrl】键，选中滚动条，然后单击鼠标右键，在弹出的快捷菜单中选择【设置控件格式】命令。

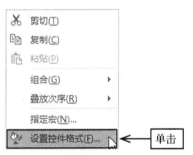

**10** 弹出【设置控件格式】对话框，在【当前值】文本框中输入"10"，在【最小值】微调框中输入"1"，在【最大值】微调框中输入"10"，在【步长】微调框中输入"1"，然后将【单元格链接】设置为"$A$11"。设置完毕，单击 确定 按钮即可。

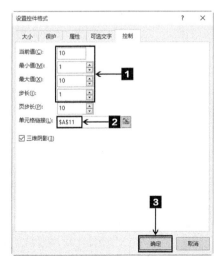

**11** 此时，拖动滚动条即可在设置的10组数据之间进行切换。

**12** 在"分析模型"工作表中，选中单元格区域A5:C8，按照前面介绍的方法，插入一个【簇状柱形图】，并进行美化。

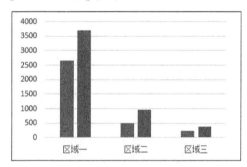

**13** 此时，滚动条与数据表和柱形图之间产生了关联。当拖动滚动条时，可以观察数据的连续变化情况，通过图表动态地反映某企业一定时期内销售量变化情况。

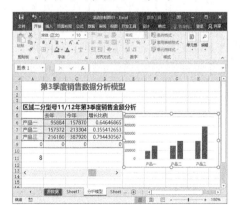

# 高手过招

## 各显其能——多种图表类型

**1** 打开本章的素材文件"百变图表"，源数据如图所示。

| | A | B | C | D |
|---|---|---|---|---|
| 1 | 产品名称 | 竞争产品数量 | 销售量 | 市场份额 |
| 2 | A | 5 | 24 | 35% |
| 3 | B | 3 | 45 | 30% |
| 4 | C | 7 | 35 | 66% |
| 5 | D | 2 | 60 | 48% |
| 6 | E | 4 | 11 | 30% |

**2** 根据单元格区域B1:D6，插入一个三维气泡图。

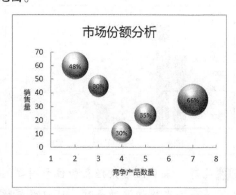

**3** 选中要更改图表类型的数据系列，在【图表工具】栏中，切换到【设计】选项卡，在【类型】组中单击【更改图表类型】按钮。弹出【更改图表类型】对话框，从中选择要更改为的图表类型，如选择【复合饼图】选项。

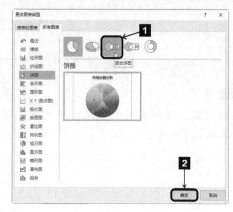

**4** 单击 确定 按钮返回工作表，此时图表类型变成了复合饼图，然后对图表进行美化，效果如图所示。

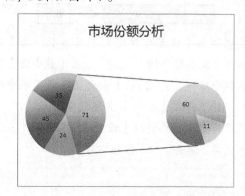

# 第8章

## 数据透视分析
### ——制作销售数据分析

在编辑工作表数据的过程中，数据透视表和数据透视图是经常用到的数据分析工具。使用数据透视表和数据透视图可以直观地反映数据的对比关系，而且具有很强的数据筛选和汇总功能。本章以制作销售数据分析为例，介绍数据透视表和数据透视图的使用方法。

关于本章的知识，本书配套教学光盘中有相关的多媒体教学视频，请读者参见光盘中的【数据管理与分析\数据透视分析】。

# 8.1 创建数据透视表

数据透视表是从Excel数据库中产生的一个动态汇总表格，它具有强大的透视和筛选功能，在分析数据信息的过程中经常会用到。

## 8.1.1 创建空白数据透视表

创建数据透视表的方法很简单，用户只需要根据提示一步一步地进行操作即可。

| 本小节原始文件和最终效果所在位置如下。 | |
| --- | --- |
| 原始文件 | 原始文件\第8章\销售数据分析01.xlsx |
| 最终效果 | 最终效果\第8章\销售数据分析02.xlsx |

创建数据透视表的具体步骤如下。

**1** 打开本实例的原始文件，选中单元格区域A1:F32，切换到【插入】选项卡，单击【图表】组中的【数据透视图】按钮下方的按钮，在弹出的下拉菜单中选择【数据透视图和数据透视表】命令。

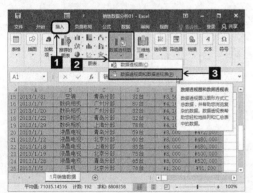

**2** 弹出【创建数据透视表】对话框，此时【表/区域】输入框中显示了所选的单元格区域，然后在【选择放置数据透视表的位置】组合框中选中【新工作表】单选框。

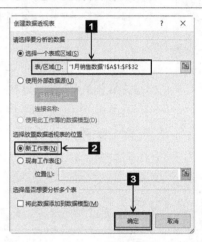

**3** 设置完毕，单击 确定 按钮，系统会自动在新的工作表中创建一个数据透视表的基本框架，并弹出【数据透视图字段】任务窗格，将该工作表命名为"数据透视表"。

## 8.1.2 添加字段

创建了数据透视表之后，还需要为其添加字段。添加字段的方法主要有两种，分别是利用右键快捷菜单和利用鼠标拖动。

| 本小节原始文件和最终效果所在位置如下。 | |
|---|---|
| 原始文件 | 原始文件\第8章\销售数据分析02.xlsx |
| 最终效果 | 最终效果\第8章\销售数据分析03.xlsx |

## ○ 利用右键快捷菜单

利用右键快捷菜单为数据透视表添加字段
的具体步骤如下。

**1** 打开本实例的原始文件，在【数据透视
表工具】栏中，切换到【分析】选项卡中，
在【数据透视表】组中单击 选项 按钮。

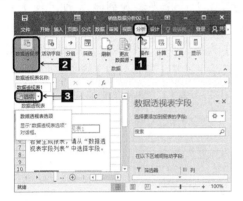

**2** 弹出【数据透视表选项】对话框，切换
到【显示】选项卡，选中【经典数据透视表
布局（启动网格中的字段拖放）】复选框。

**3** 单击 确定 按钮，即可切换到经典数据
透视表布局。

**4** 在【数据透视表字段】任务窗格中，在
【选择要添加到报表的字段】列表框中选择
要添加的报表字段，如选择【产品名称】选
项，单击鼠标右键，然后从弹出的快捷菜单
中选择【添加到报表筛选】命令。

**5** 即可将【产品名称】字段列表添加到数
据透视表的页字段区域中。

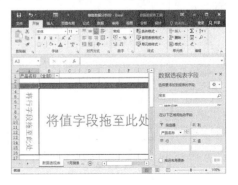

**6** 在【选择要添加到报表的字段】列表框中选择要添加的报表字段，如选择【销售区域】选项，单击鼠标右键，然后从弹出的快捷菜单中选择【添加到行标签】命令。

**7** 即可将【销售区域】字段列表添加到数据透视表的行字段区域中。

**8** 在【选择要添加到报表的字段】列表框中选择要添加的报表字段，如选择【销售数量】选项，单击鼠标右键，然后从弹出的快捷菜单中选择【添加到列标签】命令。

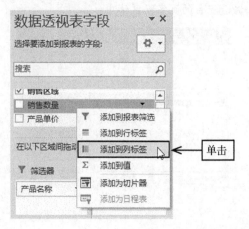

**9** 即可将【销售数量】字段列表添加到数据透视表的列字段区域中。

**10** 在【选择要添加到报表的字段】列表框中选择要添加的报表字段，如选择【销售额】选项，单击鼠标右键，然后从弹出的快捷菜单中选择【添加到值】命令。

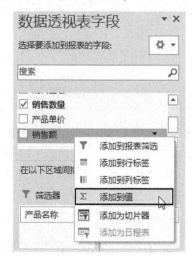

**11** 即可将【销售额】字段列表添加到数据透视表的值字段区域中，关闭【数据透视表字段列表】任务窗格，效果如图所示。

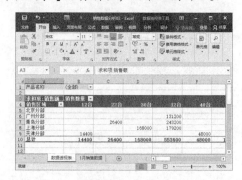

## ⭕ 利用鼠标拖动

此外，用户还可以利用鼠标拖动的方法为数据透视表添加字段，具体的操作步骤如下。

**1** 在【数据透视表工具】栏中，切换到【分析】选项卡，然后单击【显示】下拉组中的【字段列表】按钮 📋 字段列表。

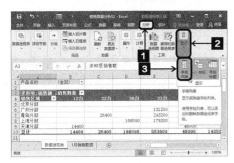

**2** 此时即可打开【数据透视表字段】任务窗格，在【选择要添加到报表的字段】列表框中撤选之前选中的复选框。

**3** 将鼠标指针移动到【选择要添加到报表的字段】列表框中的【销售日期】选项上，此时鼠标指针变成 形状。

**4** 按住鼠标左键不放，将其拖动到工作表最上方的页字段区域中，此时鼠标指针变成 形状。

**5** 释放鼠标，即可将选中的字段显示在数据透视表的页字段区域中。然后将鼠标指针移动到【选择要添加到报表的字段】列表框中的【产品名称】选项上，此时鼠标指针变成 形状。

**6** 按住鼠标左键不放，将其拖动到工作表左侧的行字段区域中，此时鼠标指针变成 形状。

**7** 释放鼠标，即可将选中的字段显示在数据透视表的【行】字段区域中。

**8** 将鼠标指针移动到【选择要添加到报表的字段】列表框中的【销售区域】选项上，此时鼠标指针变成 形状。

**9** 按住鼠标左键不放，将其拖动到工作表左侧的【列】字段区域中，释放鼠标即可将选中的字段显示在数据透视表的列字段区域中。

**10** 按照同样的方法将【销售额】字段拖动到【值】字段区域中。

# 8.2 编辑数据透视表

创建了数据透视表之后，还需要对其进行编辑操作，主要包括设置数据透视表字段、设置数据透视表布局、设置数据透视表样式、刷新数据透视表以及移动和清除数据透视表。

## 8.2.1 设置数据透视表字段

设置数据透视表字段的操作主要包括显示项目中的数据以及调整字段顺序等。

本小节原始文件和最终效果所在位置如下。

| 原始文件 | 原始文件\第8章\销售数据分析03.xlsx |
| --- | --- |
| 最终效果 | 最终效果\第8章\销售数据分析04.xlsx |

### 1. 显示项目中的数据

具体操作步骤如下。

**1** 打开本实例的原始文件，单击【数据透视表字段】任务窗格右侧的【关闭】按钮 ✕，关闭该任务窗格。

**2** 选中单元格【产品名称】右侧的下箭头按钮 ▼，从弹出的下拉列表框中选择要显示的项目，如选中【电脑】、【手机】和【数码相机】复选框。

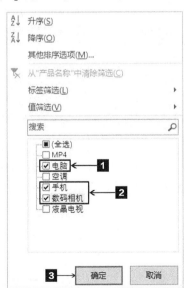

**3** 选择完毕单击 确定 按钮，此时即可显示刚刚选中的产品的销售额信息。

**4** 单击【产品名称】单元格右侧的【手动筛选】按钮 ▼，从弹出的下拉列表框中选择要显示的项目，如这里选中【（全选）】复选框。

**5** 选择完毕单击 确定 按钮，此时即可显示全部产品的销售额信息。

## 2. 调整字段顺序

在添加数据透视表字段的过程中，有时候添加的字段顺序并不一定完全符合用户的要求，此时可以通过调整字段顺序来实现。

调整字段顺序的具体操作步骤如下。

**1** 选中单元格【产品名称】右侧的下箭头按钮▼，从弹出的下拉列表框中选择【降序】选项。

**2** 单击 确定 按钮，此时即可按照产品名称的字母降序进行排列显示。

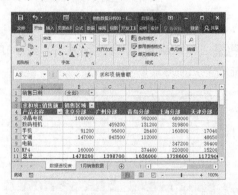

**3** 选中单元格B4，将鼠标指针移至其右侧边框处，鼠标指针变为形状。

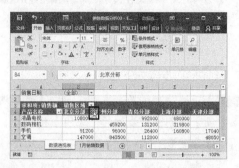

**4** 按住鼠标右键不放，将鼠标移动至C列和D列之间，此时会出现一条形状的粗实线。

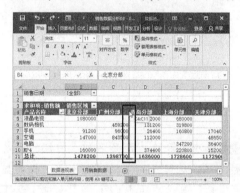

**5** 释放鼠标，即可将【北京分部】字段移动到【广州分部】字段之后。

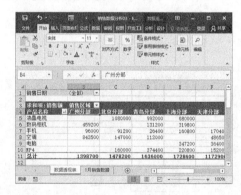

## 8.2.2 设置数据透视表布局

如果用户对创建的数据透视表的结构不满意，还可以更改其布局状况，主要通过删除字段和添加字段实现。

本小节原始文件和最终效果所在位置如下。

| | 原始文件 | 原始文件\第8章\销售数据分析04.xlsx |
|---|---|---|
| | 最终效果 | 最终效果\第8章\销售数据分析05.xlsx |

设置数据透视表布局的具体步骤如下。

**1** 打开本实例的原始文件，如要删除字段【销售区域】，在【列标签】列表框中的【销售区域】选项上单击鼠标右键，从弹出的快捷菜单中选择【删除"销售区域"（V）】命令。

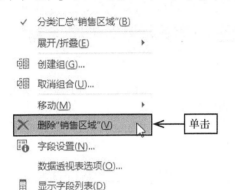

**2** 此时即可将字段【销售区域】从数据透视表的列字段区域中删除。

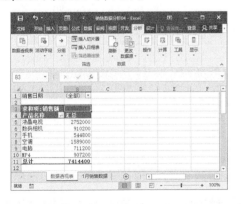

**3** 如果要添加刚刚删除的【销售区域】字段，先按照前面介绍的方法打开【数据透视表字段】，在【选择要添加到报表的字段】列表框中的【销售区域】选项上单击鼠标右键，然后从弹出的快捷菜单中选择【添加到列标签】命令。

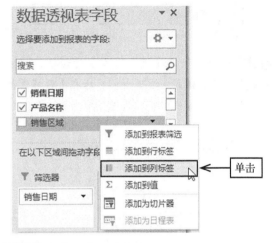

**4** 设置效果如图所示。

## 8.2.3 设置数据透视表样式

设置数据透视表样式主要包括设置数据透视表选项和设置数据透视表样式。

本小节原始文件和最终效果所在位置如下。

| | 原始文件 | 原始文件\第8章\销售数据分析05.xlsx |
|---|---|---|
| | 最终效果 | 最终效果\第8章\销售数据分析06.xlsx |

### 1. 设置数据透视表选项

设置数据透视表选项的具体步骤如下。

**1** 打开本实例的原始文件，选择数据透视表中任意单元格，单击鼠标右键，然后从弹出的快捷菜单中选择【数据透视表选项】命令。

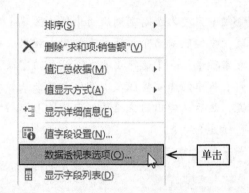

**2** 弹出【数据透视表选项】对话框，切换到【布局和格式】选项卡，然后在【数据透视表名称】文本框中输入数据透视表的名称。

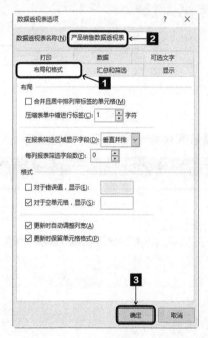

**3** 设置完毕单击 确定 按钮即可。

### 2. 设置数据透视表样式

设置数据透视表样式的具体步骤如下。

**1** 选中数据透视表中的任意单元格，切换到【设计】选项卡，单击【数据透视表样式】组右侧的【其他】按钮，然后从弹出的下拉列表框中选择合适的数据透视表样式，如选择【数据透视表样式浅色13】选项。

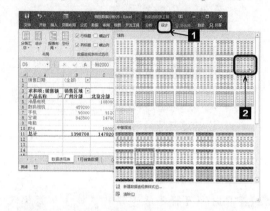

**2** 设置效果如图所示。

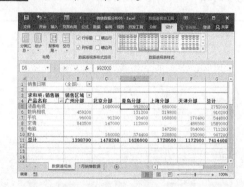

## 8.2.4 刷新数据透视表

如果对数据透视表的源数据表中的数据信息进行了更改，则需要及时地对数据透视表进行刷新，以便得到最新的透视数据。刷新数据透视表的方法分为手动刷新和自动刷新两种。

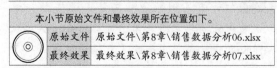

本小节原始文件和最终效果所在位置如下。

| 原始文件 | 原始文件\第8章\销售数据分析06.xlsx |
| --- | --- |
| 最终效果 | 最终效果\第8章\销售数据分析07.xlsx |

○ **手动刷新数据透视表**

手动刷新数据透视表的具体步骤如下。

**1** 打开本实例的原始文件，切换到工作表"1月销售数据"中，单击单元格C7右侧的 ▼ 按钮，从弹出的下拉列表框中选择【北京分部】选项。

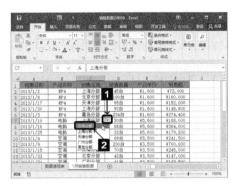

**2** 切换到工作表"数据透视表"中，在【数据透视表工具】栏中，切换到【分析】选项卡，单击【数据】组中的【刷新】按钮，的下半部分按钮，然后从弹出的下拉列表中选择【刷新】选项。

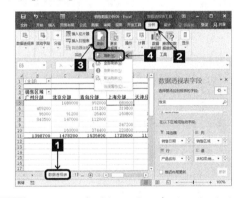

**3** 此时即可看到数据透视表的刷新结果。

### ◎ 自动刷新数据透视表

除了手动刷新数据透视表之外，用户还可以对其进行自动刷新，不过要进行一下设置，具体的操作步骤如下。

**1** 选中数据透视表的任意单元格，单击鼠标右键，然后从弹出的快捷菜单中选择【数据透视表选项】命令。

**2** 弹出【数据透视表选项】对话框，切换到【数据】选项卡，然后选中【打开文件时刷新数据】复选框。

**3** 设置完毕后单击 确定 按钮即可，当打开数据透视表的时候，系统就会自动刷新。

## 8.2.5 移动和清除数据透视表

在编辑数据透视表的过程中，移动与清除也是经常用到的操作。

| | |
|---|---|
| 本小节原始文件和最终效果所在位置如下。 | |
| 原始文件 | 原始文件\第8章\销售数据分析07.xlsx |
| 最终效果 | 最终效果\第8章\销售数据分析08.xlsx |

### 1. 移动数据透视表

移动数据透视表的具体步骤如下。

**1** 打开本实例的原始文件，切换到【分析】选项卡，单击【操作】下拉菜单组中的按钮，从弹出的下拉列表中选择【整个数据透视表】选项。

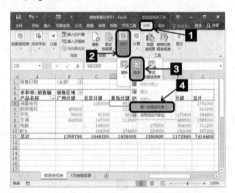

**2** 此时即可选择整个数据透视表，然后单击【操作】组中的【移动数据透视表】按钮。

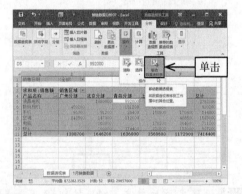

**3** 弹出【移动数据透视表】对话框，然后选中【新工作表】单选钮。

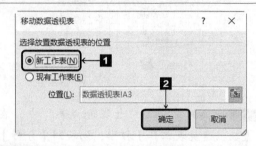

**4** 单击 确定 按钮，此时即可将整个数据透视表移动到新工作表中。

### 2. 清除数据透视表

此时，用户还可以对数据透视表中的字段、格式和筛选等进行清除。

清除数据透视表的具体操作步骤如下。

**1** 选中数据透视表中的任意单元格，单击【操作】中的【清除】按钮，然后从弹出的下拉菜单中选择【清除筛选】命令。

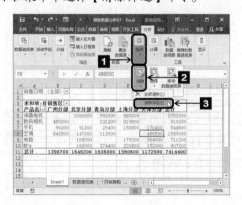

**2** 此时即可将数据透视表的筛选清除。

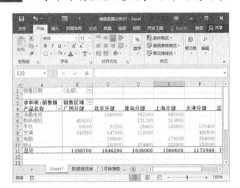

**3** 单击【操作】组中的【清除】按钮，从弹出的下拉菜单中选择【全部清除】命令。

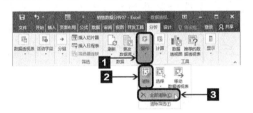

**4** 即可将数据透视表中的数据全部清除。

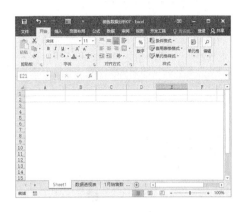

# 8.3 创建数据透视图

数据透视图是数据透视表的图形表达形式，其图表类型与前面介绍的一般图表类型类似，主要有柱形图、条形图、折线图、饼图、面积图以及圆环图等。

## 8.3.1 利用源数据创建

用户可以根据源数据创建数据透视图。

| | 本小节原始文件和最终效果所在位置如下。 |
| --- | --- |
| 原始文件 | 原始文件\第8章\销售数据分析08.xlsx |
| 最终效果 | 最终效果\第8章\销售数据分析09.xlsx |

具体的操作步骤如下。

**1** 打开本实例的原始文件，切换到工作表 "1月销售数据"中，选中单元格区域A1:F32，切换到【插入】选项卡，单击【数据透视图】按钮 的下半部分按钮，然后从弹出的下拉列表中选择【数据透视图】选项。

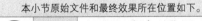
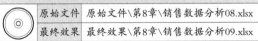
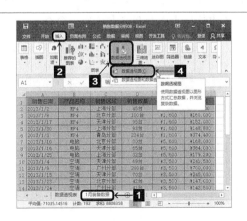

**2** 弹出【创建数据透视图】对话框，然后选中【新工作表】单选钮。

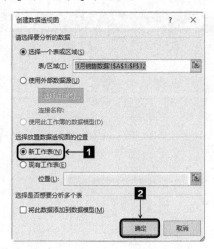

**3** 选择完毕单击 确定 按钮，此时即可在新的工作表中创建一个空的数据透视图。

**4** 在创建数据透视图的过程中，会自动地打开【数据透视表字段】任务窗格。在【选择要添加到报表的字段】列表框中选择【销售日期】选项，单击鼠标右键，然后从弹出的快捷菜单中选择【添加到报表筛选】命令。

**5** 此时即可将字段【销售日期】添加到数据透视图的页字段区域中。

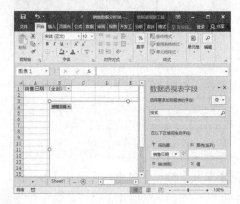

**6** 在【选择要添加到报表的字段】列表框中选择【产品名称】选项，单击鼠标右键，然后从弹出的快捷菜单中选择【添加到轴字段（分类）】命令。

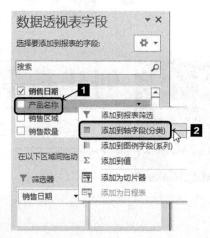

**7** 此时即可将字段【产品名称】添加到数据透视图的分类轴上。

**8** 选中【选择要添加到报表的字段】列表框中的【销售数量】选项，单击鼠标右键，从弹出的快捷菜单中选择【添加到值】命令。

**9** 此时即可将选中的字段显示在数据透视图的【值】字段区域中。

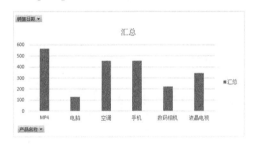

**10** 选中【选择要添加到报表的字段】列表框中的【销售区域】选项，单击鼠标右键，从弹出的快捷菜单中选择【添加到图例字段(系列)】命令。

**11** 此时即可将选中的字段显示在数据透视图的【图例】字段区域中。

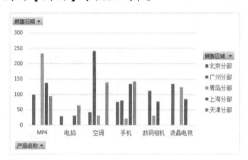

**12** 关闭【数据透视图字段】任务窗格，效果如图所示。

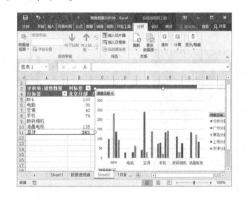

# 8.3.2 利用数据透视表创建

此外，还可以利用数据透视表创建数据透视图。

| 本小节原始文件和最终效果所在位置如下。 | | |
| --- | --- | --- |
|  | 原始文件 | 原始文件\第8章\销售数据分析09.xlsx |
| | 最终效果 | 最终效果\第8章\销售数据分析10.xlsx |

利用数据透视表创建数据透视图的具体操作步骤如下。

**1** 打开本实例的原始文件，按照前面介绍的方法在工作表"数据透视表"中创建一个新的数据透视表。

**2** 在【数据透视工具】栏中，切换到【分析】选项卡，单击【工具】中的【数据透视图】按钮 。

**3** 弹出【插入图表】对话框，选择【柱形图】选项，从中选择要插入的数据透视图的类型，如选择【簇状柱形图】选项。

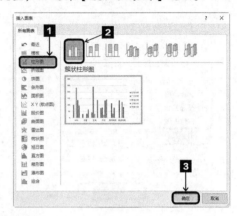

**4** 选择完毕单击 确定 按钮，此时即可在工作表中插入一个簇状柱形图。

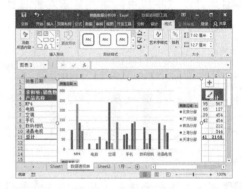

# 8.4 编辑数据透视图

在工作表中插入了数据透视图之后，用户可以对其进行编辑操作，或者设置数据透视图的格式，以使其看起来更加清晰和美观。

## 8.4.1 设计数据透视图

设置数据透视图的操作主要包括更改图表类型以及调整图表大小和位置等。

| 本小节原始文件和最终效果所在位置如下。 | |
|---|---|
| 原始文件 | 原始文件\第8章\销售数据分析10.xlsx |
| 最终效果 | 最终效果\第8章\销售数据分析11.xlsx |

### 1. 更改图表类型

具体操作步骤如下。

1 打开本实例的原始文件，切换到工作表"数据透视表"中，选中数据透视图，在【数据透视图工具】栏中，切换到【设计】选项卡，然后单击【类型】组中的【更改图表类型】按钮 🔲。

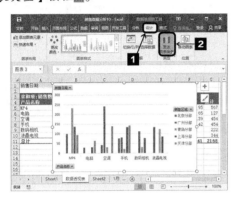

2 弹出【更改图表类型】对话框，切换到【条形图】选项，从中选择合适的图表类型，如选择【簇状条形图】选项。

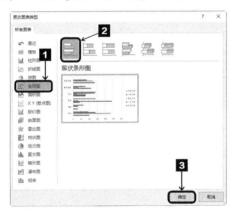

3 选择完毕单击 确定 按钮，效果如图所示。

## 2. 调整图表大小和位置

用户还可以根据自己的实际需要调整数据透视图的大小和位置，具体操作步骤如下。

1 将鼠标指针移动到数据透视图边框的右下角，此时鼠标指针变成 ↖ 形状。

2 按下鼠标左键不放，将指针向右下角拖动，拖曳到合适的位置后释放鼠标即可。

3 将鼠标指针移动到数据透视图上，此时鼠标指针变成 ⊹ 形状。

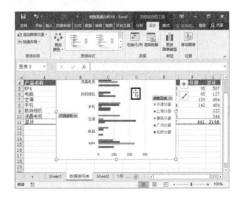

**4** 按住鼠标左键不放，拖动到合适的位置后释放即可。

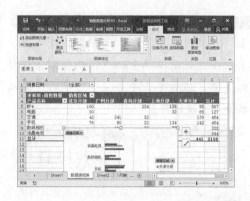

## 8.4.2 设置数据透视图格式

为了使数据透视图看起来更加美观，用户需要设置其格式。基本操作主要包括设置图表标题格式、设置图表区格式、设置绘图区格式以及设置图例格式。

| 本小节原始文件和最终效果所在位置如下。 | |
| --- | --- |
| 原始文件 | 原始文件\第8章\销售数据分析11.xlsx |
| 最终效果 | 最终效果\第8章\销售数据分析12.xlsx |

### ◎ 设置图表标题格式

设置图表标题格式的具体操作步骤如下。

**1** 打开本实例的原始文件，切换到【设计】选项卡，单击【图表布局】组中的 【添加图表元素】按钮，从弹出的下拉列表中选择【图表标题】▶【图表上方】选项。

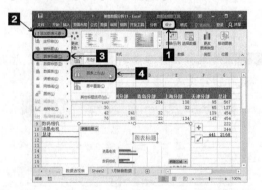

**2** 此时在图表上方添加一个图表标题文本框，从中输入"产品销售分析表"。

**3** 选择图表标题文本框中的文本，单击鼠标右键，然后从弹出的快捷菜单中选择【字体】命令。

**4** 弹出【字体】对话框，切换到【字体】选项卡，从【中文字体】下拉列表框中选择【微软雅黑】选项，在【大小】微调框中输入"24"，然后从【字体颜色】下拉列表框中选择【黄色】选项。

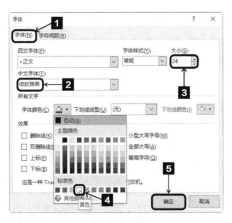

**5** 设置完毕后单击 确定 按钮即可。

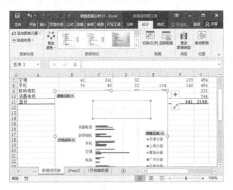

**6** 在图表标题文本框上单击鼠标右键，然后从弹出的快捷菜单中选择【设置图表标题格式】命令。

**7** 弹出【设置图表标题格式】任务窗格，切换到【填充】选项卡，选中【渐变填充】单选钮，然后从【预设渐变】下拉列表框中选择【中等渐变–个性色3】选项。

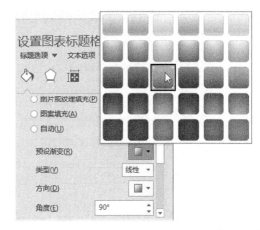

**8** 从【类型】下拉列表框中选择【矩形】选项，从【方向】下拉列表框中选择【中心辐射】选项，然后通过拖动滑块调整渐变光圈。

**9** 切换到【边框】选项卡，选中【实线】单选钮，然后从【颜色】下拉列表框中选择【黄色】选项。

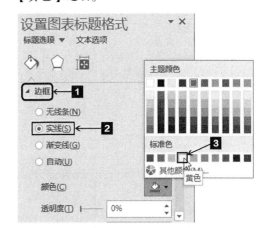

**10** 在【宽度】微调框中输入"1.5 磅"。

**11** 单击【关闭】按钮 ✕，设置效果如图所示。

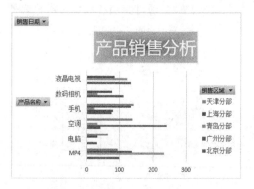

## ○ 设置图表区格式

设置图表区格式的具体操作步骤如下。

**1** 选择图表区，单击鼠标右键，然后从弹出的快捷菜单中选择【设置图表区域格式】命令。

**2** 弹出【设置图表区格式】任务窗格，切换到【填充】选项卡，选中【渐变填充】单选钮，然后从【预设渐变】下拉列表框中选择【浅色渐变-个性色4】选项。

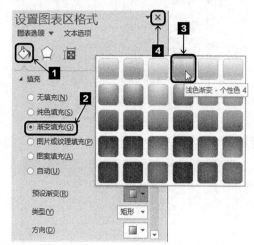

**3** 设置完毕单击【关闭】按钮 ✕ 即可，效果如图所示。

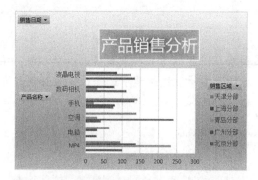

## ○ 设置绘图区格式

设置绘图区格式的具体操作步骤如下。

**1** 选择绘图区，单击鼠标右键，然后从弹出的快捷菜单中选择【设置绘图区格式】命令。

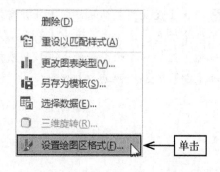

**2** 弹出【设置绘图区格式】任务窗格，切换到【填充】选项卡，选中【图片或纹理填充】单选钮，从【纹理】下拉列表中选择【水滴】选项。

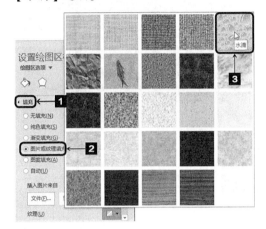

**3** 设置完毕单击【关闭】按钮 ✕，效果如图所示。

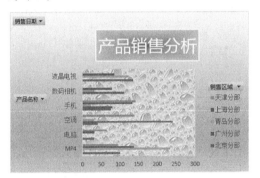

○ **设置图例格式**

设置图例格式的具体操作步骤如下。

**1** 选择图例，单击鼠标右键，然后从弹出的快捷菜单中选择【字体】命令。

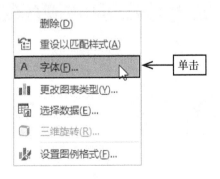

**2** 弹出【字体】对话框，切换到【字体】选项卡，从【中文字体】下拉列表框中选择【黑体】选项，从【字体颜色】下拉列表框中选择【紫色】选项。

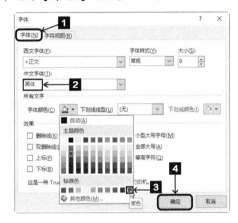

**3** 设置完毕单击 确定 按钮即可。

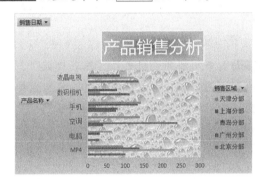

**4** 选择图例，单击鼠标右键，然后从弹出的快捷菜单中选择【设置图例格式】命令。

**5** 弹出【设置图例格式】任务窗格，切换到【图例选项】选项卡，然后在【图例位置】组合框中选中【靠下】单选钮。

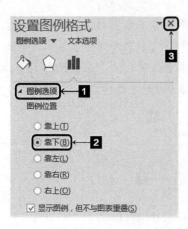

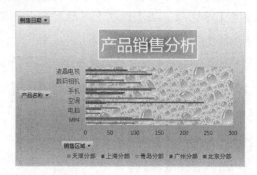

6 设置完毕单击【关闭】按钮✕，效果如图所示。

# 高手过招

## 重复应用有新招

具体操作步骤如下。

1 打开本章的素材文件"图表模板"，选中创建的图表，单击鼠标右键，然后在弹出的快捷菜单中选择【另存为模板】命令。

2 弹出【保存图表模板】对话框，从中设置图表模板的保存名称，设置完毕，单击 保存(S) 按钮即可。

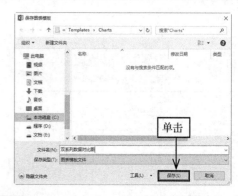

3 返回工作表中，在工作表"Sheet2"中选中要创建图表的单元格区域A2:C9，然后切换到【插入】选项卡，在【图表】组中单击右下角的【对话框启动器】按钮。

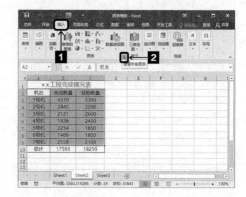

**4** 弹出【插入图表】对话框，切换到【所有图表】选项卡，然后选择【模板】选项，然后在【我的模板】组合框中选择刚刚创建的图表模板。

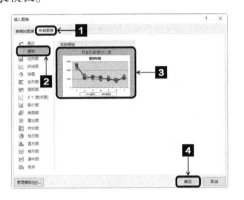

**5** 单击 确定 按钮返回工作表，此时即可插入一个与创建模板类型相同的图表。

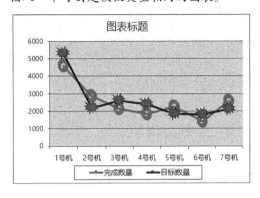

# 隐藏和显示字段按钮

隐藏数据透视图中的字段按钮包括隐藏单个字段按钮和隐藏全部字段按钮。

## ◯ 隐藏单个字段按钮

**1** 打开本章的素材文件"销售数据分析表"，选中该图表，切换到【分析】选项卡，然后在【显示/隐藏】组中单击【字段按钮】按钮 字段按钮，从弹出的下拉菜单中撤选【显示报表筛选字段按钮】命令。

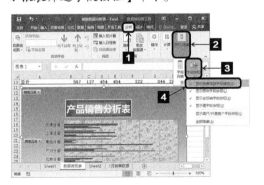

**2** 即可将数据透视图中的报表筛选按钮隐藏起来。

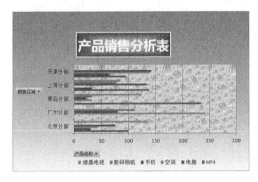

## ◯ 隐藏全部字段按钮

**1** 切换到【分析】选项卡，单击【显示/隐藏】组中的【字段按钮】按钮 字段按钮，从弹出的下拉菜单中选择【全部隐藏】命令。

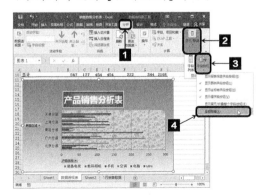

**2** 即可将数据透视图中的字段按钮全部隐藏起来。

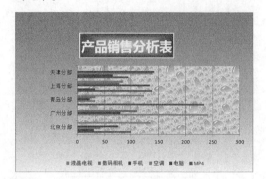

**3** 要想将隐藏起来的字段按钮再次显示出来，可以单击【显示/隐藏】组中的【字段按钮】按钮，从弹出的下拉菜单中再次选择【全部隐藏】命令。

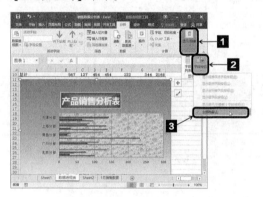

**4** 单击【显示/隐藏】组中的【字段按钮】按钮，从弹出的下拉菜单中选择要显示的选项，如选择【显示报表筛选字段按钮】选项。

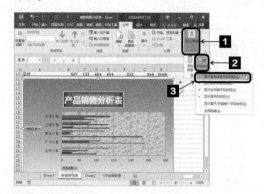

**5** 即可将选中的字段按钮显示出来。

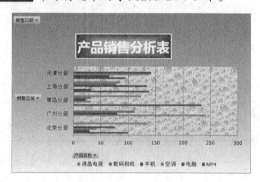

# 第9章

## 公式与函数
### ——制作业务奖金计算表

公式与函数是实现数据处理、数据统计以及数据分析的常用工具，具有很强的实用性与可操作性。接下来，本章结合常用的办公实例，详细讲解公式与函数在企业人事管理、工资核算、销售数据统计、财务预算、固定资产管理以及数据库管理中的应用。

光盘链接

关于本章的知识，本书配套教学光盘中有相关的多媒体教学视频，请读者参见光盘中的【数据管理与分析\公式与函数】。

# 9.1 公式的基础

公式是Excel工作表中进行数值计算和分析的等式。公式是以"="开头，由运算项和运算符组成。简单的公式有加、减、乘、除等，复杂的公式可能包含函数、引用、运算符和常量等。

## 9.1.1 运算符的类型和优先级

运算符用于指定要对公式中的运算项执行的计算类型。

### 1. 运算符的类型

Excel 2016中的运算符大致可以分为算术运算符、比较运算符、文本连接运算符和引用运算符4种类型。

#### ○ 算术运算符

使用算术运算符可以完成基本的数学运算，如加、减、乘和除等。

| 运算符 | 名称 |
|--------|------|
| + | 加号 |
| − | 减号 |
| * | 乘号 |
| / | 除号 |
| % | 百分号 |
| ∧ | 乘幂号 |

#### ○ 比较运算符

使用比较运算符可以比较两个值的大小，结果为逻辑值TRUE或者FALSE。

| 运算符 | 名称 |
|--------|------|
| = | 等于 |
| > | 大于号 |
| < | 小于号 |
| >= | 大于等于号 |
| <= | 小于等于号 |
| <> | 不等于号 |

#### ○ 文本连接运算符

文本连接运算符只有一个运算符"&"。使用文本连接运算符（&）可以将两个文本连接成一个文本。

例如，使用公式"="学习"&"Excel 2016""，可以将文本"学习"和"Excel 2016"连接成为"学习Excel 2016"。

#### ○ 引用运算符

引用运算符可以将两个单元格或者单元格区域结合为一个联合引用。

| 运算符 | 名称 | 说明 |
|--------|------|------|
| :（冒号） | 区域运算符 | 将两个单元格之间的所有单元格（包括这两个单元格）生成一个区域 |
| ,（逗号） | 联合运算符 | 将两个单元格区域合并为一个区域 |
| （空格） | 交叉运算符 | 将两个单元格区域交叉的部分生成一个区域 |

### 2. 运算符的优先级

在进行运算时，公式是按照运算符的特定次序从左到右计算的，因此要注意运算符的优先级。

运算符的优先级顺序如表所示。

| 运算符 | 优先顺序 |
|---|---|
| ：(冒号)、，(逗号)、 (空格) | 1 |
| ^ (乘幂) | 2 |
| - (负号) | 3 |
| % (百分号) | 4 |
| *、/ (乘和除) | 5 |
| +、- (加和减) | 6 |
| & (文本连接运算符) | 7 |
| =、>、<、>=、<=、<> (比较运算符) | 8 |

从上表可以看出，在各类运算符中，优先级别最高的是引用运算符，其次是算术运算符，最后是文本连接运算符和比较运算符。

在不同优先级之间进行计算时，系统按照优先级别从高到低的顺序计算。在同一优先级之间进行计算时，系统按照从左到右的顺序计算。

若要更改运算顺序，可以在公式中使用括号，将要先计算的部分用括号括起来。括号在公式中的优先级是最高的，也就是说，如果公式中含有括号，则先计算括号内的表达式，再计算括号外的表达式。

## 9.1.2 输入并编辑公式

用户既可以在单元格中输入公式，也可以在编辑栏中输入公式。输入公式后，还可以对公式进行编辑。

| 本小节原始文件和最终效果所在位置如下。 | |
|---|---|
| 原始文件 | 原始文件\第9章\业务奖金计算表01.xlsx |
| 最终效果 | 最终效果\第9章\业务奖金计算表02.xlsx |

### 1. 输入公式

在单元格中输入公式的具体步骤如下。

**1** 打开本实例的原始文件，切换到"业务奖金"工作表，在单元格G4中输入"=F4-E4"。

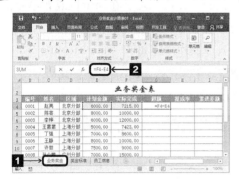

**2** 按下【Enter】键完成输入，此时单元格G4中显示计算结果。选中单元格G4，即可在编辑栏中看到单元格中的公式。

**3** 选中单元格G5，在编辑栏中输入"=F5-E5"，然后单击【输入】按钮✔。

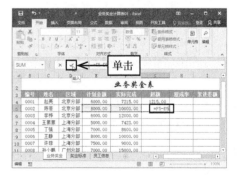

**4** 即可在单元格G5中看到计算结果。

**5** 选中单元格E14，输入"="，然后单击单元格E4将其引用到公式中，此时单元格E4的四周会出现闪烁的虚线框。

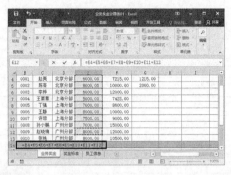

**6** 在单元格E14中输入"+"，接着单击单元格E5，又将单元格E5引用到公式中了。

**7** 按照同样的方法输入整个公式"=E4+E5+E6+E7+E8+E9+E10+E11+E12"。

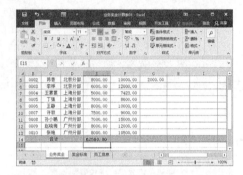

**8** 按下【Enter】键完成输入，随即返回计算结果。

### 2. 编辑公式

编辑公式主要包括修改公式和复制公式以及删除公式。

**○ 修改公式**

修改公式很简单，单击或双击要修改的公式所在的单元格，然后在编辑栏或者单元格中进行修改即可。

具体操作步骤如下。

**1** 双击单元格E14，将公式修改为"=E4+E5+E6+E7+E8+E9+E10+E11+E12+E13"。

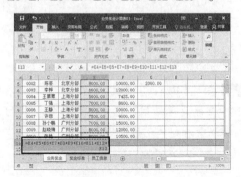

**2** 按下【Enter】键，即可将修改结果显示在单元格E14中。

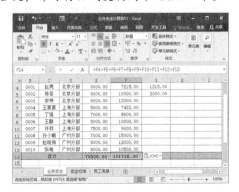

## ○ 复制公式

利用复制公式的方法可以快速地填充其他单元格，具体操作步骤如下。

**1** 选中单元格E14，按下【Ctrl】+【C】组合键进行复制，此时单元格E14的四周会出现闪烁的虚线框，表示该单元格中内容已经被复制。

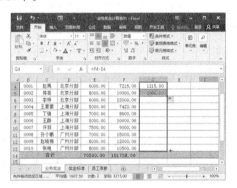

**2** 选中单元格F14，按下【Ctrl】+【V】组合键，即可将公式复制到单元格F14中。

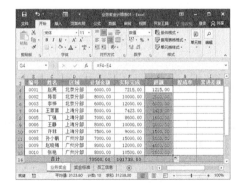

**3** 选中单元格区域G4:G5，将鼠标指针移动到该单元格的右下角，鼠标指针变成➕形状。

**4** 按住鼠标左键不放，向下拖动至单元格G13中。

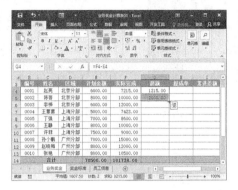

**5** 释放鼠标左键，即可将单元格区域G4:G5中的公式填充到鼠标经过的单元格区域中。计算结果如图所示。

## 9.2 单元格引用

公式与单元格引用是分不开的，单元格的引用是指用单元格所在的列标和行号表示其在工作表中的位置。单元格的引用包括绝对引用、相对引用和混合引用3种。

本小节原始文件和最终效果所在位置如下。

| | |
| --- | --- |
| 原始文件 | 原始文件\第9章\业务奖金计算表02.xlsx |
| 最终效果 | 最终效果\第9章\业务奖金计算表03.xlsx |

### 1. 绝对引用

单元格中的绝对引用则总是在指定位置引用单元格（如$A$1）。如果公式所在单元格的位置改变，绝对引用的单元格也始终保持不变，如果多行或多列地复制公式，绝对引用将不作调整。

具体操作步骤如下。

**1** 打开本实例的原始文件，选中单元格F14，在其中输入公式"=$F$4+$F$5+$F$6+$F$7+$F$8+$F$9+$F$10+$F$11+$F$12+$F$13"。

**2** 按下【Enter】键，即可在单元格F14中显示出计算结果。

**3** 将单元格F14中的公式复制到单元格G14中，单元格G14中的显示结果如图所示，此时单元格G14中的计算结果不变。

### 2. 相对引用

单元格中的相对引用是基于包含公式和引用的单元格的相对位置而言的。如果公式所在单元格的位置改变，引用也将随之改变，如果多行或多列地复制公式，引用会自动调整。默认情况下，新公式使用相对引用。

具体操作步骤如下。

**1** 选中单元格F14，删除原来的公式，然后在其中输入公式"=F$4+F$5+F$6+F$7+F$8+F$9+F$10+F$11+F$12+F$13"。

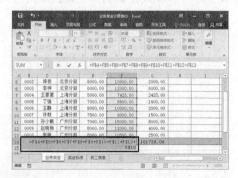

**2** 按下【Enter】键，即可在单元格F14中显示出计算结果。

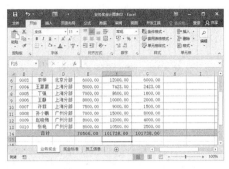

 将公式复制到单元格G14中，单元格G14中计算结果如图所示，此时引用位置发生变化，计算结果也随之改变。

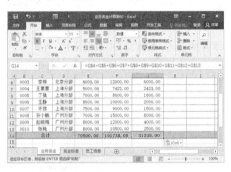

## 3. 混合引用

混合引用是一种介于相对引用和绝对引用之间的引用，也就是说，引用单元格的行和列中一个是相对的，一个是绝对的。

混合引用包括绝对列和相对行、绝对行和相对列两种形式。

例如，$A1表示对A列的绝对引用和对第1行的相对引用，而A$1是对A列的相对引用和对第1行的绝对引用。

如果公式所在单元格的位置改变，相对引用改变，而绝对引用不变；如果多行或多列地复制公式，相对引用自动调整，而绝对引用不作调整。

# 9.3 公式的审核

Excel中提供有公式审核功能，可以很容易地查找工作表中含有公式与单元格之间的关系，并且快速地查找出错误所在。利用公式审核功能可以追踪单元格、显示公式以及检查错误等。

本小节原始文件和最终效果所在位置如下。

| 原始文件 | 原始文件\第9章\业务奖金计算表03.xlsx |
| --- | --- |
| 最终效果 | 最终效果\第9章\业务奖金计算表04.xlsx |

## 1. 追踪引用单元格

具体操作步骤如下。

■1 打开本实例的原始文件，切换到工作表"奖金标准"中，选中单元格E5，切换到【公式】选项卡，在【公式审核】组中单击 追踪引用单元格 按钮。

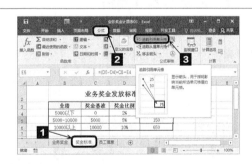

■2 此时Excel会用带箭头的蓝色线条指示影响当前所选单元格值的单元格。

**3** 在【公式审核】组中单击 移去箭头 按钮右侧的下箭头按钮，从弹出的下拉菜单中选择【移去引用单元格追踪箭头】命令。

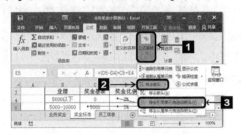

**4** 即可移去引用箭头。

### 2. 追踪从属单元格

具体操作步骤如下。

**1** 选中单元格D5，切换到【公式】选项卡，在【公式审核】下拉菜单中选择 追踪从属单元格 命令。

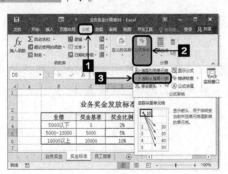

**2** 此时Excel会用带箭头的蓝色线条指示当前所选单元格值影响的单元格。

**3** 在【公式审核】组中单击 移去箭头 右侧的下箭头按钮，从弹出的下拉菜单中选择【移去从属单元格追踪箭头】命令。

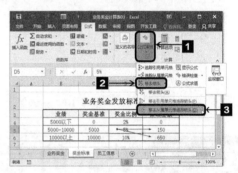

**4** 即可移去引用箭头。

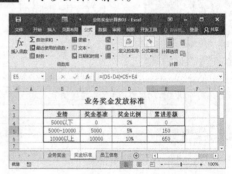

## 提示

如果工作表中既有引用箭头，又有从属箭头，单击 移去箭头 右侧的下箭头按钮，从弹出的下拉菜单中选择【移去箭头】命令，即可删除所有追踪箭头。

## 3. 显示公式

默认状态下，在单元格中输入公式后单元格中显示的是计算结果，只能从编辑栏中看到单元格中的公式。如果要显示出工作表中的所有公式，用户可以使用Excel 2016的显示公式功能。

具体操作步骤如下。

**1** 在【公式审核】组中单击【显示公式】 显示公式按钮，此时单元格中显示的是输入的公式。

**2** 此时单元格中就会显示出输入的公式。

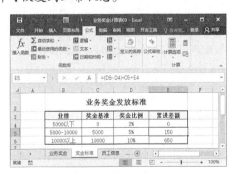

**3** 想要取消公式显示，可以再次单击【公式审核】组中的【显示公式】按钮 显示公式，即可恢复到正常状态。

## 4. 错误检查

利用公式审核功能可以检查公式中的错误，具体的操作步骤如下。

**1** 选中单元格E6，将公式更改为"=(D6-D5)★C6+E5+文本"。

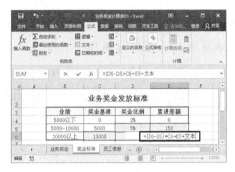

**2** 按下【Enter】键，此时单元格E6中显示错误值"#NAME?"。

**3** 在【公式审核】组中单击【错误检查】按钮 错误检查 右侧的下箭头按钮，从弹出的下拉菜单中选择【错误检查】命令。

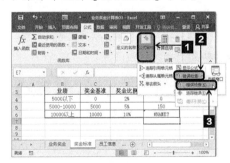

**4** 随即弹出【错误检查】对话框，显示出出错的公式以及出错的原因。

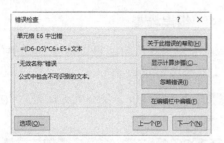

**5** 单击 在编辑栏中编辑(F) 按钮，此时可以在编辑栏中对公式进行编辑，将公式修改为 "=(D6-D5)*C6+E5"。

**6** 此时在【错误检查】对话框中单击 下一个(N) 按钮，即可继续检查该工作表中的错误。如果该工作表中已经没有错误了，系统则会自动弹出【Microsoft Excel】对话框，提示用户"已完成对整个工作表的错误检查"。

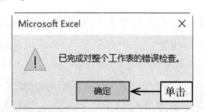

**7** 单击 确定 按钮即可。

**提示**

【错误检查】对话框中其他按钮的作用如下。

单击 选项(O)... 按钮，可以对错误检查的选项进行设置和规划。

单击 关于此错误的帮助(H) 按钮，可以打开该错误的帮助文件，查看出现该错误的原因以及解决的方法。

单击 显示计算步骤(C)... 按钮，可以一步步查看该公式的计算结果，从中查找公式出错的具体位置。

单击 忽略错误(I) 按钮，可以忽略该单元格的错误，并将 按钮隐藏起来。

### 5. 公式求值

使用公式求值可以跟踪公式的计算过程，看到每一步的计算结果，具体操作步骤如下。

**1** 选中单元格E6，切换到【公式】选项卡，在【公式审核】组中单击【公式求值】按钮 公式求值。

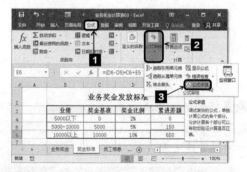

**2** 随即弹出【公式求值】对话框，该对话框中显示出引用的单元格以及求值公式。

**3** 单击 求值(E) 按钮即可求解下划线引用的值，计算结果以斜线显示。

**4** 继续单击 求值(E) 按钮，即可查看每一步的计算结果，直到求解完毕。

**5** 此时单击 重新启动(E) 按钮，可以重新查看当前公式的求值过程。单击 关闭(C) 按钮可以关闭该对话框。

# 9.4 名称的使用

在公式中，除了可以引用单元格位置之外，还可以使用名称参与计算。通过给单元格或单元格区域以及常量等定义名称，会比引用单元格位置更加直观、更加容易理解。

## 9.4.1 定义名称

在使用名称之前，首先要定义名称。

| 本小节原始文件和最终效果所在位置如下。 |
| --- |
| 原始文件 原始文件\第9章\业务奖金计算表04.xlsx |
| 最终效果 最终效果\第9章\业务奖金计算表05.xlsx |

具体操作步骤如下。

**1** 打开本实例的原始文件，切换到工作表"业务奖金"中，选中单元格E14，切换到【公式】选项卡，在【定义的名称】下拉菜单中选择 定义名称 命令。

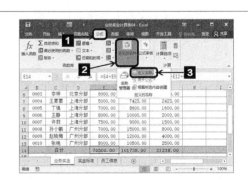

**2** 弹出【新建名称】对话框，在【名称】文本框中输入"计划金额合计值"。

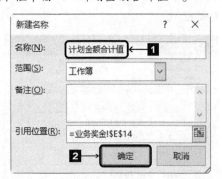

**3** 单击 确定 按钮，返回工作表中，此时在名称框中显示出单元格区域的名称。

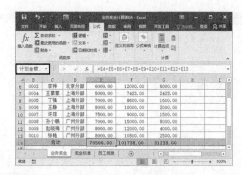

**4** 按照同样的方法，将单元格F14定义为"实际完成合计值"。

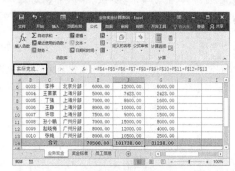

## 9.4.2 应用名称

定义了名称之后，就可以像引用单元格位置那样在公式中使用名称了。

|  | 本小节原始文件和最终效果所在位置如下。 |
| --- | --- |
| 原始文件 | 原始文件\第9章\业务奖金计算表05.xlsx |
| 最终效果 | 最终效果\第9章\业务奖金计算表06.xlsx |

具体操作步骤如下。

**1** 打开本实例的原始文件，切换到工作表"业务奖金"中，在单元格G14中输入"="，切换到【公式】选项卡，单击【定义的名称】中的 用于公式 按钮，从弹出的下拉菜单中选择【实际完成合计值】命令。

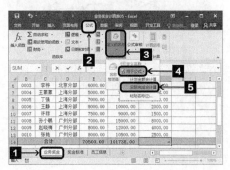

**2** 此时名称"实际完成合计值"就会出现在公式中。

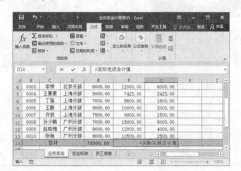

**3** 输入减号"–"，接着单击【定义的名称】中的 用于公式 按钮，从弹出的下拉菜单中选择【计划金额合计值】命令。

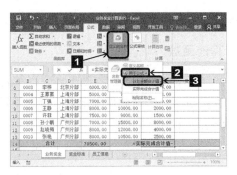

**4** 即可将名称"计划金额合计值"输入到公式中。

**5** 单击名称框中的【输入】按钮✔完成输入，随即返回计算结果。

# 9.5 函数基础

除了用户自己输入的公式之外，Excel 2016中还预置了一些已经定义好的公式，被称为函数。函数可以单独使用，也可以在公式中使用。

## 9.5.1 函数的种类

一般情况下，函数是由函数名称和一个或多个参数组成。函数的种类很多，按照功能主要分为以下7种。

**○ 数学和三角函数**

数字和三角函数主要用于数学和三角函数方面的计算，如MOD和LOG10函数等。

**○ 逻辑函数**

逻辑函数主要用于在函数公式中对某些条件进行相应的逻辑判断，如IF函数。

**○ 查找与引用函数**

查找与引用函数用于查找工作表中某些特定的值，如CHOOSE函数、VLOOKUP函数和TRANSPOSE函数等。

**○ 日期和时间函数**

日期和时间函数是专门用于处理日期和时间数据的函数，如DAY、TODAY和YEAR函数等。

● **财务函数**

Excel 2016中提供了大量的财务函数，可以满足用户在财务金融计算方面的要求，如ACCRINT和DDB函数等。

● **文本函数**

文本函数主要是用来处理公事中的文本字

符串的，如CONCATENATE和FIND函数等。

● **其他函数**

除了前面介绍的函数之外，还有统计函数、工程函数、多维数据集函数、信息函数、兼容性函数和数据库函数。

## 9.5.2 函数的输入

在使用函数时要注意，所有的函数都要使用括号"()"，括号中的内容就是函数的参数（个别函数，如TODAY()没有任何参数）。当函数有多个参数时，要使用英文状态下的逗号"，"进行分隔。

在工作表中输入函数的方法有两种：一种是使用插入函数功能输入；另一种是手动输入。

| 本小节原始文件和最终效果所在位置如下。 | |
|---|---|
| 原始文件 | 原始文件\第9章\业务奖金计算表06.xlsx |
| 最终效果 | 最终效果\第9章\业务奖金计算表07.xlsx |

### 1. 使用插入函数功能输入函数

如果用户对要使用的函数不是很熟悉，可以使用插入函数功能输入函数，这样可以减少函数在输入过程中发生的错误。

具体操作步骤如下。

**1** 打开本实例的原始文件，切换到工作表"业务奖金"中。选中单元格E14，切换到【公式】选项卡，在【函数库】组中单击【插入函数】按钮 *fx*。

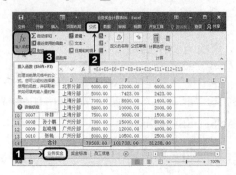

**2** 弹出【插入函数】对话框，从【或选择类别】下拉列表框中选择【数学与三角函数】选项，然后在【选择函数】列表框中选择【SUM】函数。

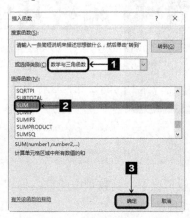

**3** 单击 确定 按钮，弹出【函数参数】对话框，在【Number1】文本框中输入"E4:E13"。

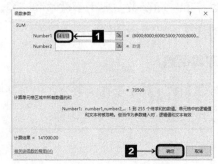

**4** 单击 确定 按钮返回工作表，此时在单元格E14中显示出计算结果。

### 2. 手动输入函数

如果用户对要使用的函数很熟悉，就可以手动输入函数。

具体操作步骤如下。

**1** 选中单元格F14，输入"=SUM()"，然后将光标定位在括号内。

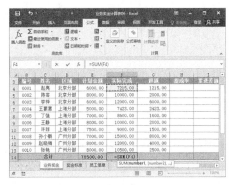

**2** 单击单元格F4，此时即可引用该单元格作为SUM函数的一个参数。

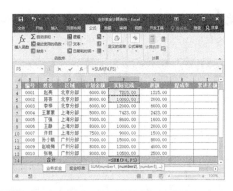

**3** 在公式中输入英文状态下的逗号"，"，然后单击单元格F5作为SUM函数的第二个参数。

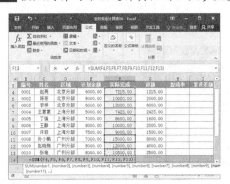

**4** 按照同样的方法选择其他的函数参数。

**5** 输入完毕，按下【Enter】键，随即返回计算结果。

**6** 选中单元格G14，输入公式"=SUM(G4: G13)"。

**7** 输入完毕按下【Enter】键，随即返回计算结果。

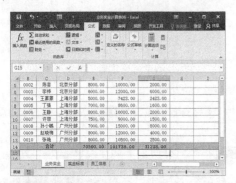

**提示**

Excel 2016中提供了一个自动完成功能，在公式中输入函数的一个字母时会出现一个下拉框，显示出所有以该字母开头的函数，双击要输入的函数，即可将其插入到公式中。

# 9.6 函数的应用

使用函数可以使计算简单，减少出错率，并能够提高工作效率。常用函数主要有数学和三角函数、逻辑函数、查找与引用函数、文本函数、统计函数和财务函数等。

## 9.6.1 数学和三角函数

数学和三角函数是指通过数学和三角函数进行简单的计算，如对数字取整、计算单元格区域中的数值总和或其他复杂计算。常用的函数有【SUM】、【SUMIF】、【ROUND】、【MOD】等。

下面介绍几个常用的数学和三角函数。

### 1. SUM函数

函数功能：用于返回多个数值的求和结果。

语法格式：SUM(number1,number2,…)

参数说明：number1、number2、…为1~255个待求和的数值，每个参数都可以是单元格引用、数组、常量、公式或另一个函数的结果。

### 2. SUMIF函数

函数功能：对满足条件的单元格求和。

语法格式：SUMIF(range,criteria,sum_range)

参数说明：range为用于条件计算的单元格区域，每个区域中的单元格都必须是数字或名称、数组或包含数字的引用，空值和文本值将被忽略；criteria用于确定对哪些单元格求和的条件，其形式可以为数字、表达式、单元格引用、文本或函数；sum_range为要求和的实际单元格，如果省略，Excel会对在range参数中指定的单元格（即应用条件的单元格）求和。

### 3. ROUND函数

函数功能：返回某个数值按照指定位数四舍五入后的数字。

语法格式：ROUND(number,num_digits)

参数说明：number是要四舍五入的数字；num_digits是执行四舍五入时采用的位数。

① 如果num_digits>0（零），则将数字四舍五入到指定的小数位。

② 如果num_digits=0，则将数字四舍五入到最接近的整数。

③ 如果num_digits<0，则在小数点左侧进行四舍五入。

### 4. MOD函数

函数功能：返回两个数相除的余数。结果的正负号与除数相同。

语法格式：MOD(number,divisor)

参数说明：number是被除；divisor是除数。

下面以SUMIF函数为例，介绍数学函数的应用。

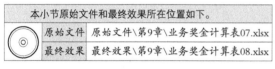

| | 本小节原始文件和最终效果所在位置如下。 |
| --- | --- |
| 原始文件 | 原始文件\第9章\业务奖金计算表07.xlsx |
| 最终效果 | 最终效果\第9章\业务奖金计算表08.xlsx |

具体操作步骤如下。

**1** 打开本实例的原始文件，切换到"业务奖金"工作表，选中单元格E16，切换到【公式】选项卡，在【函数库】下拉菜单中单击【数学和三角函数】按钮，从弹出的下拉子菜单中选择【SUMIF】命令。

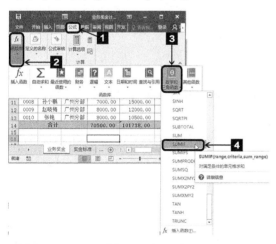

**2** 随即弹出【函数参数】对话框，在【Range】输入框中输入"D4:D13"，在【Criteria】输入框中输入"北京分部"，在【Sum_range】输入框中输入"F4:F13"。

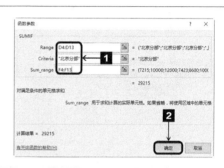

**3** 单击 确定 按钮返回工作表，此时单元格E16中显示出北京分部实际完成的合计值。

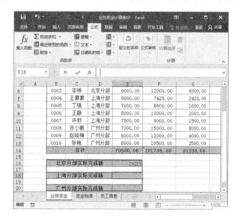

**4** 选中单元格E18，输入公式"=SUMIF(D4:D13,"上海分部",F4:F13)"。

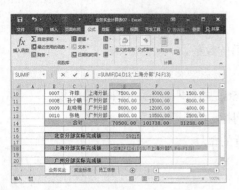

**5** 按下【Enter】键完成输入，随即返回上海分部实际完成合计值。

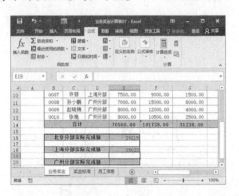

**6** 选中单元格E20，输入公式 "=SUMIF(D4:D13,"广州分部",F4:F13)"。

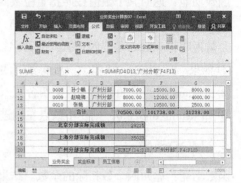

**7** 按下【Enter】键完成输入，随即返回广州分部实际完成合计值。

# 9.6.2 逻辑函数

逻辑函数是一种用于进行真假值判断或复合检验的函数。逻辑函数在日常办公应用中非常广泛，常用的逻辑函数有【IF】、【AND】、【OR】和【NOT】等。

## 1. IF函数

函数功能：判断是否满足条件，然后根据判断结果的真假值返回不同的结果。

语法格式：IF(logical_test,value_if_true,value_if_false)

参数说明：logical_test是计算结果可能为TRUE或FALSE的任意值或表达式；value_if_true是logical_test参数的计算结果为TRUE时所要返回的值；value_if_false是logical_test参数的计算结果为FALSE时所要返回的值。

## 2. AND函数

函数功能：在其参数组中，所有参数的逻辑值为TRUE则返回TRUE，只要有一个参数的逻辑值为FALSE，则返回FALSE。

语法格式：AND(logical1,logical2,…)

参数说明：logical1、logical2、…为待检测的1~255个条件。

### 3. OR函数

函数功能：在其参数组中，任何一个参数的逻辑值为TRUE则返回TRUE；否则返回FALSE。

语法格式：OR(logical1,logical2,…)

参数说明：logical1、logical2、…为待检测的1~255个条件。

### 4. NOT函数

函数功能：对参数值求反，即当参数值为TRUE时，NOT函数返回FALSE。

语法格式：NOT(logical)

参数说明：一个可以计算出TRUR或FALSE的逻辑值或逻辑表达式。

| 本小节原始文件和最终效果所在位置如下。 | |
| --- | --- |
| 原始文件 | 原始文件\第9章\业务奖金计算表08.xlsx |
| 最终效果 | 最终效果\第9章\业务奖金计算表09.xlsx |

下面通过实例介绍应用逻辑函数的具体应用，具体操作步骤如下。

**1** 打开本实例的原始文件，切换到"奖金标准"工作表，在这里可以了解一下业务奖金的发放标准。

**2** 切换到"业务奖金"工作表，选中单元格H4，输入公式"=IF(G4>0,IF(G4<=5000,2%,IF(AND(G4>5000,G4<=10000),5%,10%)),0)"，即根据超额多少返回相应的提成率。此处使用了IF函数的嵌套使用方法，第一个IF判断超额数是否大于0，如果大于0，则继续判断；否则返回0。第2个IF判断超额数是否小于等于5000，如果为真则返回2%，否则进行第3个IF判断，如果超额数大于5000又小于10000，则返回5%，否则返回10%。

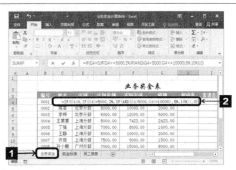

**3** 按下【Enter】键，即可返回相应的提成率。

**4** 选中单元格H4，将鼠标指针移到该单元格的右下角，当鼠标指针变成 ✚ 形状时按住鼠标左键不放向下拖动至单元格H13中，释放鼠标左键，即可返回其他员工的提成率。

## 9.6.3 查找与引用函数

查找与引用函数用于在数据清单或表格中查找特定数值，或者查找某一单元格的引用时使用的函数。常用的查找与引用函数包括【LOOKUP】、【VLOOKUP】、【MATCH】、【ROW】、【INDEX】等。

### 1. LOOKUP函数

LOOKUP函数的功能是从向量或数组中查找符合条件的数值。该函数有两种语法形式，即向量和数组。向量形式是指从一行或一列的区域内查找符合条件的数值。向量形式的LOOKUP函数按照在单行区域或单列区域查找的数值，返回第二个单行区域或单列区域中相同位置的数值。数组形式是指在数组的首行或首列中查找符合条件的数值，然后返回数组的尾行或尾列中相同位置的数值。本节重点介绍向量形式的LOOKUP函数的语法。

函数语法格式：LOOKUP(lookup_value,lookup_vector,result_vector)

lookup_value：在单行或单列区域内要查找的值，可以是数字、文本、逻辑值或者包含名称的数值或引用。

lookup_vector：指定的单行或单列的查找区域。其数值必须按升序排列，文本不区分大小写。

result_vector：指定的函数返回值的单元格区域。其大小必须与lookup_vector相同，如果lookup_value小于lookup_vector中的最小值。LOOKUP函数则返回错误值"#N/A"。

### 2. VLOOKUP函数

VLOOKUP函数的功能是进行列查找，并返回当前行中指定的列的数值。

函数语法格式：VLOOKUP(lookup_value,table_array,col_index_num,range_lookup)

lookup_value：指需要在表格数组第一列中查找的数值。lookup_value可以为数值或引用。若lookup_value小于table_array第一列中的最小值，则VLOOKUP函数返回错误值"#N/A"。

table_array：指指定的查找范围。使用对区域或区域名称的引用。table_array第一列中的值是由lookup_value搜索到的值。这些值可以是文本、数字或逻辑值。

col_index_num：指table_array中待返回的匹配值的列序号。col_index_num为1时，返回table_array第一列中的数值；col_index_num为2时，返回table_array第二列中的数值，以此类推。如果col_index_num小于1，VLOOKUP函数返回错误值"#VALUE!"；如果index_num大于table_array的列数，VLOOKUP函数返回错误值"#REF!"。

range_lookup：指逻辑值，指定希望VLOOKUP函数查找精确的匹配值还是近似匹配值。如果参数值为TRUE（或为1，或省略），则只寻找精确匹配值。也就是说，如果找不到精确匹配值，则返回小于lookup_value的最大数值。table_array第一列中的值必须以升序排序；否则VLOOKUP函数可能无法返回正确的值。如果参数值为FALSE（或为0），则返回精确匹配值或近似匹配值。在此情况下，table_array第一列的值不需要排序。如果table_array第一列中有两个或多个值与lookup_value匹配，则使用第一个找到的值。如果找不到精确匹配值，则返回错误值"#N/A"。

### 3. MATCH函数

函数功能：返回符合特定值特定顺序的项在数组中的相对位置。

语法格式：MATCH(lookup_value,lookup_array,match_type)

参数说明：lookup_value为需要在lookup_array中查找的值；lookup_array为要搜索的单元格区域；match_type为数字–1、0或1，指定如何在lookup_array中查找lookup_value的值，如果省略则默认为1。

### 4. ROW函数

函数功能：返回引用的行号。

语法格式：ROW(reference)

参数说明：reference为需要得到其行号的单元格或单元格区域。

### 5. INDEX函数

INDEX函数有数组形式和引用形式两种，这里主要介绍引用形式。

函数功能：在给定的单元格区域中，返回特定行列交叉处单元格引用。

语法格式：INDEX(reference,row_num,column_num,area_num)

参数说明：reference为对一个或多个单元格区域的引用；row_num为引用中某行的行号，函数从该行返回一个引用；column_num为引用中某列的列标，函数从该列返回一个引用；area_num为选择引用中的一个区域，以从中返回row_num和lcolumn_num的交叉区域。

| | |
|---|---|
| 本小节原始文件和最终效果所在位置如下。 | |
| 原始文件 | 原始文件\第9章\业务奖金计算表09.xlsx |
| 最终效果 | 最终效果\第9章\业务奖金计算表10.xlsx |

下面通过实例介绍查找与引用函数的具体应用。

**1** 打开本实例的原始文件，切换到"业务奖金"工作表，然后选中单元格I4，输入公式"=LOOKUP(业务奖金!H4,奖金标准!$D$4:$D6,奖金标准!$E$4:$E$6)"。

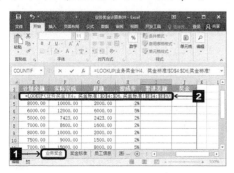

**2** 按下【Enter】键，即可看到单元格I4中返回的累进差额值。

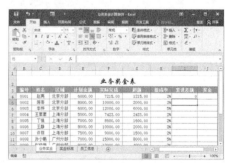

**3** 选中单元格I4，将鼠标指针移动到该单元格的右下角，当鼠标指针变成╋形状时，按住鼠标左键不放向下拖动至单元格I13中，然后释放鼠标左键即可。

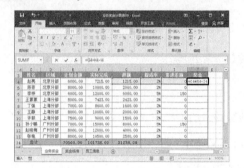

**4** 在单元格J4中输入公式"=G4*H4-I4"。

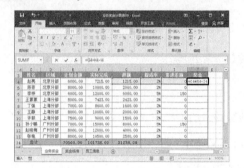

**5** 选中单元格J4，将鼠标指针移动到该单元格的右下角，当鼠标指针变成 **+** 形状时按住鼠标左键不放向下拖动至单元格J13中，然后释放鼠标左键即可将公式填充到单元格区域J5:J13中。

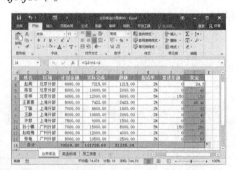

**6** 切换到"速查员工奖金"工作表，选中单元格B4，输入公式"=ROW()-3"，按下【Enter】键，即可返回序号值。

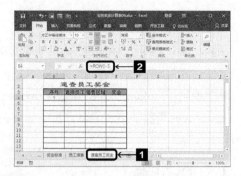

**7** 将公式填充到该列的其他单元格中，即可使单据自动编号。

**8** 单击【自动填充选项】按钮 ，从弹出的下拉菜单中选择【不带格式填充】命令。

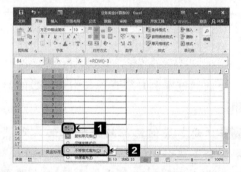

**9** 即可清除填充公式时自动填充的单元格格式。

N

**10** 选中单元格区域C4:C13，切换到【数据】选项卡，在【数据工具】组中单击【数据验证】按钮右侧的下三角按钮，在弹出的下拉菜单中选择【数据验证】命令。

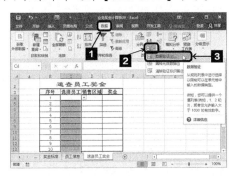

**11** 随即弹出【数据验证】对话框，切换到【设置】选项卡，从【允许】下拉列表框中选择【序列】选项。

**12** 单击【来源】文本框右侧的【折叠】按钮，将【数据验证】对话框折叠起来，然后切换到"员工信息"工作表，选中单元格区域C4:C13。

**13** 单击【展开】按钮展开【数据验证】对话框，在【来源】文本框中显示出源数据。

**14** 单击 确定 按钮返回工作表中，此时选中设置了数据有效性的单元格，会出现一个下箭头按钮，单击该按钮，即可从弹出的下拉列表框中选择员工姓名。

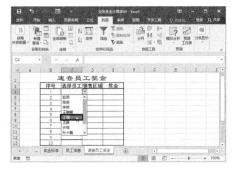

**15** 选中单元格D4，输入公式"=INDEX(员工信息!\$D\$4:\$D\$13,MATCH(C4,员工信息!\$C\$4:\$C\$13,0))"，即先用MATCH查找所选择的员工在"员工信息"工作表中的位置，然后利用INDEX返回另一单元格区域中与该位置在同一行上的值。按下【Enter】键完成输入即可。

**16** 切换到"业务奖金"工作表，选中单元格区域C4:J13，切换到【公式】选项卡，在【定义的名称】下拉菜单中选择 定义名称 命令。

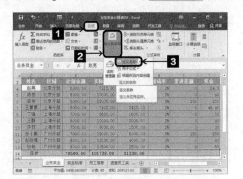

**17** 弹出【新建名称】对话框，在【名称】文本框中输入"业务奖金"，然后单击 确定 按钮，即可定义名称"业务奖金表"。

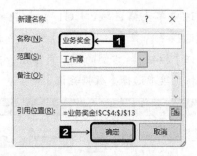

**18** 切换到"速查员工奖金"工作表，选中单元格E4，输入公式"=VLOOKUP(C4,业务奖金,8,0)"，根据选择的员工姓名返回对应的奖金数。

## 9.6.4 文本函数

文本函数是指可以在公式中处理字符串的函数。常用的文本函数包括【CONCATENATE】、【LEFT】、【MID】、【RIGHT】、【LEN】和【TEXT】等。

### 1. CONCATENATE函数

函数功能：将多个文本字符串合并为一个文本字符串。

语法格式：CONCATENATE(text1,text2,…)

参数说明：text1、test2、…为要连接的1~255个文本项。

### 2. LEFT函数

函数功能：从一个文本字符串的第一个字符开始返回指定个数的字符。

语法格式：LEFT(text,num_chars)

参数说明：text为包含要提取的字符的文本字符串；num_chars为指定要由LEFT提取的字符的数量。

在使用LEFT函数时要注意以下几点。

①num_chars必须大于或等于零。

②如果num_chars大于文本长度，则LEFT返回全部文本。

③如果省略num_chars，则假设其值为1。

### 3. MID函数

函数功能：从文本字符串中指定的起始位置起返回指定长度的字符。

语法格式：MID(text,start_num,num_chars)

参数说明：text为包含要提取的字符的文本字符串；start_num为文本中要提取的第一个字符的位置，文本中第一个字符的start_num为1，依此类推；num_chars为指定希望MID从文本中返回字符的个数。

### 4. RIGHT函数

函数功能：从一个文本字符串的最后一个字符开始返回指定个数的字符。

语法格式：RIGHT(text,num_chars)

参数说明：text为包含要提取的字符的文本字符串；num_chars为指定要由RIGHT提取的字符的数量。

### 5. LEN函数

函数功能：返回文本字符串中的字符数。

语法格式：LEN(text)

参数说明：text为要查找其长度的文本。空格将作为字符进行计算。

### 6. TEXT函数

函数功能：根据指定的数字格式将数值转换为文本。

语法格式：TEXT(value,format_text)

参数说明：value可以是数值、计算结果为数值的公式，或对包含数值的单元格的引用；format_text为使用双引号括起来作为文本字符串的数字格式。

| | |
|---|---|
| 本小节原始文件和最终效果所在位置如下。 | |
| 原始文件 | 原始文件\第9章\业务奖金计算表10.xlsx |
| 最终效果 | 最终效果\第9章\业务奖金计算表11.xlsx |

接下来使用文本计算员工的性别和出生日期，具体操作步骤如下。

**1** 打开本实例的原始文件，切换到"员工信息"工作表，选中单元格E4，输入公式"=IF(MOD(MID(G4,17,1),2)=0,"女","男")"，即首先利用MID函数从身份证号码中提出第17位数字，然后利用MOD函数判断该数字能否被2整除，如果能被2整除，则返回性别"女"；否则返回性别"男"。

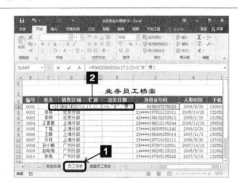

**2** 按下【Enter】键，即可在单元格E5中返回性别值。

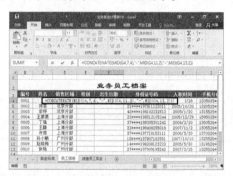

**3** 选中单元格F4，输入公式 "=CONCATENATE(MID(G4,7,4),"−",MID(G4,11,2),"−",MID(G4,13,2))"，即利用MID函数从身份证号码中分别提出年、月和日，然后利用CONCATENATE函数将年、月、日和短横线 "−" 连接起来。

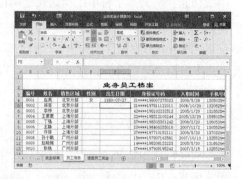

**4** 按下【Enter】键，即可看到单元格F4中返回的日期值。

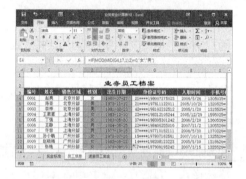

**5** 选中单元格区域E4:F4，将鼠标指针移至右下角，鼠标指针变成 **十** 形状，向下拖动鼠标填充公式至单元格区域E5:F13。

# 9.6.5 统计函数

统计函数是指用于对数据区域进行统计分析的函数。常用的统计函数包括【AVERAGE】、【RANK】和【COUNTIF】等。

### 1. AVERAGE函数

函数功能：返回所有参数的算术平均值。

语法格式：AVERAGE(number1,number2,…)

参数说明：number1、number2、…是要计算平均值的1~30个参数。

### 2. RANK函数

函数功能：返回结果集分区内指定字段的值的排名，指定字段的值的排名是相关行之前的排名加1。

语法格式：RANK(number,ref,order)

参数说明：number是需要计算其排位的一个数字；ref是包含一组数字的数组或引用（其中的

非数值型参数将被忽略）；order为一个数字，指明排位的方式，如果order为0或省略，则按降序排列的数据清单进行排位，如果order不为0，ref当作按升序排列的数据清单进行排位。

注意：函数RANK对重复数值的排位相同。但重复数的存在将影响后续数值。

### 3. COUNTIF函数

函数功能：计算区域中满足给定条件的单元格的个数。

语法格式：COUNTIF(range,criteria)

参数说明：range为需要计算其中满足条件的单元格数目的单元格区域；criteria为确定哪些单元格将被计算在内的条件，其形式可以为数字、表达式或文本。

### 4. MAX函数

函数功能：返回一组数值中最大值，忽略逻辑值和文本。

语法格式：MAX(number1,number2,…)

参数说明：number1、number2、…为要从中找出最大值的1~255个数值参数。

### 5. MIN函数

函数功能：返回一组数值中最小值，忽略逻辑值和文本。

语法格式：MIN(number1,number2,…)

参数说明：number1、number2、…为要从中找出最小值的1~255个数值参数。

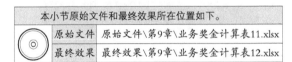

| 本小节原始文件和最终效果所在位置如下。 | |
| --- | --- |
| 原始文件 | 原始文件\第9章\业务奖金计算表11.xlsx |
| 最终效果 | 最终效果\第9章\业务奖金计算表12.xlsx |

下面通过实例介绍统计函数的应用，具体操作步骤如下。

**1** 打开本实例的原始文件，切换到"业务奖金"工作表，然后选中单元格H18，切换到【公式】选项卡，在【函数库】组中单击【插入函数】按钮。

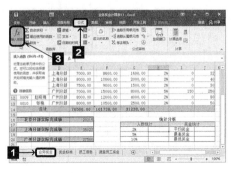

**2** 弹出【插入函数】对话框，在【或选择类别】下拉列表框中选择【统计】选项，在【选择函数】列表框中选择【COUNTIF】函数。

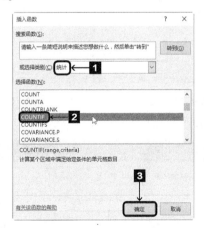

**3** 单击 确定 按钮，弹出【函数参数】对话框，在【Range】输入框中输入"$H$4:$H$13"，在【Criteria】输入框中输入"G18"。

**4** 单击 确定 按钮，此时单元格H18中即可返回提成率为2%的人员数目。

**5** 按照前面介绍的方法不带格式地向下填充公式，分别得到提成率为5%和10%的人员数目。

**6** 选中单元格J18，输入公式"=AVERAGE(J4:J13)"。

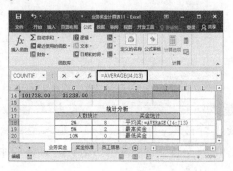

**7** 按下【Enter】键，即可得到平均奖金。

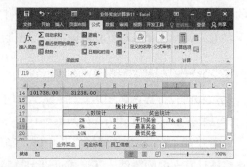

**8** 选中单元格J19，输入公式"=MAX(J4:J13)"。

**9** 按下【Enter】键，即可得到最高奖金。

**10** 选中单元格J20，输入公式"=MIN(J4:J13)"。

**11** 单击名称框中的【输入】按钮 ✓ 即可得到最低奖金。

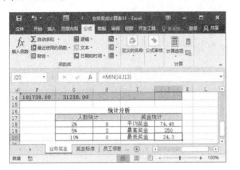

**12** 选中单元格K4，输入公式"=RANK.EQ(J4,$J$4:$J$13)"，然后利用鼠标拖动的方法向下填充公式，得出各员工所得奖金的排名。

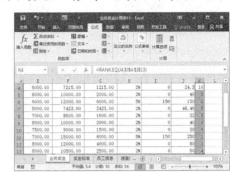

## 9.6.6 财务函数

财务函数可以进行一般的财务计算，如确定贷款的支付额、投资的未来值或净现值以及债券或息票的价值。常用的财务函数有货币时间价值函数、投资决策函数和折旧函数等。

### 1. 货币时间价值函数

⭕ **FV函数**

函数功能：又称终值函数，是基于固定利率及等额分期付款方式，返回某项投资的未来值。

语法格式：FV(rate,nper,pmt,pv,type)

参数说明：rate为各期利率，可以为年利率也可以为月利率，月利率=年利率/12；nper为总投资（或贷款）期，即该项投资（或贷款）的付款期总数；pmt为各期所应支付的金额，其数值在整个年金期间保持不变，通常pmt包括本金和利息，但不包括其他费用及税款，如果忽略pmt，则必须包含pv参数；pv为现值，又称本金，即从该项投资开始计算时已经入账的款项，或一系列未来付款的当前值的累积和，如果省略pv，则假设其值为零，并且必须包括pmt参数；type为数字0或1，用以指定各期的付款时间是在期初还是期末，如果type值为0或省略，表示支付时间在期末，如果type值为1，表示支付时间在期初。FV函数表示未来值，为了避免负数的出现，可以手工在公式前加上负号。

⭕ **PV函数**

函数功能：返回投资的现值。现值为一系列未来付款的当前值的累积和。

语法格式：PV(rate,nper,pmt,fv,type)

参数说明：rate、nper、pmt、type与FV函数的参数相同。如果忽略pmt，则必须包含fv参数。fv为未来值，又称终值，或在最后一次支付后希望得到的现金余额，如果省略fv，则假设其值为零（一笔贷款的未来值即为零）。如果忽略fv，则必须包含pmt参数。

### ○ PMT函数

函数功能：基于固定利率及等额分期付款方式，返回贷款的每期付款额。

语法格式：PMT(rate,nper,pmt,pv,fv,type)

参数说明：rate为贷款利率；nper为该项贷款的付款总期数；pv为现值，fv为终值，如果省略fv，则假设其值为零，也就是一笔贷款的未来值为零；type的数值为0或1，用以指定各期的付款时间是在期初还是期末，如果type值为0或省略，表示支付时间在期末，如果type值为1，表示支付时间在期初。

## 2. 投资决策函数

### ○ NPV函数

函数功能：又称净现值函数，是通过使用贴现率以及一系列未来支出（负值）和收入（正值），返回一项投资的净现值。

语法格式：NPV(rate,value1,value2,…)

参数说明：rate为贴现率；values指定现金流值。values通常为一个数组，此数组至少要包含一个支付（负值）和一个收入（正值），说明投资的净现值是未来一系列支付或收入的当前价值。

### ○ IRR函数

函数功能：返回由数值代表的一组现金流的内含报酬率。这些现金流不必为均衡的，但作为年金，它们必须按固定的间隔产生，如按月或者按年。内含报酬率为投资的回收利率，其中包含定期支付（负值）和定期收入（正值）。

语法格式：IRR(values,guess)

参数说明：values为数值或单元格的引用，包含用来计算返回的内部收益率的数字，values必须包含至少一个正值和一个负值，以计算返回的内部收益率；guess为对函数IRR计算结果的估计值。如果省略guess，则假设它为0.1（10%）。

## 3. 折旧函数

### ○ SLN函数

函数功能：某项资产在一个期间内的线性折旧值。

语法格式：SLN(cost,salvage,life)

参数说明：cost表示资产原值；salvage表示资产在折旧期末的价值（也称为资产残值）；life表示资产的折旧期数（也称为资产的使用寿命）。

### ○ DDB函数

函数功能：使用双倍余额递减法或其他指定方法，计算一笔资产在给定期间内的折旧值。

语法格式：DDB(cost,salvage,life,period,factor）

参数说明：cost表示资产原值；salvage表示资产在折旧期末的价值（也称为资产残值）；life表

示资产的折旧期数（也称为资产的使用寿命）；period表示需要计算折旧值的期间，必须使用与life相同的单位；factor表示余额递减速率，如果factor被省略，则假设为2（双倍余额递减法）。

| 本小节原始文件和最终效果所在位置如下。 | |
| --- | --- |
| 原始文件 | 原始文件\第9章\投资收益分析01.xlsx |
| 最终效果 | 最终效果\第9章\投资收益分析02.xlsx |

接下来使用财务函数计算定期定额投资收益。具体的操作步骤如下。

**1** 打开本实例的原始文件，选中单元格B4，在其中输入每月定投金额"800"。

**2** 计算总投资额。总投资额=每期定投金额×投资总期数。选中单元格B8，然后输入公式"=$B$4*A8*12"。

**3** 输入完毕按下【Enter】键，选中单元格B8，将鼠标指针移动到该单元格的右下角，此时鼠标指针变成 ✚ 形状，然后按住鼠标左键不放，向下拖动到本列的其他单元格，释放左键，此时不同年限的总投资额就计算出来了。

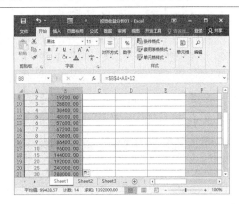

**4** 计算不同收益率和年限下的投资收益总额。期末投资收益总额=期末资产总额-总投资额。在单元格C8中输入公式"=-FV($C$6/12,A8*12,$B$4,1)-$B8"，输入完毕按下【Enter】键。

**5** 选中单元格C8，将鼠标指针移动到该单元格的右下角，此时鼠标指针变成 ✚ 形状，然后按住鼠标左键不放，向下拖动到本列的其他单元格，释放左键，此时年收益率为5%的不同年限的投资收益总额就计算出来了。

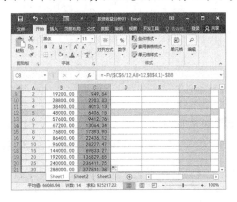

**6** 在单元格D8中输入公式"=-FV($D$6/12,A8*12,$B$4,1)-$B8"，输入完毕按下【Enter】键。选中单元格D8，将鼠标指针移动到该单元格的右下角，此时鼠标指针变成➕形状，然后按住鼠标左键不放，向下拖动到本列的其他单元格，释放左键，此时年收益率为8%的不同年限的投资收益总额就计算出来了。

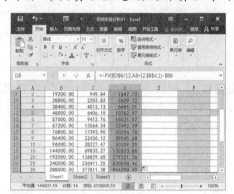

**7** 在单元格E8中输入公式"=-FV($E$6/12,A8*12,$B$4,1)-$B8"，输入完毕按下【Enter】键。选中单元格E8，将鼠标指针移动到该单元格的右下角，此时鼠标指针变成➕形状，然后按住鼠标左键不放，向下拖动到本列的其他单元格，释放左键，此时年收益率为10%的不同年限的投资收益总额就计算出来了。

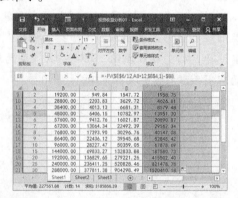

**8** 在单元格F8中输入公式"=-FV($F$6/12,A8*12,$B$4,1)-$B8"，输入完毕按下【Enter】键。选中单元格F8，将鼠标指针移动到该单元格的右下角，此时鼠标指针变成➕形状，然后按住鼠标左键不放，向下拖动

到本列的其他单元格，释放左键，此时年收益率为12%的不同年限的投资收益总额就计算出来了。

**9** 在单元格G8中输入公式"=-FV($G$6/12,A8*12,$B$4,1)-$B8"，输入完毕按下【Enter】键。选中单元格G8，将鼠标指针移动到该单元格的右下角，此时鼠标指针变成➕形状，然后按住鼠标左键不放，向下拖动到本列的其他单元格，释放左键，此时年收益率为12%的不同年限的投资收益总额就计算出来了。

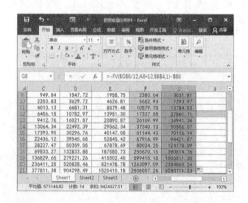

**10** 在单元格H8中输入公式"=-FV($H$6/12,A8*12,$B$4,1)-$B8"，输入完毕按下【Enter】键。选中单元格H8，将鼠标指针移动到该单元格的右下角，此时鼠标指针变成➕形状，然后按住鼠标左键不放，向下拖动到本列的其他单元格，释放左键，此时年收益率为20%的不同年限的投资收益总额就计算出来了。

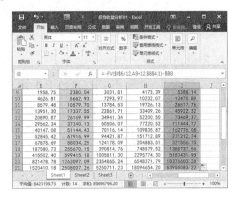

**＋**形状，然后按住鼠标左键不放，向下拖动到本列的其他单元格，释放左键，此时年收益率为25%的不同年限的投资收益总额就计算出来了。

**11** 在单元格I8中输入公式"=-FV($I$6/12,A8*12,$B$4,1)-$B8"，输入完毕按下【Enter】键。选中单元格I8，将鼠标指针移动到该单元格的右下角，此时鼠标指针变成

**12** 计算完毕，此时每月定投金额800元的不同年限和年收益率下的不同投资收益如下。

### 定期定额投资收益分析

| 每月定投（元） | 800 | 期末资产总额=-FV(月收益率,投资总期数,每期定投金额,1) | | | | | | |
| | | 期末投资收益总额=期末资产总额-总投资额 | | | | | | |
| 年收益率 | | 5% | 8% | 10% | 12% | 15% | 20% | 25% |
| 投资年限 | 总投资额（元） | 期末投资收益总额（元） | 期末投资收益总额（元） | 期末投资收益总额（元） | 期末投资收益总额（元） | 期末投资收益总额（元） | 期末投资收益总额（元） | 期末投资收益总额（元） |
| 1 | 9600.00 | 224.14 | 361.02 | 453.56 | 547.13 | 689.45 | 931.99 | 1181.37 |
| 2 | 19200.00 | 949.84 | 1547.72 | 1958.75 | 2380.04 | 3031.81 | 4173.39 | 5388.14 |
| 3 | 28800.00 | 2203.83 | 3629.72 | 4626.81 | 5662.93 | 7293.97 | 10232.07 | 13470.89 |
| 4 | 38400.00 | 4013.13 | 6681.31 | 8579.48 | 10579.70 | 13784.53 | 19726.13 | 26517.76 |
| 5 | 48000.00 | 6406.15 | 10782.97 | 13951.30 | 17337.55 | 22861.71 | 33409.26 | 45922.32 |
| 6 | 57600.00 | 9412.76 | 16021.87 | 20890.87 | 26169.99 | 34941.34 | 52200.50 | 73469.37 |
| 7 | 67200.00 | 13064.34 | 22492.39 | 29562.34 | 37340.13 | 50506.07 | 77220.52 | 111444.77 |
| 8 | 76800.00 | 17393.90 | 30296.76 | 40147.08 | 51144.43 | 70116.14 | 109835.87 | 162776.08 |
| 9 | 86400.00 | 22436.12 | 39545.68 | 52845.42 | 67916.99 | 94421.87 | 151712.89 | 231212.74 |
| 10 | 96000.00 | 28227.47 | 50359.05 | 67878.69 | 88034.25 | 124178.09 | 204883.51 | 321556.75 |
| 15 | 144000.00 | 69833.27 | 132833.88 | 187580.73 | 255670.15 | 390814.76 | 748579.52 | 1388737.56 |
| 20 | 192000.00 | 136829.65 | 279221.26 | 415502.40 | 599415.18 | 1005811.30 | 2295774.30 | 5183431.95 |
| 25 | 240000.00 | 236411.25 | 520828.46 | 821478.78 | 1263097.19 | 2354865.24 | 6548371.79 | 18376603.28 |
| 30 | 288000.00 | 377811.38 | 904298.49 | 1520410.18 | 2508007.26 | 5250711.23 | 18094654.20 | 63955083.22 |

**13** 如果每月定投金额发生变化，此时不同年限和年收益率下的投资收益也会相应发生变化。例如，将每月定投金额改成1000元，不同年限和年收益率下的投资收益如图所示。

### 定期定额投资收益分析

| 每月定投（元） | 1000 | 期末资产总额=-FV(月收益率,投资总期数,每期定投金额,1) | | | | | | |
| | | 期末投资收益总额=期末资产总额-总投资额 | | | | | | |
| 年收益率 | | 5% | 8% | 10% | 12% | 15% | 20% | 25% |
| 投资年限 | 总投资额（元） | 期末投资收益总额（元） | 期末投资收益总额（元） | 期末投资收益总额（元） | 期末投资收益总额（元） | 期末投资收益总额（元） | 期末投资收益总额（元） | 期末投资收益总额（元） |
| 1 | 12000.00 | 279.91 | 451.01 | 566.67 | 683.63 | 861.52 | 1164.68 | 1476.40 |
| 2 | 24000.00 | 1187.03 | 1934.36 | 2448.14 | 2974.73 | 3789.43 | 5216.36 | 6734.76 |
| 3 | 36000.00 | 2754.50 | 4536.83 | 5783.17 | 7078.31 | 9117.07 | 12789.64 | 16838.09 |
| 4 | 48000.00 | 5016.11 | 8351.29 | 10723.98 | 13224.22 | 17230.20 | 24657.12 | 33146.53 |
| 5 | 60000.00 | 8007.37 | 13478.35 | 17438.72 | 21671.49 | 28576.61 | 41760.90 | 57402.03 |
| 6 | 72000.00 | 11765.61 | 20026.94 | 26113.13 | 32711.98 | 43676.60 | 65249.80 | 91835.60 |
| 7 | 84000.00 | 16330.07 | 28115.06 | 36952.43 | 46674.58 | 63131.88 | 96524.65 | 139304.54 |
| 8 | 96000.00 | 21742.00 | 37870.44 | 50183.29 | 63929.89 | 87644.35 | 137293.62 | 203468.29 |
| 9 | 108000.00 | 28044.76 | 49431.58 | 66056.16 | 84895.51 | 118026.38 | 189639.62 | 289013.61 |
| 10 | 120000.00 | 35283.93 | 62948.25 | 84847.69 | 110041.99 | 155221.50 | 256102.57 | 401942.97 |
| 15 | 180000.00 | 87291.06 | 166041.53 | 234474.80 | 319586.19 | 488516.12 | 935719.50 | 1735911.72 |
| 20 | 240000.00 | 171036.38 | 349025.34 | 519376.16 | 749266.26 | 1257259.20 | 2869704.67 | 6479254.69 |
| 25 | 300000.00 | 295513.19 | 651033.73 | 1026845.46 | 1578866.41 | 2943571.16 | 8185429.13 | 22970632.66 |
| 30 | 360000.00 | 472263.10 | 1130370.38 | 1900507.76 | 3135000.08 | 6563367.15 | 22618221.76 | 79943435.53 |

# 高手过招

## 使用函数输入星期几

在日常办公中，经常会在Excel表格中用到输入星期，使用【CHOOSE】函数和【WEEKDAY】函数可以快速完成该工作。

**1** 打开本章的素材文件"加班记录表"，在单元格B3中输入公式"=CHOOSE(WEEKDAY(A3,2),"星期一","星期二","星期三","星期四","星期五","星期六","星期日")"，输入完毕按下【Enter】键即可根据日期显示星期几。

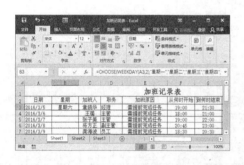

**2** 选中单元格B3，将鼠标指针移动到单元格的右下角，此时鼠标指针变成╋形状，然后按住鼠标左键不放，向下拖动到本列的其他单元格，释放左键，即可在其他单元格中复制该公式。

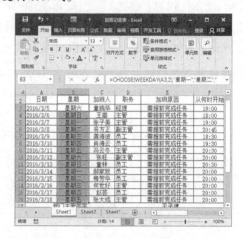

## 用图形换数据

使用【REPT】函数和★、■等特殊符号可以制作美观的图形，以替换相应的数据，从而对相关数据进行数量对比或进度测试。【REPT】函数的功能是按照定义的次数重复实现文本，相当于复制文本，其语法结构为：REPT(text,number_times)。参数text表示需要重复显示的文本；number_times表示指定文本重复显示的次数。

**1** 打开本章的素材文件"产品满意度调查表"，在单元格D4中输入公式"=REPT("★",C4:C9/10)"。此公式表示

将单元格区域C4:C9中的数据以10为单位进行重复实现，然后以五角星进行替换。

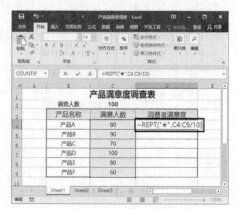

**2** 输入完毕按下【Enter】键，即可实现数据的替换。

**3** 按照前面介绍的方法，在其他单元格中复制该公式。

## 快速生成随机数据

使用【REPT】函数可以快速返回大于或等于0但小于1的均匀分布随机数，每次计算工作表时都将返回一个新的数值。【RAND】函数的语法格式为：RAND()。另外，用户还可以根据需要将其扩展为其他格式，如RAND()*100和RAND()*(b-a)+a等。RAND()*100表示"生成大于或等于0，但小于100的一个随机数（变量）"；RAND()*(b-a)+a表示"生成a与b之间的随机实数（变量）"。

**1** 在单元格C3中输入公式"=RAND()"。

**2** 输入完毕按下【Enter】键，即可得到一个大于或等于0但小于1的随机数据。此数据会随着【RAND】函数的使用不断发生变化。

**3** 在单元格C4中输入对应的公式"=RAND()*100"。

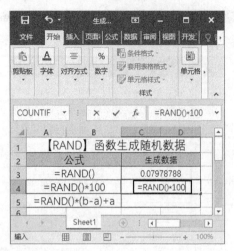

**4** 输入完毕按下【Enter】键，即可得到一个大于或等于0但小于100的随机数据。此数据会随着【RAND】函数的使用不断发生变化。

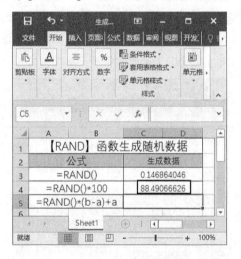

**5** 在单元格C6中输入公式"=RAND()*(500-100)+100"。

**6** 输入完毕按下【Enter】键，即可得到一个大于或等于100但小于500的随机数据。此数据会随着【RAND】函数的使用不断发生变化。

# 第10章

# 数据模拟分析
## ——制作产销预算分析表

Excel 2016提供了强大的数据分析功能，可以对多个工作表中的数据进行合并计算，可以使用单变量求解寻求公式中特定解，还可以使用模拟运算表和规划求解寻求最优解，最后将产生不同结果的数据值集合保存为一个方案，并对方案进行分析。

光盘链接

关于本章的知识，本书配套教学光盘中有相关的多媒体教学视频，请读者参见光盘中的【数据管理与分析\数据模拟分析】。

# 10.1 合并计算与单变量求解

使用Excel 2016提供的合并计算功能，可以对多个工作表中的数据进行计算汇总。而使用单变量求解可以寻求公式中的特定解。

## 10.1.1 合并计算

合并计算功能通常用于对多个工作表中的数据进行计算汇总，并将多个工作表中的数据合并到一个工作表中。合并计算分为按分类合并计算和按位置合并计算两种。

本小节原始文件和最终效果所在位置如下。

| 原始文件 | 原始文件\第10章\产销预算分析表01.xlsx |
| --- | --- |
| 最终效果 | 最终效果\第10章\产销预算分析表02.xlsx |

### 1. 按分类合并计算

使用合并计算的方法对数据进行汇总的具体步骤如下。

**1** 打开本实例的原始文件，切换到工作表"生产1部产量"，选中单元格区域C4:H7，切换到【公式】选项卡，单击 按钮，在弹出的下拉菜单中选择【定义名称】命令。

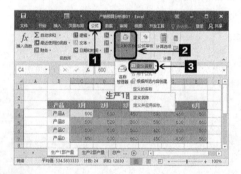

**2** 弹出【新建名称】对话框，在【名称】文本框中输入"生产1部产量"。

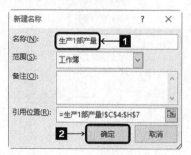

**3** 单击 确定 按钮返回工作表中，切换到工作表"生产2部产量"中，选中单元格C4，切换到【公式】选项卡，单击 按钮，从弹出的下拉菜单中选择【定义名称】命令。

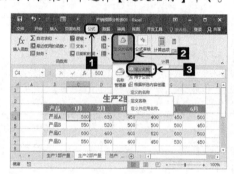

**4** 弹出【新建名称】对话框，在【名称】文本框中输入"生产2部产量"。

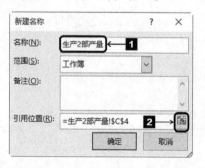

**5** 单击【引用位置】右侧的【折叠】按钮 ，弹出【新建名称-引用位置：】对话框，然后在工作表"生产2部产量"中选择引用区域，如选中单元格区域C4:H7。

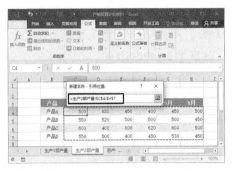

**6** 单击文本框右侧的【展开】按钮，返回【新建名称】对话框，然后单击 确定 按钮即可。

**7** 切换到工作表"总产量"，选中单元格C4，切换到【数据】选项卡，单击【数据工具】组中的按钮。

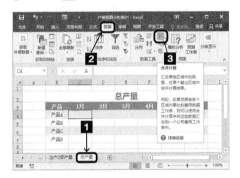

**8** 弹出【合并计算】对话框，在【引用位置】输入框中输入之前定义的名称"生产1部产量"，单击 添加(A) 按钮。

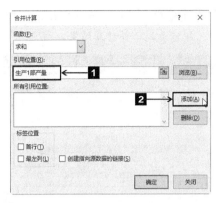

**9** 即可将其添加到【所有引用位置】列表框中。

**10** 使用同样的方法，在【引用位置】输入框中输入之前定义的名称"生产2部产量"，然后单击 添加(A) 按钮，将其添加到【所有引用位置】列表框中。

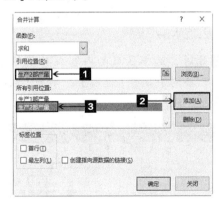

**11** 设置完毕，单击 ‖确定‖ 按钮，返回工作表中，即可看到合并计算结果。

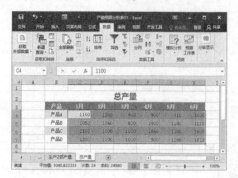

### 2. 按位置合并计算

对工作表中的数据按位置合并计算的具体步骤如下。

**1** 首先要清除之前的计算结果和引用位置。切换到工作表"总产量"，选中单元格区域C4:H7，切换到【开始】选项卡，单击【编辑】中的【清除】按钮 ❖清除，在弹出的下拉菜单中选择【清除内容】命令。

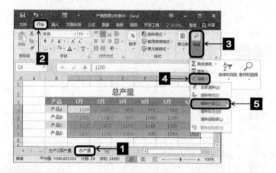

**2** 此时，选中区域的内容就被清除了，然后切换到【数据】选项卡，单击【数据工具】组中的 ██ 按钮。

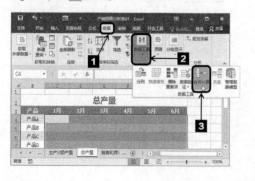

**3** 弹出【合并计算】对话框，在【所有引用位置】列表框中选择【生产1部产量】选项，然后单击 删除(D) 按钮。

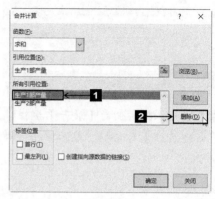

**4** 即可删除该选项，使用同样的方法将【所有引用位置】列表框中所有选项删除。

**5** 单击【引用位置】右侧的【折叠】按钮 ██，弹出【合并计算-引用位置:】对话框，然后在工作表"生产1部产量"中选中单元格区域C4:H7。

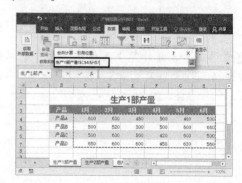

6 单击输入框右侧的【展开】按钮圆，返回【合并计算】对话框，然后单击 添加(A) 按钮即可将其添加到【所有引用位置】列表框中。

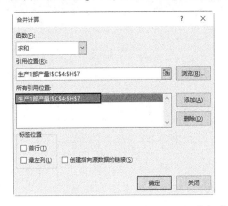

7 使用同样的方法设置引用位置"生产2部产量!$C$4:$H$7"，并将其添加到【所有引用位置】列表框中。

8 设置完毕，单击 确定 按钮，返回工作表中，即可看到合并计算结果。

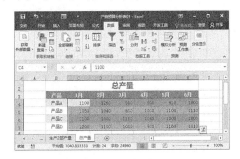

## 10.1.2 单变量求解

单变量求解是解决假定一个公式要取得某一结果值，其中变量的引用单元格应取值为多少的问题。

| | |
| --- | --- |
| 原始文件 | 原始文件\第10章\产销预算分析表02.xlsx |
| 最终效果 | 最终效果\第10章\产销预算分析表03.xlsx |

本小节原始文件和最终效果所在位置如下。

例如，产品的直接材料成本与单位产品直接材料成本和生产量有关，现企业为生产产品准备了30万元的成本费用，在单位产品直接材料成本不变的情况下，最多可生产多少产品。

使用单变量求解进行计算的具体步骤如下。

1 打开本实例的原始文件，切换到工作表"总产量"，选中单元格G12，输入公式"=G10*G11"，然后单击名称框中的【输入】按钮✔。

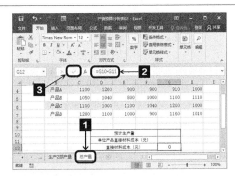

2 例如，在单元格G10中输入6月份产品A的产量"1000"，在单元格G11中输入产品A的单位产品直接材料成本"120"，然后按下【Enter】键，即可在单元格G12中得到产品A的直接材料成本。

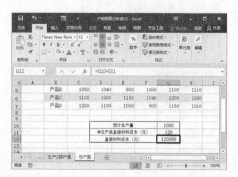

**3** 假设30万元的成本费用都用来生产产品A，求解最多可生产多少产品A。选中单元格G12，切换到【数据】选项卡，在【预测】组中单击【模拟分析】按钮 ，从弹出的下拉菜单中选择【单变量求解】命令。

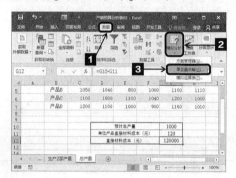

**4** 弹出【单变量求解】对话框，当前选中的单元格G12显示在【目标单元格】输入框中。

**5** 在【目标值】文本框中输入"300000"，将光标定位在【可变单元格】输入框中。

**6** 在工作表中单击单元格G10，即可将其添加到【可变单元格】输入框中。

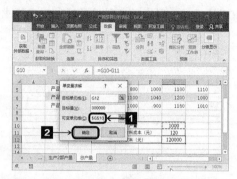

**7** 单击 确定 按钮，弹出【单变量求解状态】对话框，显示出求解结果。

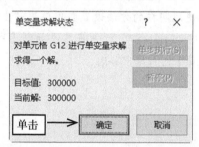

**8** 单击 确定 按钮，将求解结果保存在工作表中。此时可以看到，在产品A的单位产品直接材料成本不变的情况下，30万元的成本费用最多能生产2500个产品A。

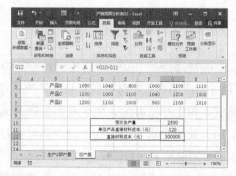

**9** 假设30万元的成本费用中只投入15万元用来生产产品A，求解最多可生产多少产品A。在【预测】组中单击【模拟分析】按钮 ，从弹出的下拉菜单中选择【单变量求解】命令。

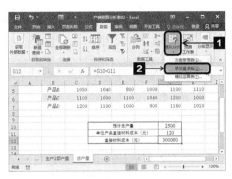

**10** 弹出【单变量求解】对话框，分别设置【目标单元格】和【可变单元格】，在【目标值】文本框中输入"150000"。

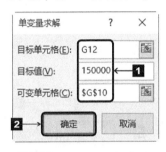

**11** 单击 确定 按钮，弹出【单变量求解状态】对话框，显示出求解结果。

**12** 单击 确定 按钮，将求解结果保存在工作表中。此时可以看到，在产品A的单位产品直接材料成本不变的情况下，15万元的成本费用最多能生产1250个产品A。

# 10.2 模拟运算表

模拟运算表分为单变量模拟运算表和双变量模拟运算表两种。使用模拟运算表可以同时求解一个运算过程中所有可能的变化值，并将不同的计算结果显示在相应的单元格中。

## 10.2.1 单变量模拟运算表

单变量模拟运算表是指公式中有一个变量值，可以查看一个变量对一个或多个公式的影响。

| 本小节原始文件和最终效果所在位置如下。 |
| --- |
| 原始文件 原始文件\第10章\产销预算分析表03.xlsx |
| 最终效果 最终效果\第10章\产销预算分析表04.xlsx |

例如，企业为生产产品准备了15万元的成本费用，不同产品的单位产品直接材料成本不同，如果15万元只用于生产一种产品，最多可以生产多少产品。

**1** 打开本实例的原始文件，切换到工作表"总产量"，选中单元格G15，输入公式"=INT(150000/G11)"，单击【输入】按钮 ✔即可。

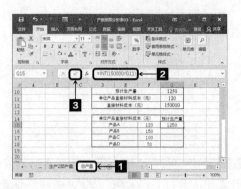

**2** 选中单元格区域F15:G18，切换到【数据】选项卡，在【预测】组中单击【模拟分析】按钮，从弹出的下拉菜单中选择【模拟运算表】命令。

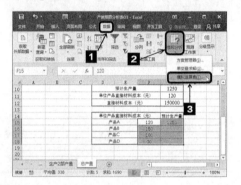

**3** 弹出【模拟运算表】对话框，单击【输入引用列的单元格】文本框右侧的【折叠】按钮。

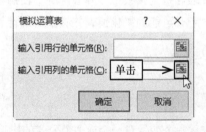

**4** 弹出【模拟运算表–输入引用列的单元格】对话框，选中单元格G11。

**5** 单击【展开】按钮，返回【模拟运算表】对话框，此时选中的单元格区域出现在【输入引用列的单元格】输入框中。

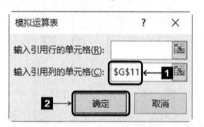

**6** 单击 确定 按钮，返回工作表，此时即可看到创建的单变量模拟表，从中可以看出单个变量"单位产品直接材料成本"对计算结果"预计生产量"的影响。

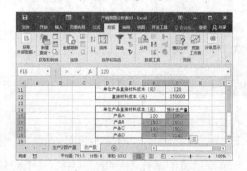

## 10.2.2 双变量模拟运算表

双变量模拟运算表可以查看两个变量对公式的影响。

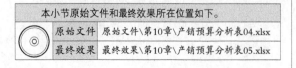

| 本小节原始文件和最终效果所在位置如下。 | | |
| --- | --- | --- |
| | 原始文件 | 原始文件\第10章\产销预算分析表04.xlsx |
| | 最终效果 | 最终效果\第10章\产销预算分析表05.xlsx |

例如，企业为生产产品准备了50万元的成本费用，分成5万元、10万元、15万元和20万元4部分用于生产，不同产品的单位产品直接材料成本不同，计算预计生产量。

**1** 打开本实例的原始文件，切换到工作表"总产量"，选中单元格D21，输入公式"=INT(G12/G11)"。

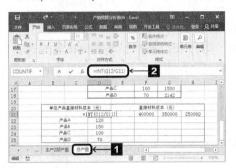

**2** 选中单元格区域D21:H25，切换到【数据】选项卡，在【预测】组中单击【模拟分析】按钮，从弹出的下拉菜单中选择【模拟运算表】命令。

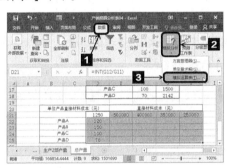

**3** 弹出【模拟运算表】对话框，设置【输入引用行的单元格】为"$G$12"、【输入引用列的单元格】为"$G$11"。

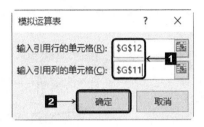

**4** 单击 确定 按钮，返回工作表即可看到创建的双变量模拟运算表，从中可以看出两个变量"单位产品直接材料成本"和"直接材料成本"对计算结果"预计生产量"的影响。

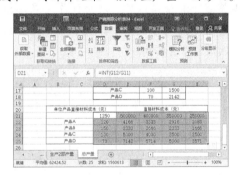

# 10.2.3 清除模拟运算表

清除模拟运算表分为两种情况：一种是清除模拟运算表的计算结果；另一种是清除整个模拟运算表。

本小节原始文件和最终效果所在位置如下。

| 原始文件 | 原始文件\第10章\产销预算分析表05.xlsx |
| --- | --- |
| 最终效果 | 最终效果\第10章\产销预算分析表06.xlsx |

## 1. 清除模拟运算表的计算结果

模拟运算表的计算结果是存放在一个单元格区域中的，用户不可以对单个计算结果进行操作。因此，清除模拟运算表的计算结果需要将所有的计算结果都清除。

具体的操作步骤如下。

**1** 打开本实例的原始文件，切换到工作表"总产量"中，选中模拟运算表的任意一个计算结果，如选中单元格E22，按下【Delete】键，随即弹出【Microsoft Excel】对话框，提示用户"无法只更改模拟运算表的一部分"，单击 确定 按钮即可。

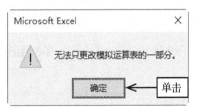

**2** 选中模拟运算表的所有计算结果所在的单元格区域E22:H25，切换到【开始】选项卡，在【编辑】组中单击【清除】按钮 **清除▼**，从弹出的下拉菜单中选择【清除内容】命令。

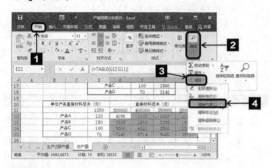

**3** 随即清除模拟运算表的计算结果。值得注意的是，此时模拟运算表中的单元格区域仍然保留原有格式。

### 2. 清除整个模拟运算表

除清除模拟运算表的计算结果外，还可以清除整个模拟运算表。具体的操作步骤如下。

**1** 打开本实例的原始文件，切换到"总产量"工作表，选中整个模拟运算表所在的单元格区域B20:H25，在【开始】选项卡的【编辑】组中单击【清除】按钮 **清除▼**，从弹出的下拉菜单中选择【全部清除】命令。

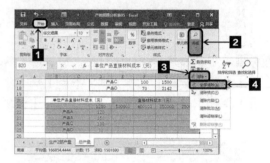

**2** 随即清除整个模拟运算表，包括其中的所有内容和格式。

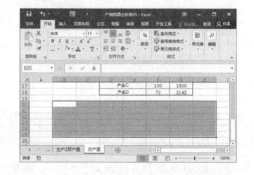

# 10.3 规划求解

规划求解是通过改变可变单元格的值，为工作表中目标单元格中的公式找到最优解，同时满足其他公式在设置的极限范围内。使用规划求解功能可以对多个变量的线性和非线性问题寻求最优解。

## 10.3.1 安装规划求解

由于规划求解是一个插件，在使用前需要进行安装。

| 本小节原始文件和最终效果所在位置如下。 | |
| --- | --- |
| 原始文件 | 原始文件\第10章\产销预算分析表06.xlsx |
| 最终效果 | 最终效果\第10章\产销预算分析表07.xlsx |

具体的操作步骤如下。

**1** 打开本实例的原始文件，在Excel 2016工作窗口中单击 文件 按钮，从弹出的下拉菜单中选择【选项】命令。

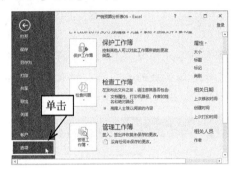

**2** 弹出【Excel 选项】对话框，切换到【加载项】选项卡中，在【加载项】列表框中选择【规划求解加载项】选项。

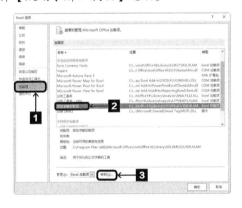

**3** 单击 转到(G)... 按钮，弹出【加载宏】对话框，在【可用加载宏】列表框中选中【规划求解加载项】复选框。

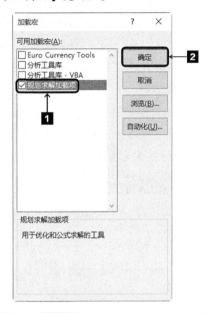

**4** 单击 确定 按钮即可安装规划求解。此时在【数据】选项卡中新增了一个【分析】组，组中添加了 ?,规划求解 按钮。

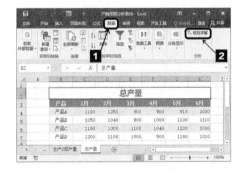

## 10.3.2 使用规划求解

安装完成规划求解之后，接下来用户就可以使用规划求解来分析数据了。

| 本小节原始文件和最终效果所在位置如下。 | |
| --- | --- |
| 原始文件 | 原始文件\第10章\产销预算分析表07.xlsx |
| 最终效果 | 最终效果\第10章\产销预算分析表08.xlsx |

假设7月份企业要生产4种产品，各产品的单位成本、毛利和生产时间如下表所示。

| 产品 | 单位成本（元） | 毛利（元） | 生产时间（小时） |
| --- | --- | --- | --- |
| 产品A | 120 | 40 | 0.15 |
| 产品B | 150 | 30 | 0.2 |
| 产品C | 100 | 50 | 0.15 |
| 产品D | 70 | 30 | 0.1 |

另外企业规定，花费的生产费用不得超过50万元，可耗费的生产时间不得超过600小时。各产品的产量和期初库存量的总和不得低于预计销量，各产品的最高产量不得超过预计销量的10%，那么企业如何安排生产能获得最大利润？

下面利用规划求解功能来解决这个问题，具体的操作步骤如下。

**1** 打开本实例的原始文件，"销售和库存统计"工作表中添加了各产品1月份到7月份的销量（7月份销量是预计销量）和期初库存。

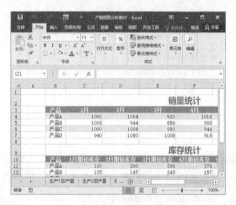

**2** 切换到工作表"产销预算"中，在单元格F4中输入公式"=销售和库存统计!I4-销售和库存统计!I11"，然后单击【输入】按钮 ✔，即可计算出最低产量。

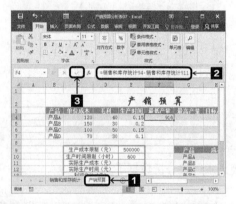

**3** 在单元格G4中输入公式"=销售和库存统计!I4*(1+10%)"，然后单击名称框中的【输入】按钮 ✔，即可计算出最高产量。

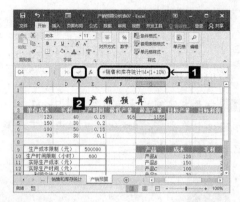

**4** 选中单元格区域F4:G4，将鼠标指针移动至单元格区域的右下角，按住鼠标左键不放，向下拖动到单元格G7中，释放鼠标。

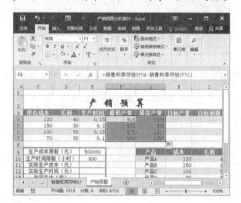

**5** 单击右下角的 ⊞▾ 按钮，选中【不带格式填充】命令，即可不带格式地填充公式。

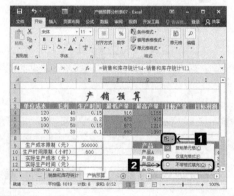

**6** 设置目标利润公式。在单元格I4中输入公式"=D4*H4"，然后按照前面介绍的方法不带格式地向下填充公式。

**7** 计算实际生产成本。选中单元格E11，输入公式"=C4*H4+C5*H5+C6*H6+C7*H7"，单击名称框中的【输入】按钮✔即可。

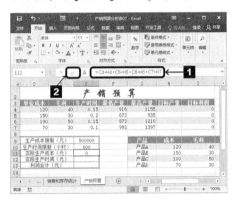

**8** 计算实际生产时间。选中单元格E12，输入公式"=E4*H4+E5*H5+E6*H6+E7*H7"，单击名称框中的【输入】按钮✔即可。

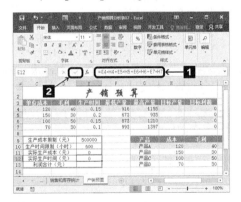

**9** 计算利润合计。选中单元格E13，输入公式"=I4+I5+I6+I7"。

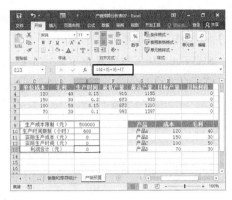

**10** 切换到【数据】选项卡，在【分析】组中单击 ？规划求解 按钮。

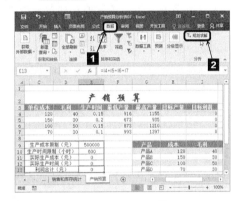

**11** 弹出【规划求解参数】对话框，设置【设置目标】为单元格"$E$13"，选中【最大值】单选钮，设置【通过更改可变单元格】为单元格区域"$H$4:$H$7"。

**12** 单击 添加(A) 按钮，弹出【添加约束】对话框，在【单元格引用】输入框中输入 "$H$4"，从下拉列表框中选择【>=】选项，在【约束】输入框中输入 "=$F$4"。

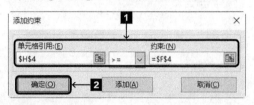

**13** 单击 确定(O) 按钮，即可添加该约束条件并返回【规划求解参数】对话框，此时在【遵守约束】列表框中可以看到添加的约束条件。

**14** 如果约束条件不只一个，可以单击 添加(A) 按钮，弹出【添加约束】对话框，继续添加约束条件。

**15** 单击 添加(A) 按钮，即可添加该约束条件，并弹出一个空白【添加约束】对话框，可以继续添加下一个约束条件。

**16** 按照同样方法继续设置其他约束条件。设置完最后一个约束条件后单击 确定(O) 按钮，返回【规划求解参数】对话框，从【选择求解方法】下拉列表框中选择求解的方法，这里选择【单纯线性规划】选项。

**17** 单击 求解(S) 按钮，弹出【规划求解结果】对话框。

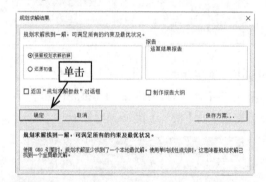

**18** 单击 确定 按钮，返回工作表，此时即可看到规划求解的结果。

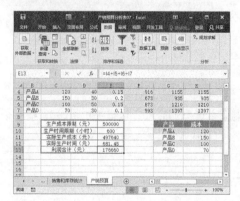

# 10.3.3 生成规划求解报告

使用【规划求解】功能不仅能够得到求解结果，还能够生成运算结果报告、敏感性报告和极限值报告等3种分析报告。

| 本小节原始文件和最终效果所在位置如下。 |
| 原始文件 | 原始文件\第10章\产销预算分析表08.xlsx |
| 最终效果 | 最终效果\第10章\产销预算分析表09.xlsx |

## 1. 生成运算结果报告

生成运算结果报告的具体步骤如下。

**1** 打开本实例的原始文件，切换到工作表"产销预算"中，切换到【数据】选项卡，在【分析】组中单击 规划求解 按钮。

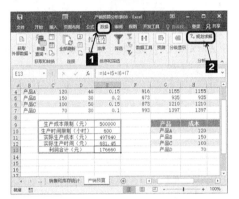

**2** 弹出【规划求解参数】对话框，保持设置不变。

**3** 单击 求解(S) 按钮，弹出【规划求解结果】对话框，在【报告】列表框中选择【运算结果报告】选项，然后选中【制作报告大纲】复选框。

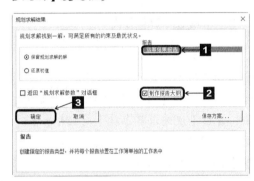

**4** 单击 确定 按钮，系统会自动创建一个名为"运算结果报告1"的工作表，切换到该工作表中，即可看到运算结果报告的具体内容。

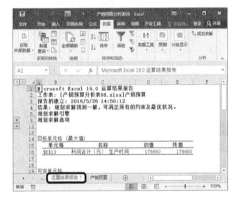

**5** 由于在【规划求解结果】对话框中选中了【制作报告大纲】复选框，因此运算结果报告以大纲形式显示（即分级显示），部分详细数据被隐藏起来。在表格左侧单击 2 按钮，即可将隐藏的详细数据显示出来。

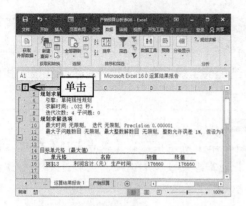

## 2. 生成敏感性报告

生成敏感性报告的具体步骤如下。

**1** 切换到工作表"产销预算"中，在【数据】选项卡的【分析】组中单击 规划求解 按钮，弹出【规划求解参数】对话框，在【遵守约束】列表框中选择整数约束条件，如选择【$H$4=整数】选项。

**2** 单击 删除(D) 按钮即可删除该约束条件。

**3** 按照相同的方法删除所有的整数约束条件。

**4** 单击 求解(S) 按钮，弹出【规划求解结果】对话框，在【报告】列表框中选择【敏感性报告】选项，然后撤选【制作报告大纲】复选框。

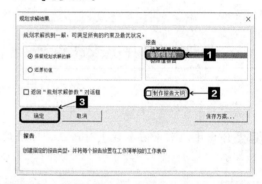

**5** 单击 确定 按钮，系统会自动创建一个"敏感性报告 1"工作表，切换到该工作表，即可看到敏感性报告的具体内容。

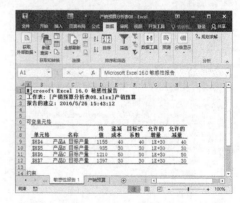

### 3. 生成极限值报告

生成极限值报告的具体步骤如下。

**1** 切换到工作表"产销预算"中，在【数据】选项卡的【分析】组中单击 规划求解 按钮，弹出【规划求解参数】对话框。

**2** 单击 求解(S) 按钮，弹出【规划求解结果】对话框，在【报告】列表框中选择【极限值报告】选项。

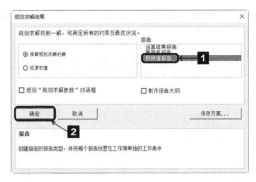

**3** 单击 确定 按钮，系统会自动创建一个"极限值报告 1"工作表，切换到该工作表，即可看到极限值报告的具体内容。

## 10.4 方案分析

使用方案可以对各种情况进行假设，并能为许多变量存储不同组合的数据。对方案进行分析，可以从多种情况的假设中找出最优的数据组合。

### 10.4.1 创建方案

要想进行方案分析，首先要创建方案。

| 本小节原始文件和最终效果所在位置如下。 | |
| --- | --- |
| 原始文件 | 原始文件\第10章\产销预算分析表09.xlsx |
| 最终效果 | 最终效果\第10章\产销预算分析表10.xlsx |

具体的操作步骤如下。

**1** 打开本实例的原始文件，切换到工作表"产销预算"中，选中单元格K10，输入公式"=H10*J10+H11*J11+H12*J12+H13*J13"。

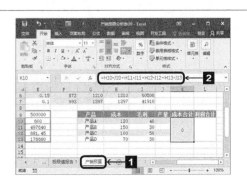

**2** 选中单元格L10，输入公式"=I10*J10+I11*J11+I12*J12+I13*J13"。

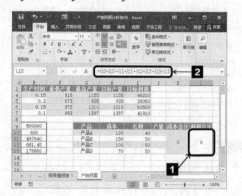

**3** 切换到【数据】选项卡，在【预测】组中单击【模拟分析】按钮，从弹出的下拉菜单中选择【方案管理器】命令。

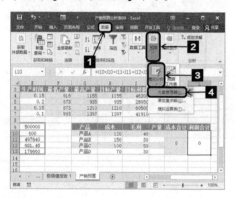

**4** 弹出【方案管理器】对话框。

**5** 单击 添加(A)... 按钮，弹出【添加方案】对话框，在【方案名】文本框中输入"最低利润"，在【可变单元格】文本框中输入"$J$10:$J$13"。

**6** 单击 确定 按钮，弹出【方案变量值】对话框，对照"产销预算"工作表中的数据，依次在文本框中输入各产品的最低产量值。

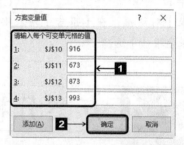

**7** 单击 确定 按钮，完成方案的创建。返回【方案管理器】对话框，在【方案】列表框中即可看到创建的方案。

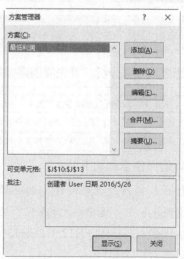

**8** 单击 添加(A)... 按钮，即可继续添加方案。在【方案名】文本框中输入"最高利润"，在【可变单元格】文本框中输入"J10:J13"。

**9** 单击 确定 按钮，弹出【方案变量值】对话框，对照"产销预算"工作表中的数据，依次在文本框中输入各产品的最高产量值。

**10** 单击 确定 按钮，完成方案的创建。返回【方案管理器】对话框，在【方案】列表框中即可看到创建的方案。

**11** 单击 添加(A)... 按钮，继续添加方案。在【方案名】文本框中输入"目标利润"，在【可变单元格】文本框中输入"J10:J13"。

**12** 单击 确定 按钮，弹出【方案变量值】对话框，对照"产销预算"工作表中的数据，依次在文本框中输入各产品的目标产量值。

**13** 单击 确定 按钮，返回【方案管理器】对话框，在【方案】列表框中即可看到创建的方案，最后单击 关闭 按钮。

单击

## 10.4.2 显示方案

方案创建好后，可以在同一位置看到不同的显示结果。

| 本小节原始文件和最终效果所在位置如下。 | |
| --- | --- |
| 原始文件 | 原始文件\第10章\产销预算分析表10.xlsx |
| 最终效果 | 最终效果\第10章\产销预算分析表11.xlsx |

具体的操作步骤如下。

**1** 打开本实例的原始文件，切换到"产销预算"工作表，切换到【数据】选项卡，在【预测】组中单击【模拟分析】按钮，从弹出的下拉菜单中选择【方案管理器】命令。

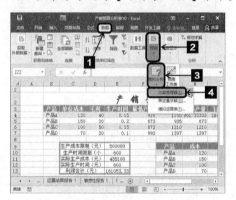

**2** 弹出【方案管理器】对话框，在【方案】列表框中选择要显示的方案，如选择【最低利润】选项。

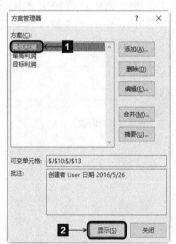

**3** 单击 显示(S) 按钮，此时在工作表中即可看

到"最低利润"方案下的各产品的产量，以及成本合计值和利润合计值。

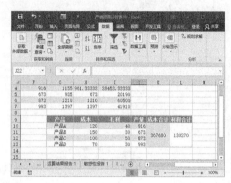

**4** 在【方案】列表框中选择【最高利润】选项，然后单击 显示(S) 按钮，在相同位置即可看到"最高利润"方案下的各产品的产量，以及成本合计值和利润值。

**5** 使用同样的方法可以查看"目标利润"方案下的各产品的产量，以及成本合计值和利润合计值。最后单击 关闭 按钮。

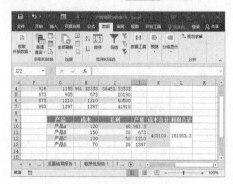

## 10.4.3 编辑方案

如果用户对创建的方案不满意，可以对其进行编辑，以达到满意状态。

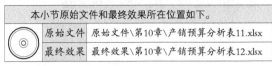

| 本小节原始文件和最终效果所在位置如下。 |
| --- |
| 原始文件 | 原始文件\第10章\产销预算分析表11.xlsx |
| 最终效果 | 最终效果\第10章\产销预算分析表12.xlsx |

具体的操作步骤如下。

**1** 打开本实例的原始文件，切换到"产销预算"工作表，切换到【数据】选项卡，在【预测】组中单击【模拟分析】按钮，从弹出的下拉菜单中选择【方案管理器】命令。

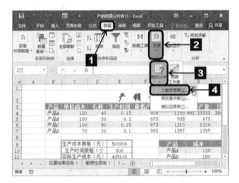

**2** 弹出【方案管理器】对话框，按照前面介绍的方法添加方案。

**3** 用同样的方法打开【方案管理器】对话框，在【方案】列表框中选择要修改的方案。这里选择【适合方案】选项，单击 编辑(E)... 按钮。

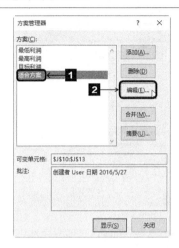

**4** 弹出【编辑方案】对话框，用户可以在此修改方案的名称、可变单元格和备注信息等，如在【方案名】文本框中将方案名更改为"合理成本"。

**5** 设置完毕单击 确定 按钮，弹出【方案变量值】对话框，在此可以修改可变单元格的值。这里将【$J$10】文本框中的值更改为"1000"，将【$J$11】文本框中的值更改为"700"。

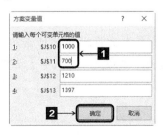

6 单击 确定 按钮，返回【方案管理器】对话框，在【方案】列表框中可以看到方案的名称发生了变化。

7 单击 显示(S) 按钮，即可看到该"合理成本"方案下的各产品的产量，以及成本合计值和利润合计值，单击 关闭 按钮即可。

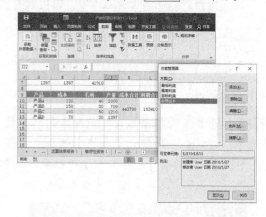

## 10.4.4 删除方案

对于不再需要的方案，用户可以将其删除。

| 本小节原始文件和最终效果所在位置如下。 | |
| --- | --- |
| 原始文件 | 原始文件\第10章\产销预算分析表12.xlsx |
| 最终效果 | 最终效果\第10章\产销预算分析表13.xlsx |

具体的操作步骤如下。

1 打开本实例的原始文件，切换到【数据】选项卡，在【预测】组中单击【模拟分析】按钮，从弹出的下拉菜单中选择【方案管理器】命令。

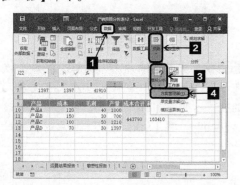

2 弹出【方案管理器】对话框，在【方案】列表框中选择【合理成本】选项。

3 单击 删除(D) 按钮，即可将选中的方案删除，最后单击 关闭 按钮。

## 10.4.5 生成方案总结报告

方案设置完成后还可以生成方案总结报告，以便查看所有方案的数据信息。方案报告分为两种，即方案摘要和方案数据透视表。

| 本小节原始文件和最终效果所在位置如下。 | |
| --- | --- |
| 原始文件 | 原始文件\第10章\产销预算分析表13.xlsx |
| 最终效果 | 最终效果\第10章\产销预算分析表14.xlsx |

### 1. 方案摘要

方案摘要采用的是大纲形式，用于比较简单的方案。生成方案摘要的具体步骤如下。

**1** 打开本实例的原始文件，切换到工作表"产销预算"中，切换到【数据】选项卡，在【预测】组中单击【模拟分析】按钮，从弹出的下拉菜单中选择【方案管理器】命令。

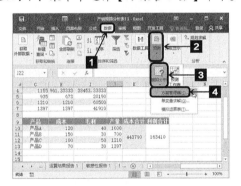

**2** 弹出【方案管理器】对话框，然后单击 摘要(U)... 按钮。

**3** 弹出【方案摘要】对话框，选中【方案摘要】单选钮，在【结果单元格】输入框中输入"K10,L10"。

**4** 单击 确定 按钮，系统会自动创建一个"方案摘要"工作表，显示方案摘要的详细信息。

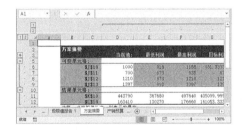

### 2. 方案数据透视表

如果方案比较复杂，就可以使用方案数据透视表来比较方案。生成方案数据透视表的具体步骤如下。

**1** 切换到工作表"产销预算"中，切换到【数据】选项卡，在【预测】组中单击【模拟分析】按钮，从弹出的下拉菜单中选择【方案管理器】命令，弹出【方案管理器】对话框。

**3** 单击 确定 按钮，系统会自动创建一个"方案数据透视表"工作表，显示方案的详细信息。

**2** 单击 摘要(U)... 按钮，弹出【方案摘要】对话框，选中【方案数据透视表】单选钮，在【结果单元格】输入框中输入"K10,L10"。

# 第11章

## 页面设置与打印
### ——员工工资表

在日常生活中，经常需要将设计好的表格打印出来，进行存档或者作为参考资料。因此，如何将工资表完整地打印出来也很重要。下面以"员工工资表"为例介绍如何设置要打印的表单，主要包括设置页面布局、设置打印区域、设置打印标题以及打印设置等。

关于本章的知识，本书配套教学光盘中有相关的多媒体教学视频，请读者参见光盘中的【Excel 2016的高级应用\页面设置与打印】。

# 11.1 设置页面布局

设置页面布局包括设置纸张方向和大小、设置页边距以及设置页眉和页脚等。

## 11.1.1 设置纸张方向和大小

在默认情况下，页面的纸张方向为纵向，纸张大小为A4，用户可以根据实际需要设置纸张大小和方向。

| 本小节原始文件和最终效果所在位置如下。 | |
| --- | --- |
| 原始文件 | 原始文件\第11章\员工工资表01.xlsx |
| 最终效果 | 最终效果\第11章\员工工资表02.xlsx |

具体的操作步骤如下。

**1** 打开本实例的原始文件，切换到工作表"工资条"中，再切换到【页面布局】选项卡，在【页面设置】组中单击 纸张方向 按钮，从弹出的下拉列表中选择纸张的方向，这里选择【横向】选项。

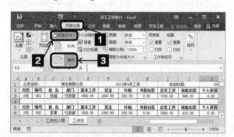

**2** 在【页面设置】组中单击 纸张大小 按钮，从弹出的下拉列表框中选择纸张的大小，这里选择【B5】选项。

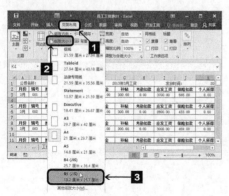

**3** 在【页面设置】组中单击【对话框启动器】按钮 。

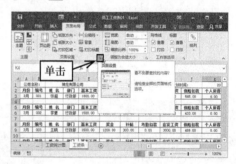

**4** 弹出【页面设置】对话框，切换到【页面】选项卡，在这里也可以设置纸张方向和纸张大小。另外，还可以设置打印质量和打印范围等，这里保持默认设置。

**5** 单击 [打印预览(W)] 按钮，即可预览到设置纸张方向和大小后的打印效果。

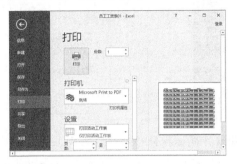

**6** 单击【下一页】按钮▶，即可预览下一个页面的打印效果。

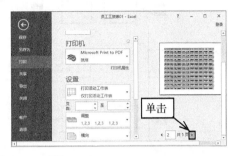

**7** 单击◀按钮即可退出打印预览状态。

## 11.1.2 设置页边距

页边距是指页面上打印区域之外的空白区域。

| 本小节原始文件和最终效果所在位置如下。 | |
| --- | --- |
| 原始文件 | 原始文件\第11章\员工工资表02.xlsx |
| 最终效果 | 最终效果\第11章\员工工资表03.xlsx |

具体的操作步骤如下。

**1** 打开本实例的原始文件，切换到工作表"工资条"中，再切换到【页面布局】选项卡，在【页面设置】组中单击【页边距】按钮🔳，从弹出的下拉列表框中选择页边距，这里选择【自定义边距】选项。

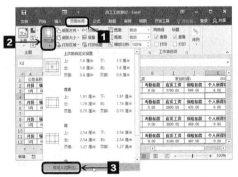

**2** 弹出【页面设置】对话框，切换到【页边距】选项卡。

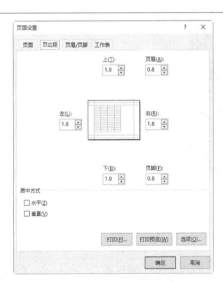

**3** 在【上】和【下】微调框中均输入"2.5"，在【左】和【右】微调框中均输入"2"，在【页眉】和【页脚】微调框中均输入"1.5"，然后在【居中方式】组合框中选中【水平】复选框。

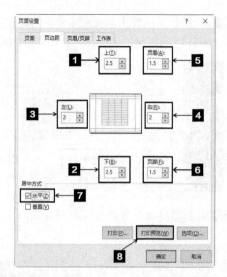

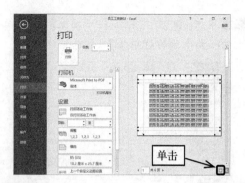

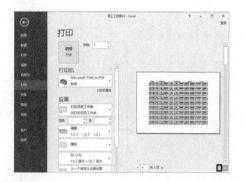

**单击**

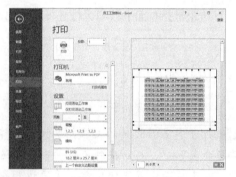

**4** 单击 打印预览(W) 按钮，即可预览设置页边距后的打印效果。

**6** 将鼠标指针移动到边距线上，如移动到页眉边距线上，当鼠标指针变成╬形状时，按住鼠标左键不放，拖动鼠标到合适位置，然后释放鼠标左键即可将页边距调整到当前位置。

**5** 单击【显示边距】按钮 ⊞，此时打印预览界面中会显示出页边距所在的位置。

**7** 切换到工作表的其他选项卡，即可退出打印预览状态。

## 11.1.3 设置页眉和页脚

页眉是文档顶部显示的信息，主要用于标明名称和标题等内容。而页脚是文档底端显示的信息，主要用于显示页码、打印日期和时间等。

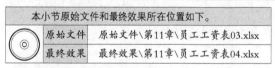

| 本小节原始文件和最终效果所在位置如下。 | |
| --- | --- |
| 原始文件 | 原始文件\第11章\员工工资表03.xlsx |
| 最终效果 | 最终效果\第11章\员工工资表04.xlsx |

具体的操作步骤如下。

**1** 打开本实例的原始文件，切换到工作表"工资条"中，再切换到【插入】选项卡，在【文本】组中单击【页眉和页脚】按钮 ▥。

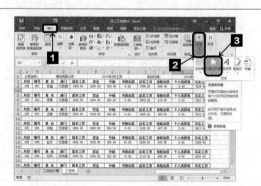

**2** 进入页眉和页脚的编辑状态，并激活【页眉和页脚工具】的【设计】选项卡。在【页眉和页脚】组中单击【页眉】按钮，从弹出的下拉列表框中选择【第1页，工资条】选项。

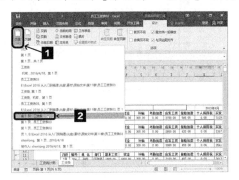

**3** 随即将选中的内容添加到页眉相应位置。

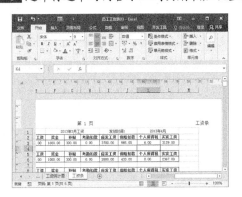

**4** 此时可以删除添加的页眉，还可以设置页眉的字体格式。选中中间文本框中的页眉元素，按【Delete】键即可将其删除。选中右侧文本框中的页眉元素，在【开始】选项卡的【字体】组中设置【字体】为【华文行楷】，【字号】为【18】，然后单击工作表的其他区域即可看到设置的效果。

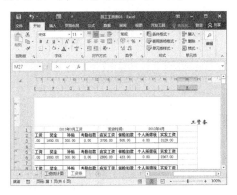

**5** 另外还可以自定义页眉。选中页眉中左侧的文本框，切换到【页眉和页脚工具】的【设计】选项卡，在【页眉和页脚元素】组中单击图片按钮。

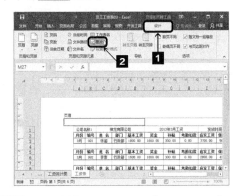

**6** 单击按钮，弹出【插入图片】对话框，从中选择要添加的图片。

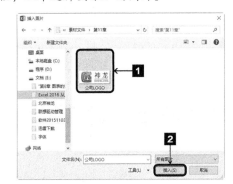

**7** 单击 插入(S) 按钮，即可将图片插入到页眉中。此时页眉中显示"&[图片]"字样，然后在【页眉和页脚元素】组中单击设置图片格式按钮。

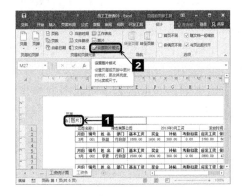

**8** 弹出【设置图片格式】对话框，切换到【大小】选项卡，在【大小和转角】组合框中的【高度】微调框中输入"0.66厘米"，在【宽度】微调框中输入"1.67厘米"。

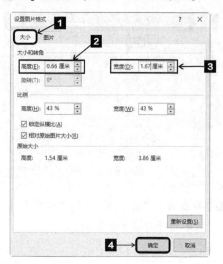

**9** 单击 确定 按钮，返回工作表，单击页眉之外的其他区域，即可看到页眉中添加的图片效果。

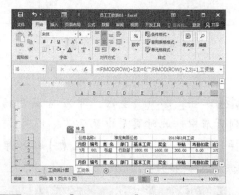

**10** 切换到【页面布局】选项卡，在【页面设置】组中单击【对话框启动器】按钮，弹出【页面设置】对话框。切换到【页眉/页脚】选项卡，在【页脚】下拉列表框中选择【第1页，共?页】选项，随即可以预览页脚的设置效果。

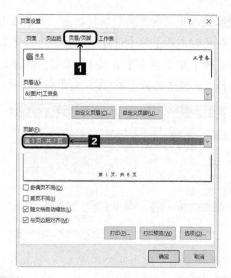

**11** 另外，还可以自定义页脚。单击 自定义页脚(U)... 按钮，弹出【页脚】对话框，在【左】文本框中输入"机密"，然后选中该文本，单击【格式文本】按钮 A 。

**12** 弹出【字体】对话框，在此可以设置文本的字体格式。这里在【字形】列表框中选择【加粗】选项。

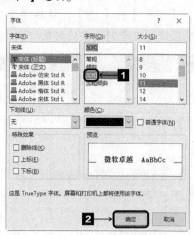

**13** 单击 确定 按钮，返回【页脚】对话框，将光标定位在【右】文本框中，然后单击【插入日期】按钮⛶。

**14** 随即将当前系统日期添加到【右】文本框中，显示为"&[日期]"字样。

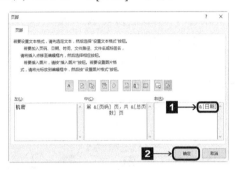

**15** 单击 确定 按钮，返回【页面设置】对话框，即可看到页脚的设置结果。

**16** 单击 确定 按钮，返回工作表，即可看到页脚的设置效果。

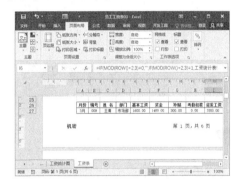

# 11.2 设置打印区域和标题

除了设置页面布局之外，在打印之前还可以设置打印区域和打印标题。

## 11.2.1 设置打印区域

设置打印区域的方法有两种：一种是打印选定的单元格区域；另一种是隐藏不打印的数据区域。

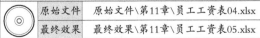

| 本小节原始文件和最终效果所在位置如下。 | |
| --- | --- |
| 原始文件 | 原始文件\第11章\员工工资表04.xlsx |
| 最终效果 | 最终效果\第11章\员工工资表05.xlsx |

### 1. 打印选定的单元格区域

具体的操作步骤如下。

**1** 打开本实例的原始文件，切换到工作表"工资条"中，选中单元格区域A1:L27，切换到【页面布局】选项卡，在【页面设置】组中单击 🔲打印区域▾ 按钮，从弹出的下拉菜单中选择【设置打印区域】命令。

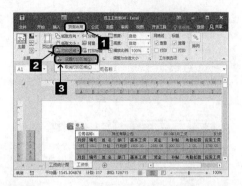

**2** 此时选中的单元格区域的四周出现虚线框，这表示虚线框的区域为要打印的区域。

## 提示

如果要打印的区域为不连续的区域，可以利用【Ctrl】键选中多个单元格区域，然后在【页面设置】组中单击【打印区域】按钮，从弹出的下拉列表中选择【设置打印区域】选项。

**3** 单击 文件 按钮，从弹出的下拉菜单中选择【打印】菜单项，即可预览打印效果，可以看到当前只打印选定的单元格区域。

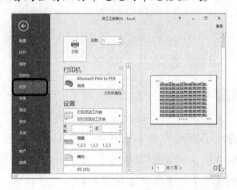

**4** 单击处于选中状态的【缩放到页面】按钮，即可取消缩放，以正常比例预览打印效果。再次单击【缩放到页面】按钮，即可以缩放比例预览打印效果。

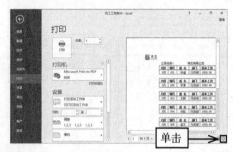

**5** 用户还可以修改或者添加打印区域。切换到【页面布局】选项卡，在【页面设置】组中单击【对话框启动器】按钮，弹出【页面设置】对话框。切换到【工作表】选项卡，在【打印区域】文本框中的单元格区域后面输入英文状态下的逗号"，"，然后单击右侧的【折叠】按钮。

**6** 弹出【页面设置-打印区域】对话框，选中单元格区域A29:L54。

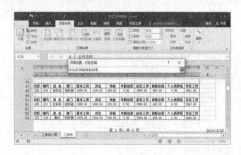

**7** 还可以按住【Ctrl】键不放，继续选中单元格区域A56:L81、A83:L108、A110:L135及A137:L138。

**8** 单击【展开】按钮，返回【页面设置】对话框，然后单击 确定 按钮。

### 2. 隐藏不打印的数据区域

如果用户不想打印某一部分单元格区域中的数据，可以将其隐藏起来，这样在打印的时候就只打印显示区域中的数据了。

**1** 切换到"工资条"工作表，选中单元格区域A2:L41，在【开始】选项卡的【单元格】组中单击 格式，从弹出的下拉菜单中选择【隐藏和取消隐藏】➤【隐藏行】命令。

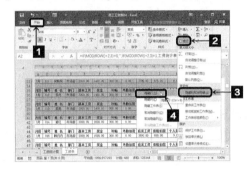

**2** 随即将选中的单元格区域所在的行隐藏起来。

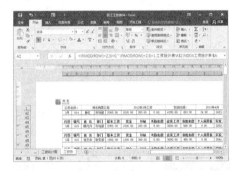

## 11.2.2 设置打印标题

除了设置打印区域之外，还可以设置打印标题，使每一页都显示出标题。

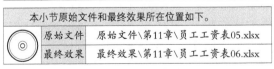

| | |
|---|---|
| 原始文件 | 原始文件\第11章\员工工资表05.xlsx |
| 最终效果 | 最终效果\第11章\员工工资表06.xlsx |

本小节原始文件和最终效果所在位置如下。

设置打印标题的具体操作步骤如下。

**1** 打开本实例的原始文件，切换到工作表"工资条"中，再切换到【页面布局】选项卡，在【页面设置】组中单击 打印标题 按钮。

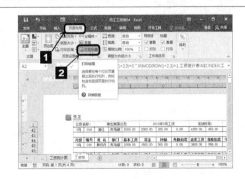

**2** 弹出【页面设置】对话框，切换到【工作表】选项卡。

**3** 单击【顶端标题行】文本框中右侧的【折叠】按钮，弹出【页面设置-顶端标题行】对话框，鼠标指针变成 ➡ 形状，选中第1行。

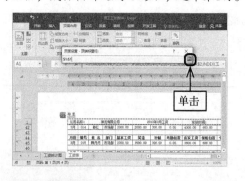

**4** 单击【展开】按钮，返回【页面设置】对话框。单击 打印预览(W) 按钮，可预览打印效果。

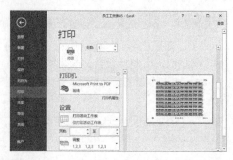

**5** 在【当前页面】文本框中输入"3"，按下【Enter】键即可预览第3页的打印效果，此时在页面顶端可以看到设置的标题行。

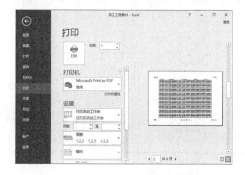

# 11.3 打印设置

设置了页面布局、打印区域和打印标题之后，还需要进行打印设置，主要包括设置打印份数、打印内容和打印范围等。

## 11.3.1 打印活动工作表

用户除了打印部分单元格中的内容外，还可以打印当前活动工作表。

| 本小节原始文件和最终效果所在位置如下。 |
|---|
| 原始文件 | 原始文件\第11章\员工工资表06.xlsx |
| 最终效果 | 无 |

具体的操作步骤如下。

**1** 打开本实例的原始文件，切换到工作表"工资条"中，单击 文件 按钮，从弹出的下拉菜单中选择【打印】命令。

**2** 弹出打印界面。默认情况下，【份数】微调框中显示为"1"，【设置】下拉列表中自动选择【打印活动工作表】选项，打印范围为工作表中的全部数据。

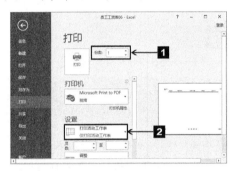

**3** 如果不想打印全部数据，只打印当前活动工作表的第2页到第3页的数据，可以在【页数】微调框中输入打印范围的起始页码"2"，在【至】微调框中输入打印范围的终止页码"3"，然后单击【打印】按钮，即可开始打印。

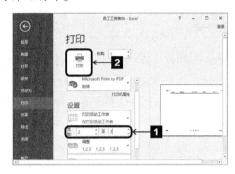

## 11.3.2 打印整个工作簿

用户除了打印部分单元格中的内容外，还可以打印整个工作簿。

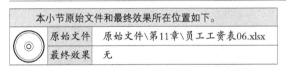

本小节原始文件和最终效果所在位置如下。

| 原始文件 | 原始文件\第11章\员工工资表06.xlsx |
| --- | --- |
| 最终效果 | 无 |

**1** 打开本实例的原始文件，单击 文件 按钮，从弹出的下拉菜单中选择【打印】命令，在【设置】下拉列表框中选择【打印整个工作簿】选项。

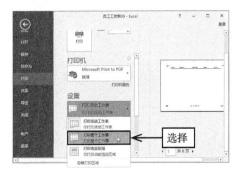

**2** 即可预览整个工作簿的打印效果。

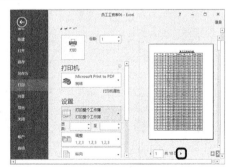

**3** 单击【下一页】按钮，预览下一个页面的打印效果。

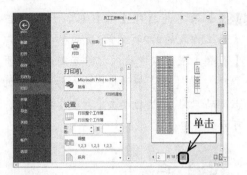

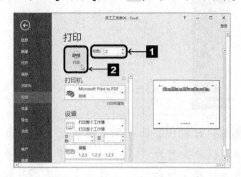

【份数】微调框中输入"2"，即打印两份，然后单击【打印】按钮 🖶 ，即可开始打印。

**4** 继续单击【下一页】按钮 ▶ ，预览每一个页面的打印效果。如果对打印效果比较满意，就可以进行打印设置准备打印了。这里在

# 高手过招

## 打印纸张的行号和列表

具体操作步骤如下。

**1** 打开素材文件"排名表.xlsx"，切换到【页面布局】选项卡，在【页面设置】组中单击【对话框启动器】按钮 ⬛ ，弹出【页面设置】对话框。切换到【工作表】选项卡，在【打印】组合框选中【行号列标】复选框。

**2** 单击 [打印预览(W)] 按钮，随即进入预览界面，即可看到显示出纸张的行号和列标。

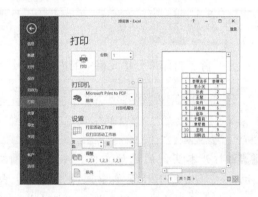

# 第12章

# 宏与VBA
## ——制作工资管理系统

使用Excel 2016提供的开发工具，用户不仅可以启动、录制并执行宏，而且可以在系统内嵌的Visual Basic编辑器中编辑和调试VBA程序代码，以提高办公自动化水平。接下来，本章使用宏命令与VBA功能编制员工工资管理系统。

光盘链接

关于本章的知识，本书配套教学光盘中有相关的多媒体教学视频，请读者参见光盘中的【Excel 2016的高级应用\宏与VBA】。

# 12.1 宏的基本操作

宏是使用VBA语言编出的一段程序，是一系列命令和函数。使用宏可以使频繁执行的动作自动化，既能节省时间、提高工作效率，又能减少工作失误。

## 12.1.1 启用和录制宏

在Excel 2013或Excel 2016版本中使用宏与VBA程序代码时，必须先将Excel表格另存为启用宏的工作簿；否则将无法运行宏与VBA程序代码。此时用户即可通过单击 启用内容 按钮或进行宏设置来启用和录制宏。

| | 本小节原始文件和最终效果所在位置如下。 |
|---|---|
| 原始文件 | 原始文件\第12章\订单数据表01.xlsx |
| 最终效果 | 最终效果\第12章\订单数据表01.xlsm |

### 1. 另存为启用宏的工作簿

具体的操作步骤如下。

**1** 打开本实例的原始文件，单击 文件 按钮，在弹出的下拉菜单中选择【另存为】命令。

**2** 单击 浏览 ，弹出【另存为】对话框，选择合适的保存位置。然后在【保存类型】下拉列表框中选择【Excel启用宏的工作簿】选项，设置完毕，单击 保存(S) 按钮即可。

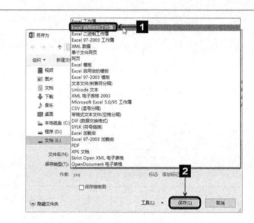

### 2. 录制宏

具体的操作步骤如下。

**1** 在启用宏的工作簿"订单数据表01.xlsm"中，切换到【开发工具】选项卡，在【代码】组中单击【录制宏】按钮 。

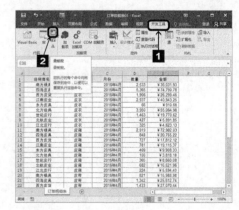

**2** 此时进入录制状态，并弹出【录制宏】对话框，在【宏名】文本框中自动显示【宏1】，将光标定位在【快捷键】文本框中，按下【Shift】+【Q】组合键，然后按下【Enter】键，此时即可将快捷键设置为【Ctrl】+【Shift】+【Q】组合键，单击确定按钮。

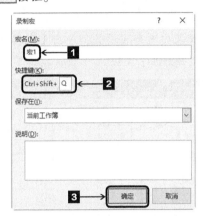

**3** 选中单元格E38，切换到【开始】选项卡，在【编辑】组中单击【自动求和】按钮 Σ 自动求和 。

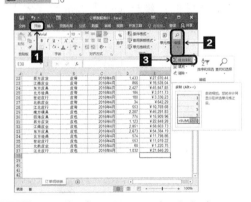

**4** 随即在单元格E38中弹出求和公式"=SUM(E2:E37)"。

**5** 按下【Enter】键，此时，即可将"金额"的合计数计算出来。"宏1"录制完成后，直接单击【代码】组中的【停止录制】按钮即可。

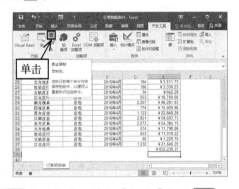

**6** 录制完毕，单击【保存】按钮 。

**7** 随即弹出【Microsoft Excel】对话框，并提示"请注意！"。

**8** 此时，单击文件按钮，在弹出的下拉菜单中选择【选项】命令。

**9** 弹出【Excel 选项】对话框，切换到【信任中心】选项卡，然后单击 信任中心设置(T)... 按钮。

**10** 弹出【信任中心】对话框，切换到【隐私选项】选项卡，然后撤选【保存时从文件属性中删除个人信息】复选框即可。设置完毕，单击 确定 按钮即可。

### 3. 宏设置

具体的操作步骤如下。

**1** 重新打开启用宏的工作簿"订单数据表01.xlsm"，此时弹出安全警告，并提示用户"宏已被禁用"，此时直接单击 启用内容 按钮即可。

**2** 如果要进行宏设置，单击【代码】组中的【宏安全性】按钮。

**3** 弹出【信任中心】对话框，切换到【宏设置】选项卡，然后选中【启用所有宏】单选钮。设置完毕，单击 确定 按钮即可。

## 12.1.2 查看和执行宏

宏编辑完成后，用户可以根据需要查看或执行宏。

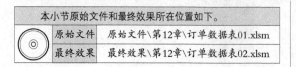

| 本小节原始文件和最终效果所在位置如下。 | | |
| --- | --- | --- |
| | 原始文件 | 原始文件\第12章\订单数据表01.xlsm |
| | 最终效果 | 最终效果\第12章\订单数据表02.xlsm |

查看和执行宏的具体操作步骤如下。

**1** 打开本实例的原始文件，切换到【开发工具】选项卡，在【代码】组中单击【宏】按钮。

**2** 弹出【宏】对话框，选中【宏1】选项，然后单击 编辑(E) 按钮。

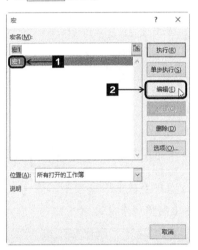

**3** 弹出【Microsoft Visual Basic for Applications-订单数据表01.xlsm】编辑器窗口，此时，即可查看或编辑"宏1"的代码。

**4** 查看完毕，单击窗口中的【关闭】按钮 ⊠ 即可。

**5** 选中单元格D38，使用同样的方法打开【宏】对话框，选中【宏1】选项，然后单击 执行(R) 按钮。

**6** 此时单元格D38就执行了"宏1"的程序代码，数量合计的计算结果如图所示。

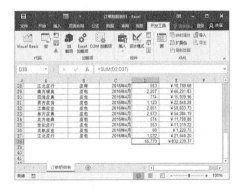

## 提示

另外，按下之前设置好的【Ctrl】+【Shift】+【Q】组合键，同样可以执行"宏1"的程序代码。

# 12.2 创建员工工资管理系统

为了便于管理员工的档案、考勤、奖金及工资等情况，企业管理人员需要不断地输入和更改员工工资系统，并对其进行统计和查询。本节使用Excel制作"员工工资系统"界面，以便对这些表格进行综合管理。

## 12.2.1 设置工资系统界面

接下来，在工作表中设置和美化工资系统界面。

| 本小节原始文件和最终效果所在位置如下。 | |
| --- | --- |
| 原始文件 | 原始文件\第12章\工资管理系统01.xlsm |
| 最终效果 | 最终效果\第12章\工资管理系统02.xlsm |

通过设置工作表背景和单元格格式，美化工资系统界面的具体步骤如下。

**1** 打开启用宏的工作簿"工资管理系统01.xlsm"，在工作表"员工档案表"的前面插入一个新的工作表，并将其重命名为"工资系统界面"。切换到【页面布局】选项，在【页面设置】组中单击【背景】按钮。

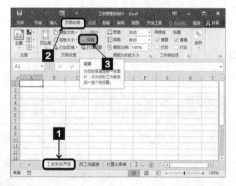

**2** 随即弹出【插入图片】对话框，单击【浏览】按钮。

**3** 弹出【工作表背景】对话框，找到存放图片的位置，然后在下面的列表框中选择【图片01】选项，单击【插入(S)】按钮。

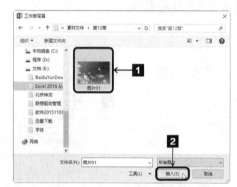

**4** 切换到【视图】选项卡，在【显示】组中撤选【网格线】复选框。

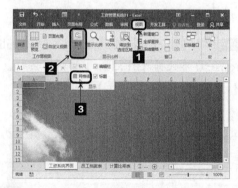

**5** 选中单元格区域B2:J20，切换到【开始】选项，在【对齐方式】组中单击【对话框启动器】按钮。

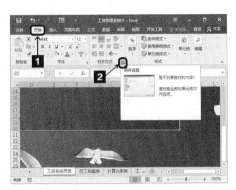

**6** 弹出【设置单元格格式】对话框，切换到【边框】选项卡，在【线条】组合框中的【样式】列表框中选择粗实线，在【颜色】下拉列表框中选择【深红】选项，在【预置】组合框中单击□按钮，设置完毕，单击 确定 按钮。

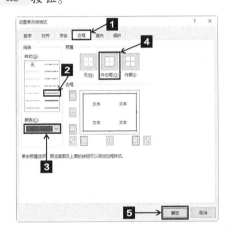

**7** 合并单元格区域D4:H4，然后输入"员工工资系统界面"，并进行字体设置。

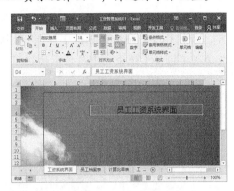

**8** 设置完毕，员工工资系统界面的效果如图所示。

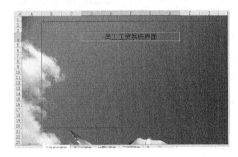

## 12.2.2 插入控件按钮

下面为"员工工资系统界面"添加控件按钮，以实现表格之间的切换。

| | 本小节原始文件和最终效果所在位置如下。 |
|---|---|
| 原始文件 | 原始文件\第12章\工资管理系统02.xlsm |
| 最终效果 | 最终效果\第12章\工资管理系统03.xlsm |

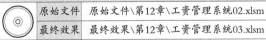

具体的操作步骤如下。

**1** 打开本实例的原始文件，在工作表"工资系统界面"中，切换到【开发工具】选项卡。单击【控件】组中的【插入】按钮，在弹出的下拉列表框中选择【命令按钮（ActiveX 控件）】选项。

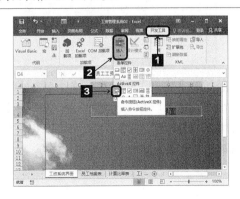

2 此时鼠标指针变成十形状，在"员工工资系统界面"中绘制一个命令按钮，随即进入设计模式状态，将其调整到合适的大小和位置即可。选中【CommandButton 1】命令按钮，然后单击【控件】组中的【属性】按钮。

3 弹出【属性】窗口，切换到【按字母序】选项卡。在【Caption】选项右侧的文本框中输入"查询员工工资"，在【Height】和【Width】文本框中分别输入"26.25"和"103.5"，然后在【Font】选项右侧单击按钮。

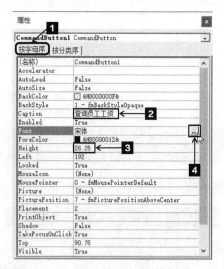

4 弹出【字体】对话框，在【字体】列表框中选择【微软雅黑】选项，在【字形】列表框中选择【常规】选项，在【大小】列表框中选择【小四】选项，单击 确定 按钮。

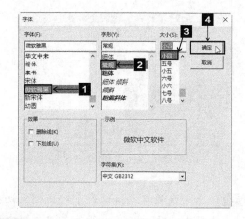

5 设置完毕，返回【属性】窗口。

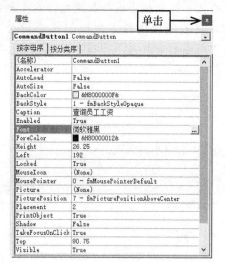

6 单击【关闭】按钮，返回工作表，设置效果如图所示。

7 使用复制和粘贴功能复制出11个命令按钮，然后在【属性】对话框中将【Caption】属性分别设置为"工资费用分配表""员工档案表""月度考勤表""工资结算单""记

账凭证清单""工资条""工资汇总表""工资调整表""社会保险表""计算比率表"和"福利表"，并调整它们的位置，最后关闭【属性】对话框。

**8** 选中任意一个控件按钮，单击【控件】组中的【查看代码】按钮。

**9** 弹出【Microsoft Visual Basic for Applications-工资管理系统02.xlsm】编辑器窗口，然后输入以下代码。输入完毕单击工具栏中【保存】按钮，关闭代码编辑器窗口，返回工作表中。

```
Private Sub CommandButton1_Click()
Sheets("工资查询表").Select
End Sub
Private Sub CommandButton2_Click()
Sheets("工资费用分配表").Select
End Sub
Private Sub CommandButton3_Click()
Sheets("员工档案表").Select
End Sub
```

```
Private Sub CommandButton4_Click()
Sheets("月度考勤表").Select
End Sub
Private Sub CommandButton5_Click()
Sheets("工资结算单").Select
End Sub
Private Sub CommandButton6_Click()
Sheets("记账凭证清单").Select
End Sub
Private Sub CommandButton7_Click()
Sheets("工资条").Select
End Sub
Private Sub CommandButton8_Click()
Sheets("工资汇总表").Select
End Sub
Private Sub CommandButton9_Click()
Sheets("工资调整表").Select
End Sub
Private Sub CommandButton10_Click()
Sheets("社会保险表").Select
End Sub
Private Sub CommandButton11_Click()
Sheets("计算比率表").Select
End Sub
Private Sub CommandButton12_Click()
Sheets("福利表").Select
End Sub
```

**10** 切换到工作表"员工档案表"，在左上角绘制一个命令控件按钮，选中该命令按钮，然后单击【控件】组中的【属性】按钮。

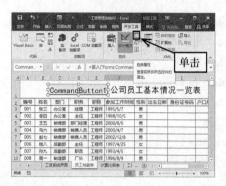

**11** 打开【属性】对话框，在【Caption】选项右侧的文本框中输入"返回系统界面"，选中【Font】选项，单击 ... 按钮。在弹出的【字体】对话框中的【字体】列表框中选择【黑体】选项，在【字形】列表框中选择【常规】选项，在【大小】列表框中选择【12】选项，单击 确定 按钮。

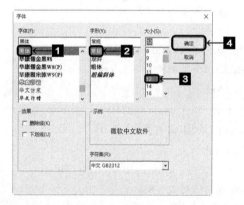

**12** 返回【属性】窗口，在【BackColor】和【ForeColor】下拉列表框中的【调色板】中分别选择一种合适的颜色。

**13** 单击【关闭】按钮 × 返回工作表，设置效果如图所示。

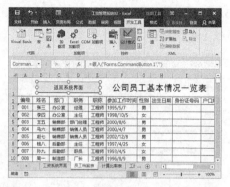

**14** 使用相同的方法分别在其他11个工作表中的适当位置添加一个【返回系统界面】控件按钮。打开代码编辑器窗口，在【工程-VBAProject】对话框中，依次切换到其他工作表并为每个【返回系统界面】控件按钮添加以下代码。

```
Private Sub CommandButton1_Click()
Sheets("工资系统界面").Select
End Sub
```

**15** 单击【设计模式】按钮 退出设计模式状态，然后单击【返回系统界面】按钮。

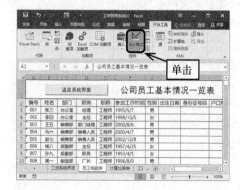

**16** 此时，即可链接到工作表"工资系统界面"中。同样，单击系统界面的各按钮就会切换到相应的工作表中。

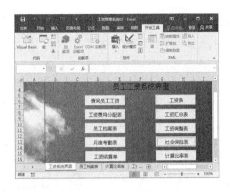

# 12.2.3 设计用户登录窗体

为了防止他人查看或者更改工资系统信息，可以设置用户登录窗口，用户只有输入正确的用户名和密码之后才可以进入该系统。

| 本小节原始文件和最终效果所在位置如下。 | |
| --- | --- |
| 原始文件 | 原始文件\第12章\工资管理系统03.xlsm |
| 最终效果 | 最终效果\第12章\工资管理系统04.xlsm |

具体的操作步骤如下。

**1** 打开本实例的原始文件，在工作表"工资系统界面"中，切换到【开发工具】选项卡，单击代码组中的【Visual Basic】按钮。

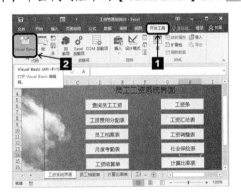

**2** 弹出【Microsoft Visual Basic for Applications-工资管理系统 03.xlsm】编辑器窗口，在代码编辑器窗口中的【工程-VBAProject】对话框中双击【This Workbook】选项，然后输入以下代码。

```
Private Sub Workbook_Open()
Dim m As String
Dim n As String
Do Until m = "神龙"
```

```
    m = InputBox("欢迎进入本系统,请输入您的用户名","登录","")
    If m = "神龙" Then
        Do Until n = "123456"
            n = InputBox("请输入您的密码","密码","")
            If n = "123456" Then
                Sheets("工资系统界面").Select
            Else
                MsgBox "密码错误! 请重新输入!",vbOKOnly,"登录错误"
            End If
        Loop
    Else
        MsgBox "用户名错误! 请重新输入!",vbOKOnly,"登录错误"
    End If
Loop
End Sub
```

**3** 输入完毕，单击工具栏中的【保存】按钮 ，关闭代码编辑器窗口，然后关闭工作簿。重新打开工作簿"工资管理系统03.xlsm"，此时将弹出【登录】对话框，在【欢迎进入本系统，请输入您的用户名】文本框中输入用户名"神龙"。

**4** 单击 确定 按钮，弹出【密码】对话框，在【请输入您的密码】文本框中输入正确的密码"123456"。

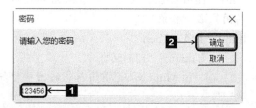

**5** 单击 确定 按钮即可进入工资系统，单击"员工工资系统界面"中的任意一个按钮，即可查看相应的信息。

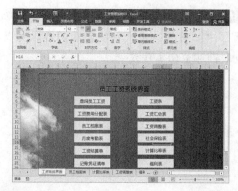

**6** 在进入员工工资系统时，当用户输入了错误的用户名时，系统就会弹出"用户名错误！请重新输入！"的提示对话框，当输入了错误的密码时，就会弹出"密码错误！请重新输入！"的提示对话框，直到用户输入了正确的用户名或密码之后才能进入系统。

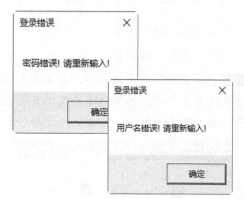

# 第13章

# Excel综合实例
## ——制作账务处理系统

在企业经营管理的过程中，账务处理直接影响到企业的发展状况。如何合理地运转企业的资金，使企业的利润最大化，是企业决策者首先要解决的问题。本章结合Excel 2016的表格编制、函数应用及图表制作等功能，首先介绍日常账务的处理，然后对当前的财务状况进行分析。

光盘链接

关于本章的知识，本书配套教学光盘中有相关的多媒体教学视频，请读者参见光盘中的【Excel 2016的高级应用\Excel综合实例】。

# 13.1 基本表格编制与美化

制作账务处理系统，首先需要进行基本表格编制与美化，包括新建及重命名工作表、设置工作表标签、输入数据、设置以及美化表格等。

## 13.1.1 新建及重命名工作表

新建工作簿之后用户可以根据实际需要新建工作表并对其进行重命名。

| | |
|---|---|
| 本小节原始文件和最终效果所在位置如下。 | |
| 原始文件 | 原始文件\第13章\账务处理系统01.xlsx |
| 最终效果 | 最终效果\第13章\账务处理系统02.xlsx |

### 1. 新建工作表

具体的操作步骤如下。

**1** 打开本实例的原始文件，切换到单元格"会计科目表"中，单击鼠标右键，从弹出的快捷菜单中选择【插入】命令。

**2** 弹出【插入】对话框，切换到【常用】选项卡中，选中【工作表】选项。

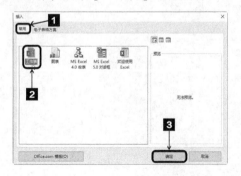

**3** 单击 确定 按钮，即可在工作表"会计科目表"前面添加一个新的工作表"Sheet1"。

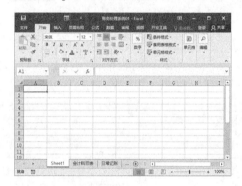

### 2. 重命名工作表

为了更清晰明了地区分各个工作表，用户可以根据工作表内容为新建工作表进行重命名。

**1** 在工作表标签"Sheet11"上单击鼠标右键，在弹出的快捷菜单中选择【重命名】命令。

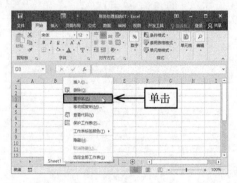

**2** 此时工作表标签"Sheet1"呈高亮显示，工作表名称处于可编辑状态。

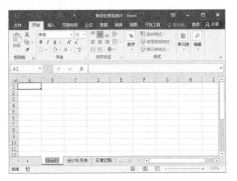

**3** 输入合适的工作表名称，如输入"首页"，然后按下【Enter】键，效果如图所示。

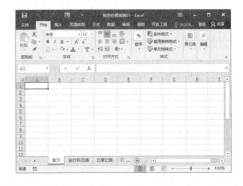

## 13.1.2 设置工作表标签

为了提高观感效果，方便对工作表的快速浏览，用户可以将工作表标签设置成不同的颜色。

本小节原始文件和最终效果所在位置如下。

| | |
|---|---|
| 原始文件 | 原始文件\第13章\账务处理系统02.xlsx |
| 最终效果 | 最终效果\第13章\账务处理系统03.xlsx |

设置工作表标签颜色的具体步骤如下。

**1** 打开本实例的原始文件，在工作表标签"首页"上单击鼠标右键，在弹出的快捷菜单中选择【工作表标签颜色】命令。在弹出的级联菜单中列出了各种标准颜色，从中选择自己喜欢的颜色即可，如选择"浅蓝"选项。

**2** 切换到工作表"会计科目表"中，工作表标签"首页"的设置效果如图所示。

**3** 按照相同的方法将各个工作表标签分别设置为不同的颜色。

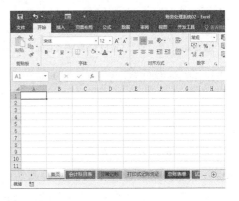

## 13.1.3 输入数据

接下来用户就可以在工作表中输入基本数据了。工作表中常用的数据类型包括文本型数据、货币型数据和日期型数据等。

| 本小节原始文件和最终效果所在位置如下。 | |
| --- | --- |
| 原始文件 | 原始文件\第13章\账务处理系统03.xlsx |
| 最终效果 | 最终效果\第13章\账务处理系统04.xlsx |

下面以输入文本型数据为例介绍怎样输入数据。具体操作步骤如下。

**1** 打开本实例的原始文件，切换到工作表"首页"中，选中单元格C2，切换到一种合适的中文输入法状态，输入文本型数据"账务处理系统"。

**2** 按下【Enter】键即可输入完毕。

**3** 按照相同的方法在其他需要输入文本型数据的单元格中输入数据。

## 13.1.4 设置并美化表格

在编辑工作表的过程中，用户有时候需要对工作表进行设置并美化，使其更加美观。

| 本小节原始文件和最终效果所在位置如下。 | |
| --- | --- |
| 原始文件 | 原始文件\第13章\账务处理系统04.xlsx |
| 最终效果 | 最终效果\第13章\账务处理系统05.xlsx |

### 1. 合并单元格

在编辑工作表的过程中，用户有时候需要将多个单元格合并为一个单元格。

合并单元格的具体步骤如下。

**1** 打开本实例的原始文件，切换到工作表"首页"中，选中单元格区域C2:F2，切换到【开始】选项卡，在【对齐方式】组中单击【合并后居中】按钮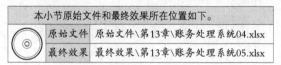。

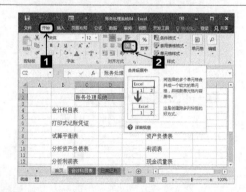

**2** 此时即可将单元格C2:F2合并成一个单元格C2，同时单元格中的内容居中显示。

**3** 按照相同的方法分别将单元格区域
B4:C4、F4:G4、B6:C6、F6:G6、B8:C8、
F8:G8、B10:C10、F10:G10、B12:C12、
F12:G12和B14:C14合并后居中。

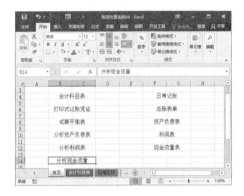

## 2. 设置单元格字体格式

为了使工作表看起来美观，用户还可以设
置工作表中数据的字体格式。

设置字体格式的具体步骤如下。

**1** 选中标题单元格C2，切换到【开始】选
项卡，单击【字体】组右下角的【对话框启
动器】按钮。

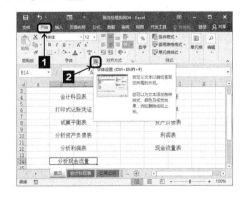

**2** 弹出【设置单元格格式】对话框，切换
到【字体】选项卡，从【字体】列表框中选
择【微软雅黑】选项，从【字形】列表框中选
择【加粗】选项，从【字号】列表框中选择
【28】选项，然后从【颜色】下拉列表中选择
合适的字体颜色，如选择【蓝色】选项。

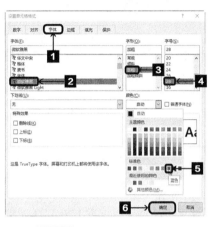

**3** 单击 确定 按钮，即可看到单元格C2设
置后的字体效果。

**4** 选中单元格B4，单击鼠标右键，然后从
弹出的快捷菜单中选择【设置单元格格式】
命令。

5 弹出【设置单元格格式】对话框，切换到【字体】选项卡，从【字体】列表框中选择【隶书】选项，从【字形】列表框中选择【常规】选项，从【字号】列表框中选择【20】选项。

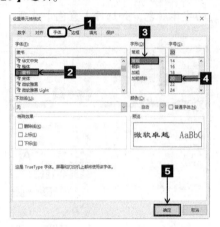

6 单击 确定 按钮，即可看到单元格B4设置后的字体效果。

7 按照相同的方法设置其他单元格格式，效果如图所示。

### 3. 调整列宽

当单元格中的内容过长时，就无法将其完全显示出来，此时需要调整其列宽。

调整列宽的具体步骤如下。

1 选中B列和C列，单击鼠标右键，然后从弹出的快捷菜单中选择【列宽】命令。

2 弹出【列宽】对话框，在【列宽】文本框中输入合适的列宽，如输入"11.6"。

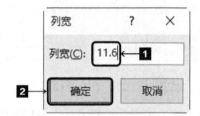

3 输入完毕单击 确定 按钮即可，设置效果如图所示。

4 按照相同的方法选中F列和G列，将其列宽设置为"11.6"，设置效果如图所示。

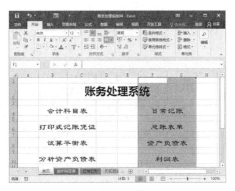

**5** 将鼠标指针移动到要调整列宽的列标题的右侧的分隔线上，鼠标指针变成 ╋ 形状。

**6** 按住鼠标左键不放向左拖动，此时在鼠标指针的上方会出现一个数据框，以显示列宽的具体数值，此数值会随着指针的移动而发生变化。

**7** 拖动到合适的位置释放鼠标，即可将A列的列宽设置为相应的宽度。

## 4. 设置工作表背景

用户可以将自己喜欢的图片文件设置为工作表的背景。

具体的操作步骤如下。

**1** 切换到【页面布局】选项卡，然后单击【页面设置】组中的 背景 按钮。

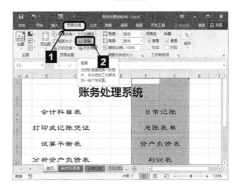

**2** 单击 按钮，弹出【工作表背景】对话框，从中选择要设置为工作表背景的图片文件"001"。

**3** 选择完毕单击 插入(S) 按钮即可，设置效果如图所示。

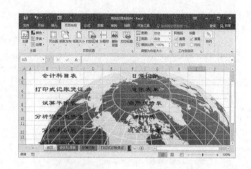

# 13.2 使用图形图像

除了进行表格的基本编制与美化之外，用户还可以在工作表中使用图形。Excel 2016中提供了各种各样的形状，用户可以根据自己的实际需要选择插入并设置其格式。

本小节原始文件和最终效果所在位置如下。

| 原始文件 | 原始文件\第13章\账务处理系统05.xlsx |
| --- | --- |
| 最终效果 | 最终效果\第13章\账务处理系统06.xlsx |

具体的操作步骤如下。

**1** 打开本实例的原始文件，切换到工作表"会计科目表"中，然后切换到【插入】选项卡，单击【插图】组中的【形状】按钮，从弹出的下拉库中选择合适的形状，如选择【燕尾形】选择 。

**2** 此时鼠标指针变成十形状，在工作表中合适的位置单击并拖动鼠标，即可在工作表中绘制一个燕尾形形状。

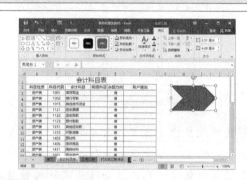

**3** 调整形状的大小，效果如图所示。

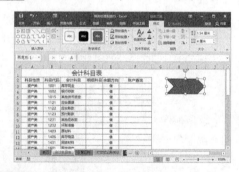

**4** 选中形状，单击鼠标右键，从弹出的快捷菜单中选择【设置形状格式】命令。

**5** 弹出【设置形状格式】任务窗格，切换到【填充】选项卡，选中【渐变填充】单选钮，然后从【预设渐变】下拉列表框中选择【顶部聚光灯-个性色2】选项。

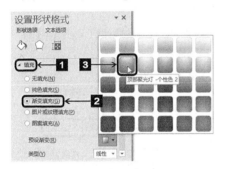

**6** 从【类型】下拉列表框中选择【矩形】选项，从【方向】下拉列表框中选择【从中心】选项。

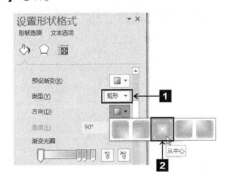

**7** 切换到【线条】选项卡，选中【实线】单选钮，从【颜色】下拉列表框中选择合适的线条颜色，如选择【水绿色，个性色5，深色25%】选项。

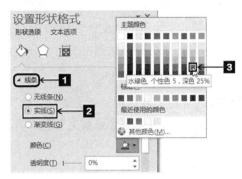

**8** 设置完毕单击 ✕ 按钮，效果如图所示。

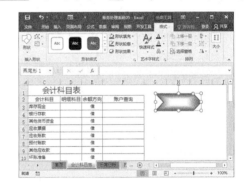

**9** 选中插入的形状，切换到【绘图工具】栏中的【格式】选项卡，在【排列】组中单击【旋转对象】按钮，从弹出的下拉菜单中选择【水平翻转】命令。

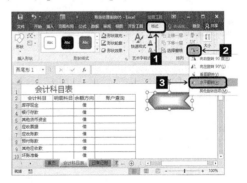

**10** 此时即可看到设置后的效果。

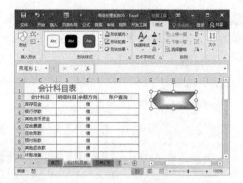

**11** 选中插入的形状，单击鼠标右键，从弹出的快捷菜单中选择【编辑文字】命令。

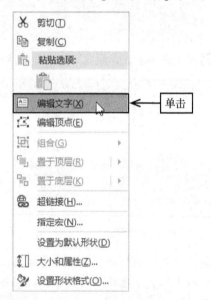

**12** 此时用户可以在该形状上输入文本，如"首页"。

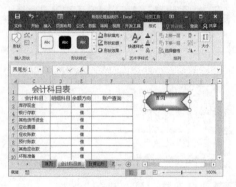

**13** 选中"首页"，单击鼠标右键，从弹出的快捷菜单中选择【设置文字效果格式】命令。

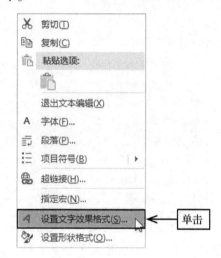

**14** 弹出【设置形状格式】任务窗格，切换到【文本框】选项卡，在【文字框】组合框中的【垂直对齐方式】下拉列表框中选择【中部居中】选项。

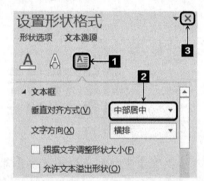

**15** 单击 ✕ 按钮，即可看到设置效果。

**16** 选中"首页"，切换到【开始】选项卡中，在【字体】组中设置其字体为"华文宋体"，字号为"12"。

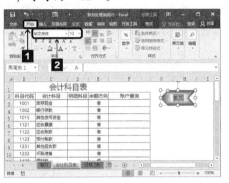

**17** 按照相同的方法为工作表插入不同的形状，如插入一个七边形。

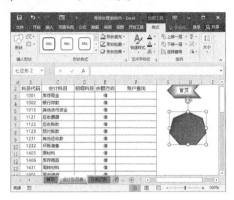

# 13.3 公式与函数应用

公式与函数是用来实现数据处理、数据统计以及数据分析的常用工具，具有很强的实用性与可操作性。

## 13.3.1 输入公式

用户既可以在单元格中输入公式，也可以在编辑栏中输入。输入公式后还可以对公式进行编辑。

本小节原始文件和最终效果所在位置如下。

| | |
|---|---|
| 原始文件 | 原始文件\第13章\账务处理系统06.xlsx |
| 最终效果 | 最终效果\第13章\账务处理系统07.xlsx |

**1** 打开本实例的原始文件，切换到工作表"总账表单"中，在单元格F3中输入"=C3+D3-E3"。

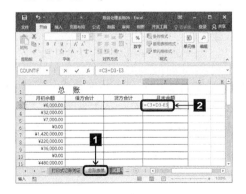

**2** 按下【Enter】键完成输入，此时单元格F3中显示计算结果。选中单元格F3，即可在编辑栏中看到单元格中的公式。

**3** 使用鼠标拖动的方法将公式填充到单元格区域F4:F40，并按照同样的方法为工作簿中其他工作表输入公式。

## 13.3.2 使用函数

使用函数可以简化计算，减少出错率，并能够提高工作效率。本实例主要用到的函数包括数学和三角函数、逻辑函数、查找与引用函数、文本函数和财务函数等。

| 本小节原始文件和最终效果所在位置如下。 | |
| --- | --- |
| 原始文件 | 原始文件\第13章\账务处理系统07.xlsx |
| 最终效果 | 最终效果\第13章\账务处理系统08.xlsx |

### 1. 使用SUMIF函数自动填充"借方合计"

首先使用SUM函数、SUMIF函数自动填充"借方合计"，这两个函数的具体介绍可参见本书第9章的相应介绍。

**1** 打开本实例的原始文件，切换到工作表"试算平衡表"中，选中单元格C41，切换到【公式】选项卡，在【函数库】组中单击【数学和三角函数】按钮，从弹出的下拉列表框中选择【SUM】选项。

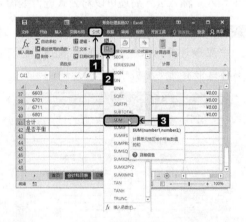

**2** 弹出【函数参数】对话框，在【Number1】文本框中显示了参数区域"C3:C40"。

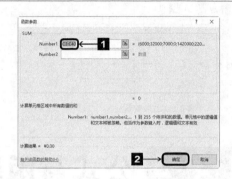

**3** 单击 确定 按钮返回工作表，此时在单元格C41中显示出计算结果。

**4** 选中单元格C41，拖动鼠标向右填充单元格区域D41:F41。按照相同的方法在其他需要输入SUM函数的单元格中输入公式。

**5** 切换到工作表"总账表单"中，选中单元格D3，切换到【公式】选项卡，在【函数库】组中单击【数学和三角函数】按钮，从弹出的下拉列表框中选择【SUMIF】选项。

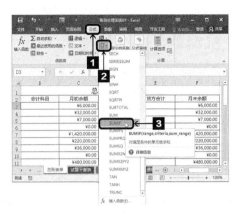

**6** 随即弹出【函数参数】对话框，单击【Range】文本框右侧的【折叠】按钮。

**7** 此时【函数参数】对话框就会折叠起来，切换到工作表"日常记账"中，选中单元格区域D3:D108。

**8** 单击【展开】按钮即可展开【函数参数】对话框，在【Criteria】文本框中输入"A3"，在【Sum_range】文本框中输入"日常记账!G3:G108"。

**9** 单击 确定 按钮返回工作表，此时单元格D3中显示出科目代码为1001的借方合计值。

**10** 使用鼠标拖动将公式填充到单元格区域D4:D40。

**11** 选中单元格E3，输入函数"=SUMIF(日常记账!$D$3:$D$108,A3,日常记账!$H$3:$H$108)"。

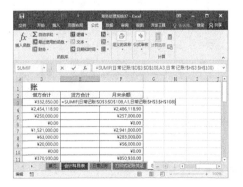

**12** 按下【Enter】键，即可看到计算结果，并使用鼠标拖动将公式填充到单元格区域E4:E40。

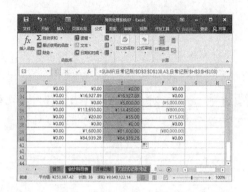

**13** 使用相同的方法在其他工作表中输入SUMIF函数。

### 2. 使用LOOKUP函数查找并填充"会计科目"

查找与引用函数用于在数据清单或表格中查找特定数值，或者查找某一单元格的引用时使用的函数。LOOKUP函数的介绍请参见本书第9章。

**1** 切换到工作表"日常记账"中，选中单元格E3，输入公式"=LOOKUP(D3,科目代码,会计科目表!$C$3:$C$40)"。

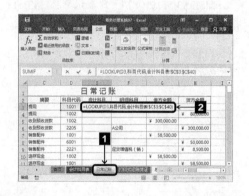

**2** 按下【Enter】键，即可返回相应的会计科目。

**3** 使用鼠标拖动将公式填充到单元格区域E4:E108。

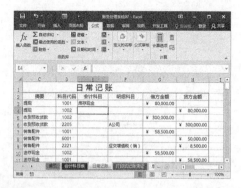

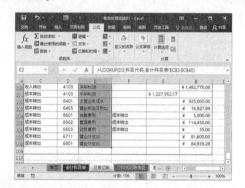

**4** 使用相同的方法在工作表"试算平衡表"中输入LOOKUP函数。

### 3. 使用IF函数测算是否平衡

逻辑函数是一种用于进行真假值判断或复合检验的函数。逻辑函数在日常办公中应用非常广泛，IF函数的介绍请参见本书第9章。

插入IF函数的具体操作步骤如下。

**1** 切换到工作表"试算平衡表"中，选中单元格C42，输入公式"=IF(C41=0,"平衡","不平衡")"。

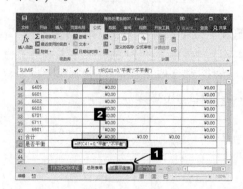

**2** 按下【Enter】键即可返回是否平衡。

**3** 选中单元格D42,输入"=IF(D41=E41,"平衡","不平衡")",按下【Enter】键即可返回相应的结果。

**4** 使用相同的方法,在其他工作表中输入IF函数。

### 4. 使用文本函数填充其他信息

文本函数是指可以在公式中处理字符串的函数。CONCATENATE函数、LEFT函数和RIGHT函数的介绍请参见本书第9章。

**1** 切换到工作表"会计科目表"中,选中单元格F3,输入公式"=IF(D3="",C3,CONCATENATE(C3,"_",D3))"。

**2** 按下【Enter】键,即可返回相应的文本值。

**3** 使用鼠标拖动将公式填充到单元格区域F4:F40。

**4** 切换到工作表"打印式记账凭证"中,选中单元格F6,输入"=IF(日常记账!$G12,LEFT(RIGHT("￥"&日常记账!$G12*100,COLUMNS(打印式记账凭证!F:$P))),"")"。

**5** 输入完毕按【Enter】键,然后使用鼠标拖动的方法将此公式向右复制到单元格区域G6:P6中。

6 选中单元格Q7，然后输入函数公式"=IF(日常记账!$H13,LEFT(RIGHT(" ￥"&日常记账!$H13*100,COLUMNS(打印式记账凭证!Q:$AA))),"")"，输入完毕按【Enter】键，然后使用鼠标拖动的方法将此公式向右复制到单元格区域R7:AA7中。

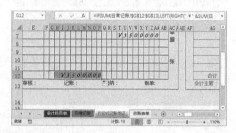

7 计算"借方金额"的"合计"。选中单元格F12，输入函数公式"=IF(SUM(日常记账!$G$12:$G$13),LEFT(RIGHT(" ￥"&SUM(日常记账!$G$12:$G$13)*100，COLUMNS(打印式记账凭证!F:$P))),"")"，输入完毕按【Enter】键，然后使用鼠标拖动的方法将此公式向右复制到单元格区域G12:P12中。

8 计算"贷方金额"的"合计"。选中单元格Q12，输入函数公式"=IF(SUM(日常记账!$H$12:$H$13),LEFT(RIGHT(" ￥"&SUM(日常记账!$H$12:$H$13)*100，COLUMNS(打印式记账凭证!Q:$AA))),"")"，输入完毕按下【Enter】键，然后使用鼠标拖动的方法将此公式向右复制到单元格区域R12:AA12中。

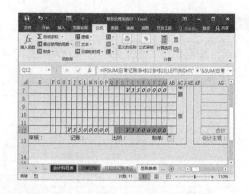

9 根据工作表"日常记账"中的经济业务编制转字1号打印式记账凭证，并对其进行美化，最终效果如图所示。

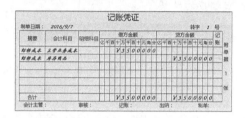

10 按照相同的方法，根据工作表"日常记账"中发生的经济业务编制银收字1号打印式收款凭证，最终效果如图所示。

11 按照相同的方法，根据工作表"日常记账"中发生的经济业务编制银收字1号打印式付款凭证，最终效果如图所示。

# 13.4 图表制作与分析

Excel 2016自带有各种各样的图表，通常情况下，使用柱形图来比较数据间的数量关系，使用直线图来反映数据间的趋势关系，使用饼图来表示数据间的分配关系。

## 13.4.1 插入图表

在Excel 2016中创建图表的方法非常简单，因为系统自带了很多图表类型，用户只需要根据实际需要进行选择即可。

|  | 本小节原始文件和最终效果所在位置如下。 | |
| --- | --- | --- |
| | 原始文件 | 原始文件\第13章\账务处理系统08.xlsx |
| | 最终效果 | 最终效果\第13章\账务处理系统09.xlsx |

具体的操作步骤如下。

**1** 打开本实例的原始文件，切换到工作表"分析资产负债表"中，选中单元格区域A3:E3和A5:E16,,切换到【插入】选项卡，单击【图表】组中的【插入柱形图或条形图】按钮，在弹出的下拉列表框中选择【簇状柱形图】选项。

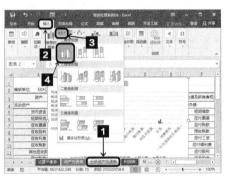

**2** 此时，工作表中插入了一个簇状柱形图。该图表显示的是2016年与2015年第四季度的流动资产增长额和增长率的对比分析。将其拖动到合适的位置并调整大小，效果如图所示。

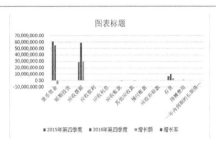

**3** 用户也可以根据需要对其他项目进行对比分析。例如，要对所有者权益进行对比分析，选中单元格区域F3:J3和F29:J34，切换到【插入】选项卡，单击【图表】组中的【插入柱形图或条形图】按钮，在弹出的下拉列表框中选择【簇状条形图】选项。

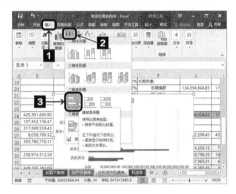

**4** 此时，工作表中插入了一个簇状条形图。该图表显示的是2016年与2015年第四季度的所有者权益增长额和增长率的对比分析。将其拖动到合适的位置并调整大小，效果如图所示。

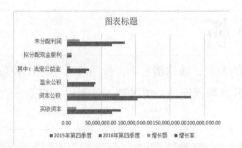

**5** 切换到工作表"分析利润表"中，选中单元格区域A3:E4、A7:E7、A13:E13和A20:E20，切换到【插入】选项卡，单击【图表】组中的【插入柱形图或条形图】按钮，在弹出的下拉列表框中选择【簇状柱形图】选项。

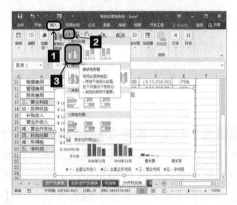

**6** 此时，工作表中插入了一个簇状柱形图，此图表显示的是2016年11月与12月的利润增长额和增长率的同比分析。将其拖动到合适的位置并调整大小，效果如图所示。

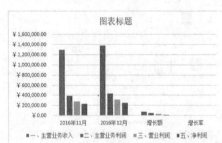

**7** 切换到工作表"分析现金流量"中，复制单元格区域A3:D3，然后选中单元格A8，单击鼠标右键，在弹出的快捷菜单中选择【粘贴选项】▶【转置】命令。

**8** 粘贴效果如图所示。

**9** 对粘贴区域进行简单的格式设置，然后选中单元格B8，切换到【数据】选项卡，单击【数据工具】组中的【数据验证】按钮下面的下三角按钮，在弹出的下拉菜单中选择【数据验证】命令。

**10** 弹出【数据验证】对话框，切换到【设置】选项卡，在【允许】下拉列表框中选择【序列】选项，然后在下方的【来源】输入框中将引用区域设置为"=$A$4:$A$6"。

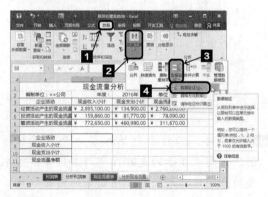

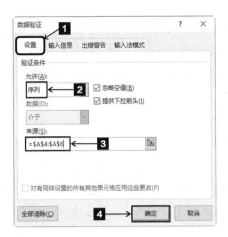

**11** 单击 确定 按钮，返回工作表，此时单击单元格B8右侧的下拉按钮，即可在弹出的下拉列表中选择相关选项。

**12** 在单元格B9中输入以下函数公式 "=VLOOKUP($B$8,$4:$6,ROW()-7,0)"，然后将公式填充到单元格区域B10:B12中。该公式表示 "以单元格B8为查询条件，从第4行到第6行进行横向查询，当查询到第7行的时候，数据返回0值"。

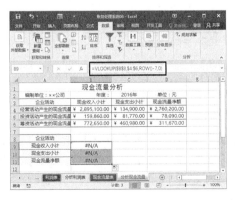

**13** 单击单元格B8右侧的下拉按钮，在弹出的下拉列表框中选择【经营活动产生的现金流量】选项，此时，就可以横向查找出A列相对应的值了。

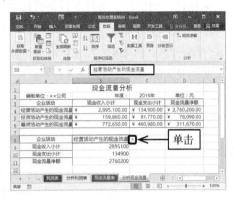

**14** 选中单元格区域A8:B11，切换到【插入】选项卡，单击【图表】组中的【插入柱形图或条形图】按钮，在弹出的下拉列表框中选择【簇状柱形图】选项。

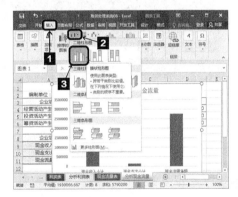

**15** 此时，工作表中插入了一个簇状柱形图。

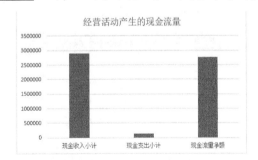

## 13.4.2 美化图表

为了使创建的图表看起来更加美观，用户可以对图表标题和图例、图表区域、数据系列、绘图区、坐标轴、网格线等项目进行格式设置。

| | 本小节原始文件和最终效果所在位置如下。 |
|---|---|
| 原始文件 | 原始文件\第13章\账务处理系统09.xlsx |
| 最终效果 | 最终效果\第13章\账务处理系统10.xlsx |

美化图表的具体步骤如下。

■1 打开本实例的原始文件，切换到工作表"分析资产负债表"中，选中簇状柱形图图表，在【图表工具】栏中切换到【设计】选项卡，在【图表布局】组中单击【添加图表元素】按钮 ▮▮添加图表元素▾，从弹出的下拉菜单中选择【图表标题】➤【图表上方】命令。

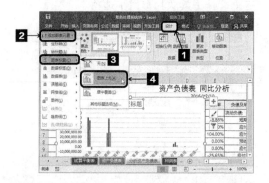

■2 即可在图表上方添加一个图表标题。双击图表标题进入编辑状态，输入图表标题"流动资产变动分析图"。

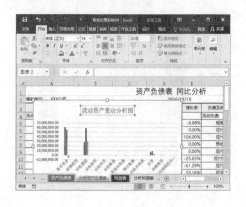

■3 选中图表标题，切换到【开始】选项卡，在【字体】组中的【字体】下拉列表框中选择【微软雅黑】选项，在【字号】下拉列表框中选择【20】选项，然后单击【加粗】按钮 B。

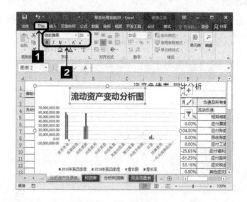

■4 选中图例中的增长率，单击鼠标右键，从弹出的快捷菜单中选择【更改系列图表类型】命令。

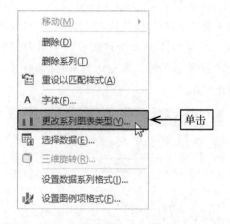

■5 弹出【更改图表类型】对话框，在【组合】选项卡中将增长率类型更改为【带平滑线的散点图】。

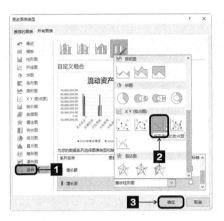

**6** 单击 确定 按钮，返回图表，即可看到数据系列"增长率"变为平滑线散点图。

**9** 单击 ✕ 按钮，返回图表中，即可看到图例靠上显示。

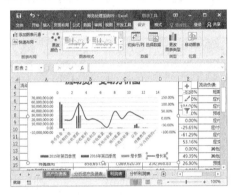

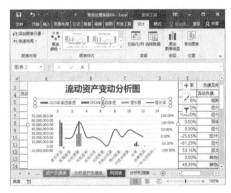

**7** 选中图例，单击鼠标右键，从弹出的快捷菜单中选择【设置图例格式】命令。

**10** 选中水平（类别）轴，单击鼠标右键，从弹出的快捷菜单中选择【设置坐标轴格式】菜单项。

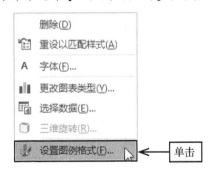

**8** 弹出【设置图例格式】任务窗格，切换到【图例选项】选项卡，在【图例位置】组合框中选中【靠上】单选钮。

**11** 弹出【设置坐标轴格式】任务窗格，切换到【大小与属性】选项卡中，在【对齐方式】组合框中的【文字方向】下拉列表中选择【竖排】选项。

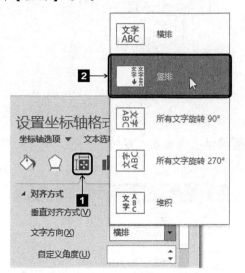

**12** 单击 ✕ 按钮，返回图表中，即可看到水平（类别）轴中的文字方向变为竖排。

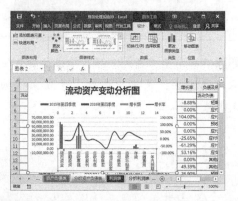

**13** 选中次坐标轴，单击鼠标右键，从弹出的快捷菜单中选择【删除】命令。

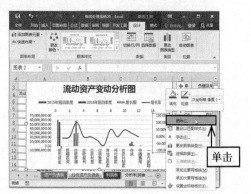

**14** 即可删除次坐标轴。

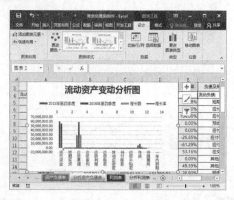

**15** 切换到工作表"分析利润表"中，选中图表，按照前面介绍的方法添加图表标题"企业利润同比分析"。

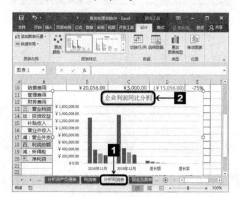

**16** 选中图表，单击鼠标右键，从弹出的快捷菜单中选择【选择数据】命令。

**17** 弹出【选择数据源】对话框，单击
切换行/列(W)按钮。

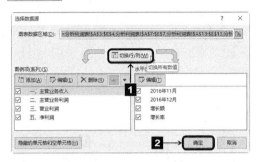

**18** 单击 确定 按钮，返回图表中，即可看
到设置效果。

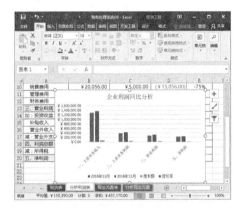

**19** 按照前面介绍的方法将图例靠上显示，
并更改数据系列"增长率"的图表类型的
"带平滑线的散点图"。

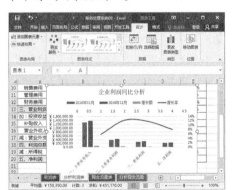

**20** 选中数据系列"增长率"，单击鼠标右
键，从弹出的快捷菜单中选择【设置数据系列
格式】命令，弹出【设置数据系列格式】任务

窗格，切换到【填充与线条】选项卡，选中
【实线】单选钮，在【颜色】下拉列表中
选择【橙色，强调文字颜色6，深色25%】
选项。

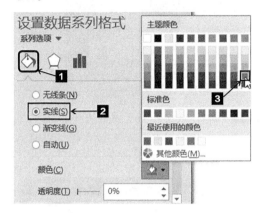

**21** 单击 × 按钮，设置效果如图所示。

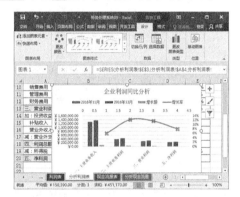

**22** 切换到工作表"分析现金流量"中，按
照前面介绍的方法美化图表，效果如图所示。

**23** 切换到【开发工具】选项卡，单击【控
件】组中的【插入】按钮，在弹出的下拉
列表框中选择【组合框（ActiveX）】选项。

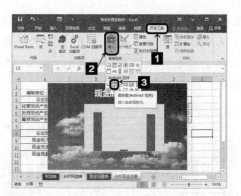

**24** 此时，鼠标指针变成十形状，在工作表中单击鼠标即可插入一个组合框，并进入设计模式状态。

**25** 选中该组合框，切换到【开发工具】选项卡，单击【控件】组中的【属性】按钮🈁属性。

**26** 弹出【属性】窗口，在【LinkedCell】右侧的文本框中输入"分析现金流量!B8"，在【ListFillRang】右侧的文本框中输入"分析现金流量!A4:A6"。

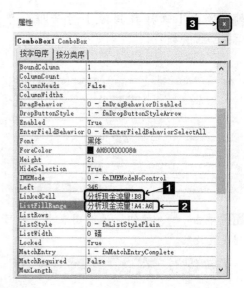

**27** 设置完毕，单击【关闭】按钮✖，返回工作表，调整组合框的大小，然后单击【设计模式】按钮即可退出设计模式。

**28** 此时单击组合框右侧的下拉按钮，在弹出的下拉列表框中选择【投资活动产生的现金流量】选项。

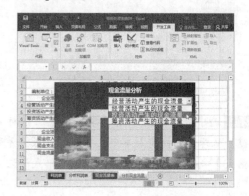

**29** 投资活动产生的现金流量的数据图表就显示出来了。

# 高手过招

## 保存模板留一手

模板是创建其他工作簿的框架，通过它可以快速地创建相似的工作簿。将一个设置好的工作簿设置为模板的具体步骤如下。

**1** 打开本章的素材文件"年度销售业绩统计表.xlsx"，表格的基本内容如图所示。

**2** 单击 文件 按钮，在弹出的下拉菜单中选择【另存为】命令。

**3** 单击 浏览 按钮，弹出【另存为】对话框，选择合适的保存位置，然后在【保存类型】下拉列表框中选择【Excel 模板】选项，设置完毕后单击 保存(S) 按钮。

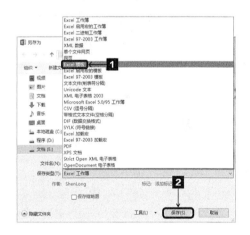

**4** 弹出【Microsoft Excel】对话框，单击是(Y) 按钮即可。

None

OK

## 平滑折线巧设置

　　使用折线制图时，用户可以通过设置平滑拐点使其看起来更加美观。

**1** 打开本章的素材文件"平滑折线"，选中要修改格式的"折线"系列，然后单击鼠标右键，在弹出的快捷菜单中选择【设置数据系列格式】命令。

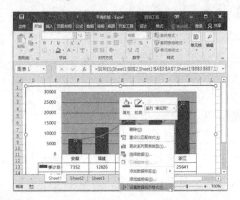

**2** 弹出【设置数据系列格式】任务窗格，切换到【线型】选项卡，然后选中【平滑线】复选框。

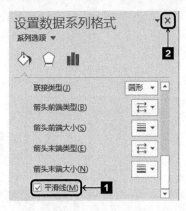

**3** 单击 ✕ 按钮返回工作表，设置效果如图所示。

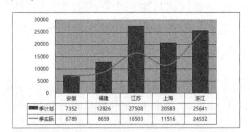